软件职业技术学院“十一五”规划教材

C# WinForm 实践开发教程

主　编　钱　哨　李挥剑　李继哲

副主编　潘静虹　孙　晔　魏丽莉　王曙光

教育部高等学校高职高专计算机类专业教学指导委员会优秀教材

中国水利水电出版社
www.waterpub.com.cn

内 容 提 要

作为项目深入开发的基础平台，基于.NET FrameWork 2.0 平台进行的 C# Windows 程序设计越来越受到各高校和培训机构的重视。本书针对计算机及软件工程专业的教学特点，坚持实用技术和实际案例相结合的原则，注重操作能力和实践技能的培养，以案例与核心知识讲解为主线，详尽介绍了 C# Windows 程序设计所需要的基本理论知识。本书内容包括 Windows 编程基础、WinForm 高级控件、文件处理技术、GDI+图形图像编程技术、ADO.NET 数据库开发技术、水晶报表技术、CS 网络编程技术、WinForm 中的打包和部署及 WinForm 实训。同时为配合本书的课堂内、外授课，还编写了本书的配套实训教程《C# WinForm 上机实训指导》，对本书内容进行了更深入的开发和实践操作。

本书实用性和操作性并重，且充分考虑到当下计算机及软件工程专业教学的特点和社会需求，注重学生实践能力的培养。本书不但可作为高等院校计算机应用、信息管理、电子商务、软件技术等各专业的教材，也可作为企业人员在职培训以及软件从业人员提高专业技术水平的参考用书，对于广大 C# Windows 程序设计自学者也是一本有益的读物。

本书配有电子教案和素材文件，读者可以到中国水利水电出版社网站或万水书苑免费下载，网址：http://www.waterpub.com.cn/softdown/或 http://www.wsbookshow.com。

图书在版编目（CIP）数据

C# WinForm实践开发教程 / 钱哨，李挥剑，李继哲主编. -- 北京 ：中国水利水电出版社，2010.1（2021.7 重印）

软件职业技术学院“十一五”规划教材
ISBN 978-7-5084-7002-3

Ⅰ. ①C… Ⅱ. ①钱… ②李… ③李… Ⅲ. ①C语言—程序设计—高等学校：技术学校—教材②窗口软件，Windows—程序设计—高等学校：技术学校—教材 Ⅳ. ①TP312②TP316.7

中国版本图书馆CIP数据核字(2009)第212031号

策划编辑：石永峰　　责任编辑：张玉玲　　加工编辑：徐　雯　　封面设计：李　佳

书　　名	软件职业技术学院“十一五”规划教材 C# WinForm 实践开发教程
作　　者	主　编　钱　哨　李挥剑　李继哲 副主编　潘静虹　孙　晔　魏丽莉　王曙光
出版发行	中国水利水电出版社 （北京市海淀区玉渊潭南路 1 号 D 座　100038） 网址：www.waterpub.com.cn E-mail：mchannel@263.net（万水） sales@waterpub.com.cn 电话：（010）68367658（营销中心）、82562819（万水）
经　　售	全国各地新华书店和相关出版物销售网点
排　　版	北京万水电子信息有限公司
印　　刷	三河市鑫金马印装有限公司
规　　格	184mm×260mm　16 开本　19 印张　466 千字
版　　次	2010 年 1 月第 1 版　2021 年 7 月第 12 次印刷
印　　数	23001—24000 册
定　　价	34.00 元

序

随着信息技术的广泛应用和互联网的迅猛发展，以信息产业发展水平为主要特征的综合国力竞争日趋激烈，软件产业作为信息产业的核心和国民经济信息化的基础，越来越受到世界各国的高度重视。中国加入世贸组织后，必须以积极的姿态，在更大范围和更深程度上参与国际合作和竞争。在这种形势下，摆在我们面前的突出问题是人才短缺，计算机应用与软件技术专业领域技能型人才的缺乏尤为突出，无论是数量还是质量，都远不能适应国内软件产业的发展和信息化建设的需要。因此，深化教育教学改革，推动高等职业教育与培训的全面发展，大力提高教学质量，是迫在眉睫的重要任务。

2000 年 6 月，国务院发布《鼓励软件产业和集成电路产业发展的若干政策》，明确提出鼓励资金、人才等资源投向软件产业，并要求教育部门根据市场需求进一步扩大软件人才培养规模，依托高等学校、科研院所，建立一批软件人才培养基地。2002 年 9 月，国务院办公厅转发了国务院信息化工作办公室制定的《振兴软件产业行动纲要》，该《纲要》明确提出要改善软件人才结构，大规模培养软件初级编程人员，满足软件工业化生产的需要。教育部也于 2001 年 12 月在 35 所大学启动了示范性软件学院的建设工作，并于 2003 年 11 月启动了试办示范性软件职业技术学院的建设工作。

示范性软件职业技术学院的建设目标是：经过几年努力，建设一批能够培养大量具有竞争能力的实用型软件职业技术人才的基地，面向就业、产学结合，为我国专科层次软件职业技术人才培养起到示范作用，并以此推动高等职业技术教育人才培养体系与管理体制和运行机制的改革。要达到这个目标，建立一套适合软件职业技术学院人才培养模式的教材体系显得尤为重要。

高职高专的教材建设已经走过了几个发展阶段，由最开始本科教材的压缩到加大实践性教学环节的比重，再到强调实践性教学环节，但是学生在学习时还是反映存在理论与实践的结合问题。为此，中国水利水电出版社在经过深入调查研究后，组织了一批长期工作在高职高专教学一线的老师，编写了这套"软件职业技术学院'十一五'规划教材"，本套教材采用项目驱动的方法来编写，即全书所有章节都以实例作引导来说明各知识点，各章实例之间并不是孤立的，每个实例都可以作为最终项目的一个组成部分；每一章章末还配有实习实训（或叫实验），这些实训组合起来是一个完整的项目。

采用这种方式编写的图书与市场上同类教材相比更具优越性，学生不仅仅学到了知识点，还通过项目将这些知识点连成一条线，开拓了思路，掌握了知识，达到了面向岗位的职业教育培训目标。

本套教材的主要特点有：

（1）课程主辅分明——重点突出，教学内容实用。

（2）内容衔接合理——完全按项目运作所需的知识体系结构设置。

（3）突出实习实训——重在培养学生的专业能力和实践能力，力求缩短人才与企业间的磨合期。

（4）教材配套齐全——本套教材不仅包括教学用书，还包括实习实训材料、教学课件等，使用方便。

本套教材适用于广大计算机专业和非计算机专业的大中专院校的学生学习，也可作为有志于学习计算机软件技术与开发的工程技术人员的参考教材。

编委会

2006 年 7 月

前　言

本书面向的读者

本书源于计算机及应用软件教学一线教师多年的随堂讲义和授课心得，面向.NET FrameWork 2.0 的初、中级用户，全面系统地介绍了 C# WinForm 的特点、基础知识和具体的应用案例。全书由浅入深、层层深入地讲解了 C# WinForm 窗体开发技术，并且每章配有电子教案及源代码。

本书实用性和操作性并重，且充分考虑到当下计算机及软件技术专业教学的特点和软件用人单位需求，注重学生实践能力的培养。本书不但可作为高等院校计算机应用、信息管理、电子商务、软件技术等各专业的教材，也可作为企业人员在职培训以及软件从业人员提高专业技术水平的参考用书，对于广大 C# Windows 程序设计自学者也是一本有益的读物。

本书的组织结构

为了配合 C# Windows 系统开发相关课程的教学工作，体现本教材的编写特色，更好地为读者服务，作者编写了本书相关的教学资料，内容包括四个部分：

第一部分是学习指南，介绍了课程性质与任务、课程内容和要求、教学建议、教学时间分配等内容。

第二部分是教材正文，教师可以在课堂演示的基础上，指导学生根据教材的案例完成上机实践。同时，每章都配有课后作业，学生可以在课余完成有关案例的开发设计工作。本书最后一章为实训内容，教师可以据此布置期末实训考核，根据学生完成的情况给出期末实习成绩。

第三部分是电子教案（采用电子文档的形式，读者可到出版社网站下载），教师可以根据不同的教学要求按需选取，重新组合。

第四部分是参考资料（同样采用电子文档的形式），每一章都配有辅助的资料，这些资料是很多工作在软件开发一线的 C# Windows 开发者的心血，对扩展学生眼界、拓展学生课外知识起到了很好的辅助效果。

本书由钱哨、李挥剑、李继哲任主编，潘静虹、孙晔、魏丽莉、王曙光任副主编。全书由钱哨统稿，最终由潘静红进行修改并定稿。参加本书编写的还有夏永恒、王满师、鲁一力、何文、张传立、张继红、陈小全、黄少波、张光升、李凤等。本书在编写过程中还得到了很多学习本课程的学生的帮助：曾丽珍、杨露、曾珍，她们在校稿、策划、预读、资料收集整理、电子教案制作等方面也做了很多工作，在此表示感谢。应该特别指出的是，本书的顺利出版，与中国水利水电出版社的大力支持是分不开的，在此深表谢意。

限于编者水平，本书及配套教学资料中若有错误或不妥之处，请读者给予批评指正。

编　者

2009 年 10 月

《C# WinForm 实践开发教程》学习指南

一、课程性质与教学目标

C# WinForm 程序设计是高等院校计算机专业的一门主干专业课，开设的主要目的是使学生学习 C# WinForm 应用程序开发的基础知识和基本技能，培养学生掌握 C# WinForm 主要控件、ADO.NET 等窗体开发技术，通过 Access 或 SQL Server 数据库以及 Visual Studio .NET 等开发工具掌握 Windows 应用程序开发的基本知识结构，提高学生的职业技能水平，为适应 Windows 系统开发的职业岗位和继续学习打下一定的基础。本课程的教学目标是使学生能运用所学的 C# WinForm 开发技术，根据实际需要利用 Visual Studio .NET 可视化开发环境创建由后台数据库驱动的 WinForm 应用程序和基于 C# WinForm 的客户端/服务器端应用软件系统。

二、预备知识

在学习本课程之前，读者最好已经学习过以下课程：

（1）程序设计语言，例如能够用 C#进行简单的程序设计，了解程序设计的基本知识，掌握几种基本的程序结构（顺序结构、选择结构、循环结构）。

（2）掌握数据库系统概论知识，能够使用 Access 或 SQL Server 创建和管理数据库，了解数据库的基本知识和结构化查询语言（SQL），掌握开发数据库管理系统存储过程和触发器的编程思路。

（3）掌握面向对象的开发设计思想，理解 OOP 开发方式的基本概念和设计思路。

三、学习提要

1. 重点难点

（1）重点内容。

- Windows 编程基础

课程定位和知识体系介绍；comboBox 控件的综合应用；WinForm 中的消息框机制；单文档与多文档界面，特别是多窗体之间（父窗体和子窗体）参数传接的实现方式。

- WinForm 控件

单选按钮的选定模式；图片框对象显示图像的方法；选项卡的属性参数配置及参数的传接方式；进度条的基本原理及与数据库之间的关联；ImageList 控件的图片集合配置过程；ToolBar 控件的引入和属性配置；StatusStrip 控件的消息显示方式，如何加载进度条并显示进度信息；Timer 控件基本原理和对时间的控制技术；ListView 控件的编辑列，组和项，对内部数据的添加和删除；TreeView 控件节点的概念，如何添加、修改和删除节点，如何增加、删除子节点及兄弟节点；使用 CheckedListBox 可选列表框控件实现数据的移动和删除、添加；MonthCalendar 日历控件的属性配置；DataTimePicker 控件对时间的获取；如何为程序添加多媒体功能；自定义控件的实现。

● 文件处理

掌握 File 类和 Fileinfo 类的常用方法以及二者的主要区别，对文件操作的一般方式；掌握文件流类 FileStream 的工作原理，实现 FileStream 的构造函数技巧，理解该类的 FileMode、FileShare 和 FileAccess 属性的意义，掌握对文本文件的读/写操作，掌握对文件隐藏、只读属性的操作；掌握读写二进制文件的原理和方法，掌握 BinaryReader 和 BinaryWriter 类的一般操作方法，学会通过二进制流的读取并将二进制流显示在图像控件中的技巧将二进制流以文件形式写入磁盘图像文件中；掌握 MemoryStream 类的基本原理、读写方式；掌握 BufferedStream 类读写缓存流的基本原理、读写方式。

● 数据库设计与开发

掌握如何通过 ADO.NET 实现数据访问，主要内容包括 ADO.NET 对象模型、创建数据连接、执行 SQL 语句以及使用数据集处理数据库；充分掌握 ADO.NET 五大对象（Connection 对象、Command 对象、DataAdapter 对象、DataSet 对象和 DataReader 对象）的工作原理、彼此之间的关系、在数据库操作中的作用和时机等；学习 ADO.NET 对 DataGridView 控件的插入、更新和删除操作；掌握 ADO.NET 与数据库存储过程的联合开发，学习数据库编程在其他控件中的应用。在本书关于 C# WinForm 的其他部分中将大量地应用这部分的内容，读者可以前后交叉学习。

● 图形图像 GDI+编程

掌握 GDI+的概念和基本原理，了解 GDI+的坐标系统与绘图基本单位；掌握 Pen 类别的线条、色彩以及矢量图的基本绘制方法；掌握 Brush 类别的矢量区域填充、色彩以及多种 Brush 材质的绘制方法；了解 GDI+的坐标平移与缩放技术；掌握通过 GDI+绘制统计图形的技术。

● 水晶报表技术

理解水晶报表的作用和优点；掌握水晶报表的执行模式（Pull 模式和 Push 模式）；了解如何通过 Pull 模式和 Push 模式分别设置和配置各自的水晶报表，并能够与数据库及存储过程联合，设计较为复杂的水晶报表。

● 网络编程技术

了解 System.Net 和 System.Net.Sockets 命名空间，掌握访问网络资源的基本方法，可以使用不同协议通讯进行 WinForm 系统开发，完成并实现在局域网环境下多线程网络编程系统的开发任务。

● WinForm 中的打包和部署

理解 WinForm 中的打包和部署的基本概念，掌握 WinForm 中安装程序的制作过程，了解制作过程中的各种细节；掌握注册表配置原理以及如何配置安装包后的卸载程序；在与数据库联合配置过程中如何实现复杂安装包的制作。

● WinForm 实训

本章以制作 QQ 聊天项目为案例背景，详细论述指导制作过程的每一步骤及实训的标准流程，配合详尽的多种源代码，辅助设置 QQ 聊天项目。

（2）难点内容。

本课程的难点包括第 1 章的多窗体（父窗体和子窗体）之间参数传接的实现方式；第 2 章的 ListView、TreeView 和 CheckedListBox 控件的使用技巧；第 3 章的对文本和图像文件的基本操作技术；第 4 章的 ADO.NET 对 DataGridView 控件的插入、更新和删除操作，ADO.NET 与数据库存储过程的联合开发；第 5 章的 GDI+绘制统计图形的技术；第 6 章的如何与数据库及存储过程联合，设计较为复杂的水晶报表；第 7 章的基于 TCP/IP 协议的多线程访问技术；第 8 章的在与数据库联合配置过程中如何实现复杂安装包的制作。

2. 教学内容及学时安排

本书的教学内容及学时安排如下表所示。

章节	单元	主要内容和教学要求	学时	学时分配 理论	学时分配 实践
第1章	Windows 编程基础	● Windows 窗体设计界面介绍 ● WinForm 窗口的基本操作 ● 窗体容器以及 MDI 和 SDI 应用程序设计 ● 消息框窗口对话机制 ● WinForm 中的消息框机制 ● 单文档与多文档界面 ● 多窗体（父窗体和子窗体）之间参数传接的实现方式	16	6	10
第2章	WinForm 控件	● 单选按钮的选定模式 ● 图片框对象显示图像的方法 ● 选项卡的属性参数配置，参数的传接方式 ● 进度条的基本原理，和数据库之间的关联 ● ImageList 控件的图片集合配置过程 ● ToolBar 控件的引入和属性配置 ● StatusStrip 控件的消息显示方式，如何加载进度条并显示进度信息 ● Timer 控件基本原理和对时间的控制技术 ● ListView 控件的编辑列、组和项，对内部数据的添加和删除 ● TreeView 控件节点的概念，如何增加、删除子节点及兄弟节点 ● 应用 CheckedListBox 可选列表框控件实现数据的基本操作 ● MonthCalendar 日历控件的属性配置 ● DataTimePicker 控件对时间的获取 ● 如何为程序添加多媒体功能 ● 自定义控件的实现	20	8	12
第3章	文件处理	● 掌握 File 类和 Fileinfo 类的常用方法及这两个类的主要区别 ● 对文件读写操作的一般方式 ● 掌握文件流类 FileStream 工作原理 ● 实现 FileStream 的构造函数技巧 ● 理解 FileStream 类 FileMode、FileShare 和 FileAccess 属性的意义 ● 学会对文本文件的读/写操作 ● 学会对文件隐藏、只读属性的操作 ● 掌握读写二进制文件的原理和方法 ● 掌握 BinaryReader 和 BinaryWriter 类的一般操作方法 ● 学会读取二进制流并将二进制流显示在图像控件中的技巧 ● 掌握将二进制流以文件形式写入磁盘图像文件中的技巧 ● 掌握 MemoryStream 类的基本原理、读写方式 ● 掌握 BufferedStream 类读写缓存流的基本原理、读写方式	14	6	8

续表

章节	单元	主要内容和教学要求	学时	学时分配	
				理论	实践
第4章	数据库设计与开发	● 了解 ADO.NET 的结构 ● 了解 ADO.NET 对象模型 ● 创建不同数据源的数据连接 ● 掌握 Connection 对象数据库的连接过程 ● 理解 Command 对象如何执行数据库操作命令 ● 掌握 DataAdapter 对象的基本原理及应用 ● 掌握 DataSet 对象基本原理及应用 ● 掌握 DataReader 对象基本原理及应用 ● 掌握 ADO.NET 对 DataGridView 控件的插入、更新和删除操作 ● 掌握 ADO.NET 与数据库存储过程的联合开发 ● 学习数据库编程在其他控件中的应用	20	10	10
第5章	图形图像 GDI+编程	● 掌握 GDI+概念及基本原理 ● 了解 GDI+的坐标系统与绘图基本单位 ● 掌握 Pen 类别的线条、色彩以及矢量图的绘制基本方法；掌握 Brush 类别的矢量区域填充、色彩以及多种 Brush 材质的绘制方法	12	8	4
第6章	水晶报表技术	● 理解水晶报表的作用和优点 ● 了解水晶报表的执行模式（Pull 模式和 Push 模式） ● 掌握如何通过 Pull 模式设置和配置水晶报表 ● 掌握如何通过 Push 模式设置和配置水晶报表 ● 掌握如何通过数据库及存储过程联合设计较为复杂的水晶报表	6	3	3
第7章	网络编程技术	● 了解 System.Net 和 System.Net.Sockets 命名空间 ● 掌握访问网络资源的基本方法 ● 会使用不同协议通信进行 WinForm 系统的开发 ● 完成并实现在局域网环境下多线程网络编程系统开发任务	18	8	10
第8章	WinForm 中的打包和部署	● 理解 WinForm 中的打包和部署的基本概念 ● 掌握 WinForm 中安装程序的制作过程 ● 了解制作过程中的种种细节 ● 掌握注册表配置注册原理 ● 掌握配置安装包后的卸载程序 ● 了解在与数据库联合配置过程中如何实现复杂安装包的制作	2	0	2

四、教学建议

1．教学时间分配

教学时间分配如下表所示。

总学时	108
理论课	40
教师演示+学生上机实验	58
机动	10

2. 课程设计

请参考第 9 章制作 QQ 项目的案例，按照实训流程布置任务，进行实训分工，提交相应的实训报告，由教师考核学生实训成果。

3. 考核方式及评分办法

本课程的考核成绩由平时考核、期末考试及实验环节组成，分数比例如下：

A 平时考核为 30%，包括考勤 20%，平时表现与作业 10%。

B 期末考试为 20%（建议以开卷考试形式出卷，可以安排在机房做答）。

C 实训考核为 50%，包括实习报告、小组答辩、现场提问、软件质量等方面。

课程考核总成绩=A（30%）+B（20%）+C（50%）

4. 教学条件

机房教学，学生每人配置一台计算机（要求运行 Windows Server 操作系统、Visual Studio 2005 以上版本以及 SQL Server 2000 数据库管理系统）。机房需要具有计算机投影设备，以便教师操作演示。

5. 补充实验内容说明

本书由于篇幅限制，大量的课后练习内容，包括第 9 章课程设计具体内容并没有刊印在本书中。具体的课后练习答案、每章节的课后补充实训内容、第 9 章课程设计的具体代码等全部编写在本书配套教程《C# WinForm 上机实训指导》一书中，请读者配合使用，效果更好。

目　录

第1章 Windows 编程基础

本章内容

- 课程简介与课程定位
- Windows 和窗体的基本概念
- WinForm 中的常用控件
- 多文档界面处理（MDI）
- 窗体界面的美化
- 本章小结

1.1 课程简介与课程定位

目前，.NET 2.0 环境下的软件系统开发越来越受到软件行业和应用企业的青睐。Visual Studio.NET 为不同的应用程序提供了丰富的环境，一个项目本身可以由多种语言开发，如 C++、C#、Visual Basic 等。系统的应用程序既可以包括控制台应用程序，也可以包括 Windows Forms 开发，还可以应用于各种的 Web 平台应用开发设计和手持移动设备等。

本书着重介绍在 C#环境下如何构建 Windows 应用程序开发，扬弃了 C#的编程基础和抽象的软件设计思想。如果读者期望尽快进入 C# Windows 程序设计领域，本书是比较合适的入门级教材。

1.1.1 课程简介

本课程定位于 Visual Studio.NET 2005 环境下，通过 C#语言开发的 Windows Forms 开发程序设计。本课程的先修课程包括 C#程序设计基础、数据库基础理论与应用、数据结构与算法、面向对象的程序设计等，以使学生迅速进入 Windows Forms 开发环节，并可以设计出符合标准的 Windows 应用软件。

学习本课程后，学生将掌握以下基本知识点：

- Windows 窗体设计界面介绍
- WinForm 窗口的基本操作
- 窗体容器以及 MDI 和 SDI 应用程序设计
- 消息框窗口对话机制
- 基本窗体控件的设计开发
- 高级窗体控件的开发
- WinForm 文件操作的开发设计

- GDI+图形图像编程技术
- 多线程编程技术
- ADO.NET 数据库访问技术
- WinForm 网络编程技术
- 水晶报表技术
- WinForm 中的打包和部署

1.1.2 课程体系定位

本门课程绝非孤立存在的，其课程的开设必须建立在一整套课程体系的基础上，具体课程体系如图 1-1 所示。

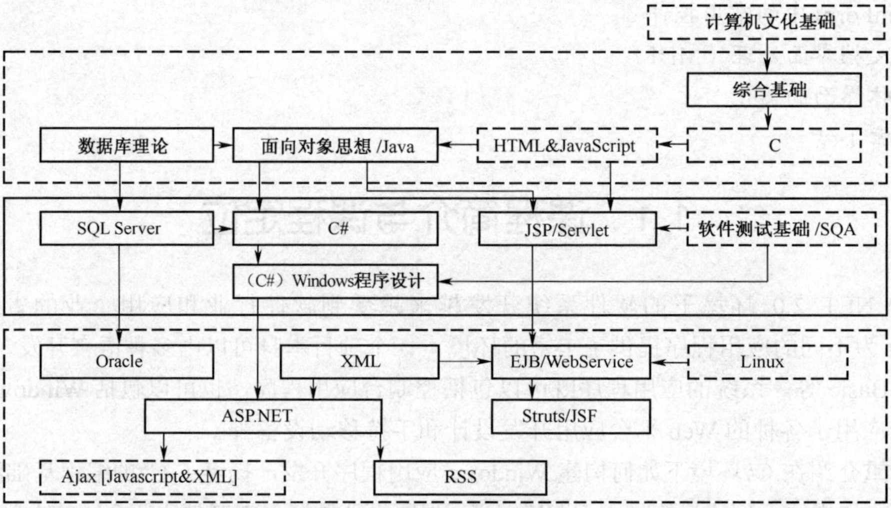

图 1-1 C# Windows 程序设计课程在课程体系中的地位

如图 1-1 所示，C# Windows 程序设计在整体课程体系中处于承上启下的重要地位。C# Windows 程序设计一方面是 C#及面向对象程序设计思想的延伸和具体应用，另一方面是熟悉.NET Framework 的非常好的手段，同时也为下一阶段的 ASP.NET 的开发奠定了应用实践基础。因此，本门课程对于软件技术专业的学生意义重大。

1.2 Windows 和窗体的基本概念

学习目标

- 理解 Windows 窗体的概念及设计原则
- WinForm 应用程序的入口点
- 设置 InitializeComponent()方法

- 灵活运用 C# WinForm 开发基本环境

1.2.1　Windows Forms 程序的基本结构

在使用 Widows 操作系统时，经常会遇到如图 1-2 所示的窗体操作程序。一般而言，这种操作多是用户在 PC 机上的独立操作。

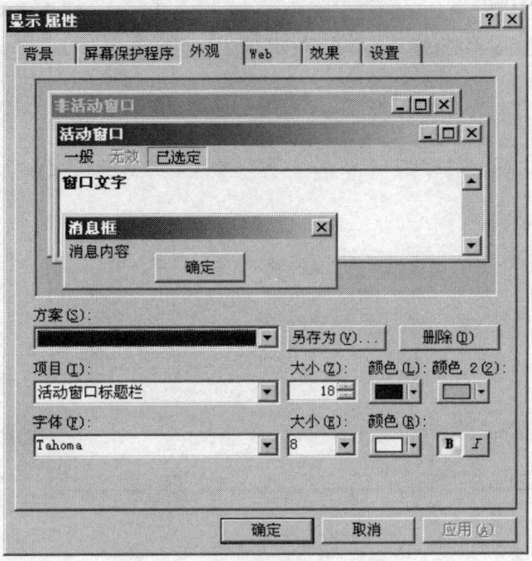

图 1-2　窗体操作程序

下面来建立本书第一个 C#环境下的 Windows 应用程序。启动 Visual Studio 2005，默认语言为 C#语言，建立如图 1-3 所示的 Windows 应用程序。一般而言，用 Visual C#开发应用程序包括建立项目、界面设计、属性设计和代码设计几个阶段。

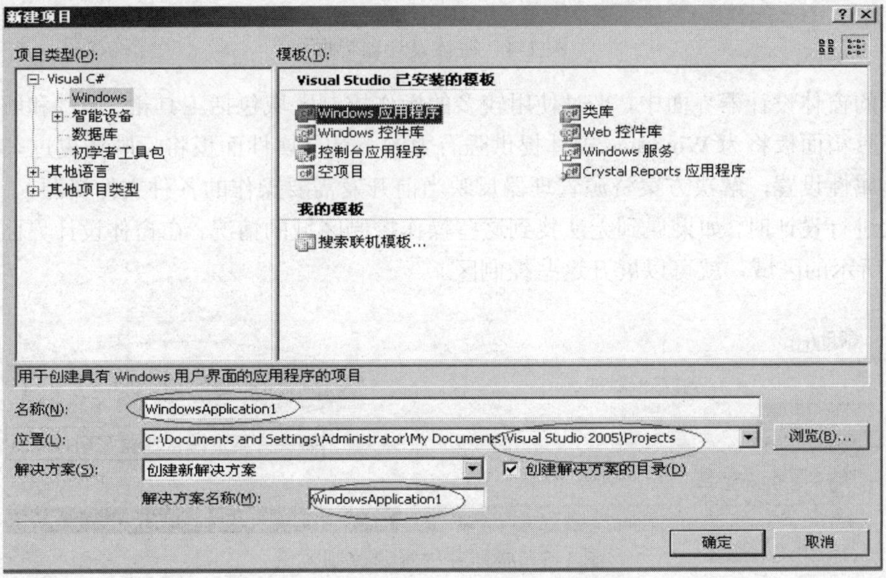

图 1-3　新建 Windows 应用程序

在建立新的应用程序时需定义项目的名称及具体的物理路径位置，单击“确定”按钮后 Visual C#将自动创建一个新的默认窗体 FORM1，窗体设计器界面如图 1-4 所示。

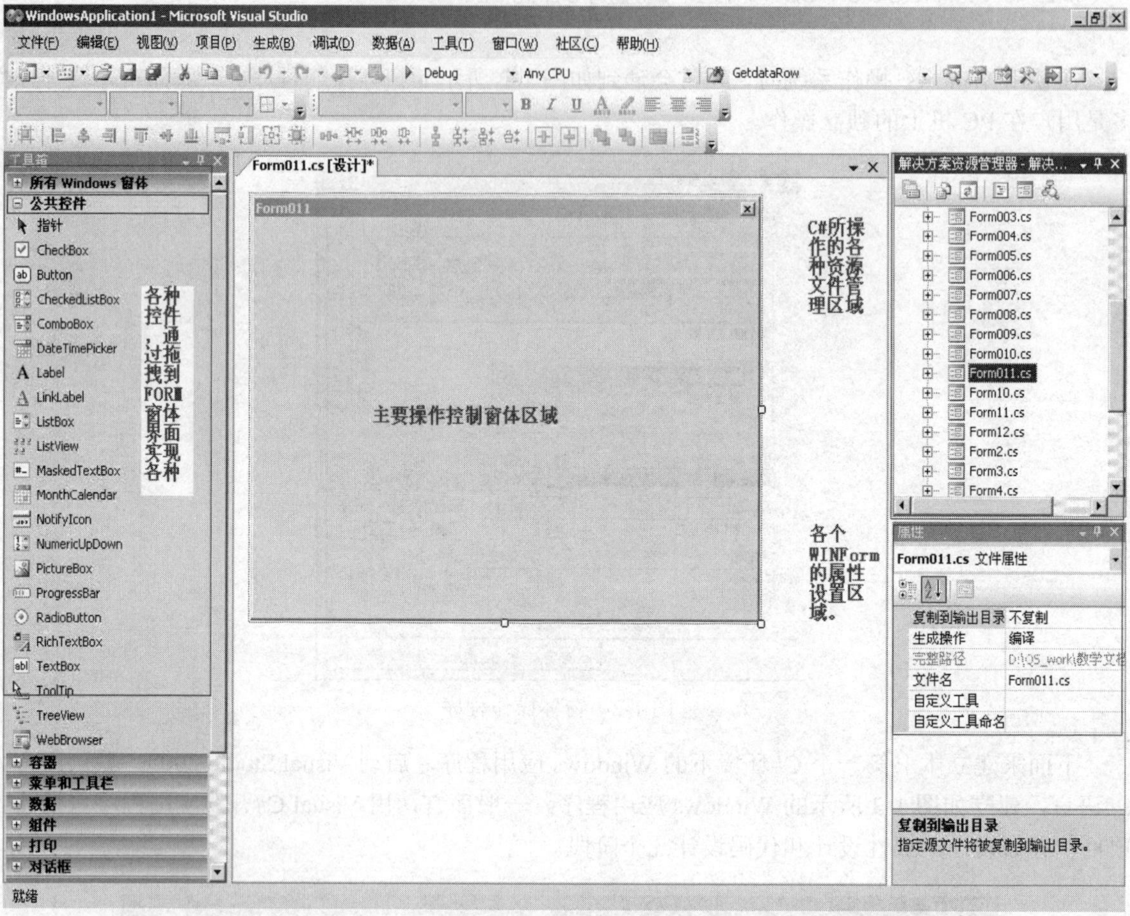

图 1-4 窗体设计器界面

在展开的窗体设计器界面中，平时使用较多的操作控制区域包括工具箱、属性和解决方案资源管理器。工具箱面板将为 Windows 窗体提供强有力的工具，属性面板将反映拖曳过来的 Windows 控件的具体属性设置，解决方案资源管理器反映当前开发需要操作的各种文件资源。

在首次进行设计时，如果遇到无法找到这些操作控制区域的情况，在窗体设计界面的右上角选择如图 1-5 所示的区域，就可以展开这些控制区。

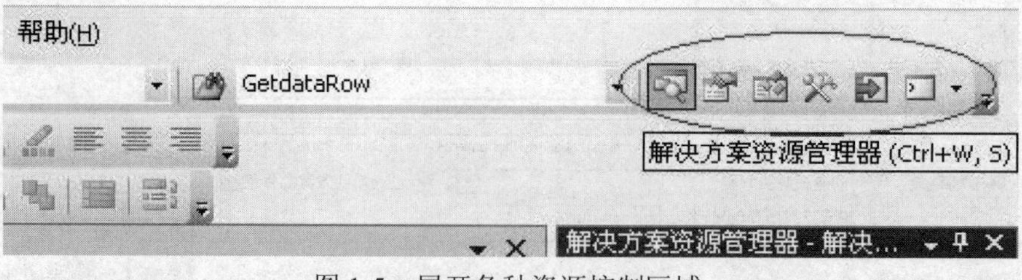

图 1-5 展开各种资源控制区域

1.2.2　了解 WinForm 程序的代码结构

1. *初识 WinForm 代码*

在图 1-4 所示的主要窗体控制区域中右击，在弹出的快捷菜单中选择“查看代码”命令，如图 1-6 所示，显示后台的 C#代码。

图 1-6　查看 WinForm 程序的代码

展开的代码如下，具体意义可参考每行的注释信息。

```
using System;//基础核心命名空间
using System.Collections.Generic;
//包含了 ArrayList、BitArray、Hashtable、Stack、StringCollection 和 StringTable 类
using System.ComponentModel;
using System.Data;//数据库访问控制
using System.Drawing;//绘图类
using System.Text;//文本类
using System.Windows.Forms; //大量窗体和控件

namespace WindowsApplication1    //当前操作的命名控件是 WindowsApplication1
{
    public partial class Form011 : Form   //从 System.Windows.Forms.Form 中派生
    {
        public Form011()
        {
            InitializeComponent();//注意该方法在下面的介绍
        }
    }
}
```

小知识：理解 Using 语句

Using 语句通常出现在一个.cs 文件的头部，用于定义引用系统命名空间，具体的操作方法和属性等被定义在该系统的命名控件中，比如如果不写 using System.Drawing，则无法在后期开发中进行图形图像方面的设计开发。

另一方面，用户可以在一个用户自定义的命名空间下定义用户自定义类，这样在头部通过 Using 语句声明该用户自定义的命名空间，从而获取该命名空间下的具体类以及该类的属性和方法，达到对于系统软件分层开发的目的。

2. 理解 InitializeComponent()方法

在每一个窗体生成的时候，都会针对当前的窗体定义 InitializeComponent()方法，该方法实际上是由系统生成的对于窗体界面的定义方法。

```
//位于.cs 文件中的 InitializeComponent()方法
public Form011()
        {
            InitializeComponent();
        }
```

在每一个 Form 文件建立后，都会同时产生程序代码文件（.CS 文件）以及与之相匹配的.Designer.CS 文件。业务逻辑以及事件方法等被编写在.CS 文件中，而界面设计规则被封装在.Designer.CS 文件里。下面的代码为.Designer.CS 文件的系统自动生成的脚本代码。

```
namespace WindowsApplication1
{
    partial class Form011
    {
        ///<summary>
        ///必需的设计器变量。
        ///</summary>
        private System.ComponentModel.IContainer components=null;
        ///<summary>
        ///清理所有正在使用的资源。
        ///</summary>
        ///<param name="disposing">如果应释放托管资源，为 true；否则为 false。</param>
        protected override void Dispose(bool disposing)
        {
            if (disposing && (components != null))
            {
                components.Dispose();
            }
            base.Dispose(disposing);
        }
        #region Windows 窗体设计器生成的代码
        ///<summary>
        ///设计器支持所需的方法——不要使用代码编辑器修改此方法的内容。
        ///</summary>
```

```
        private void InitializeComponent()
        {
            this.button1=new System.Windows.Forms.Button();
            this.label1=new System.Windows.Forms.Label();
            this.SuspendLayout();
            //
            //button1
            //
            this.button1.Location=new System.Drawing.Point(70, 43);
            this.button1.Name="button1";
            this.button1.Size=new System.Drawing.Size(75, 23);
            this.button1.TabIndex=0;
            this.button1.Text="button1";
            this.button1.UseVisualStyleBackColor=true;
            //
            //label1
            //
            this.label1.AutoSize=true;
            this.label1.Location=new System.Drawing.Point(12, 54);
            this.label1.Name="label1";
            this.label1.Size=new System.Drawing.Size(41, 12);
            this.label1.TabIndex=1;
            this.label1.Text="label1";
            //
            //Form011
            //
            this.AutoScaleDimensions=new System.Drawing.SizeF(6F, 12F);
            this.AutoScaleMode=System.Windows.Forms.AutoScaleMode.Font;
            this.ClientSize=new System.Drawing.Size(458, 326);
            this.Controls.Add(this.label1);
            this.Controls.Add(this.button1);
            this.FormBorderStyle=System.Windows.Forms.FormBorderStyle.
            FixedToolWindow;
            this.Name="Form011";
            this.StartPosition=System.Windows.Forms.FormStartPosition.
            CenterScreen;
            this.Text="Form011";
            this.ResumeLayout(false);
            this.PerFormLayout();
        }
        #endregion
        private System.Windows.Forms.Button button1;
        private System.Windows.Forms.Label label1;
    }
}
```

在代码中，可以很容易发现 InitializeComponent()方法和 Dispose()方法，前者为界面设计的编写内容，后者为表单释放系统资源时的执行编码。

小实验：修改 Windows 窗体的.Designer.CS 文件

更改 InitializeComponent()方法中的相关属性参数，观察界面的显示是否有变化。

3．创建 WinForm 应用程序的入口点

在 WinForm 应用程序的开发设计中，一般会通过多窗体协调一致的处理具体业务流程。这种应用必须由程序员决定哪个 WinForm 的窗体第一个被触发执行；在 Windows Forms 开发程序设计中则由位于根目录下的 Program.cs 文件决定。展开 Program.cs 文件，按照下面代码即可决定哪个 WinForm 的表单第一个被触发执行。

小实验：修改 WinForm 应用程序的入口点

```
using System;
using System.Collections.Generic;
using System.Windows.Forms;

namespace WindowsApplication1
{
    static class Program
    {
        ///<summary>
        ///应用程序的主入口点。
        ///</summary>
        [STAThread]
        static void Main()
        {
            Application.EnableVisualStyles();
            Application.SetCompatibleTextRenderingDefault(false);
            Application.Run(new Form011());//此处黑体字部分决定哪个窗体文件首先被执行
        }
    }
}
```

1.3 WinForm 中的常用控件

学习目标

- System.Windows.Forms.Control 的基本结构
- 基本控件（如标签、文本、按钮、列表框和组合框）的使用
- 掌握窗体的常用属性和方法

- 进行基本控件的开发设计
- 深入掌握系统对话框的属性及代码开发
- 掌握模式对话与非模式对话的概念及差异
- 了解模式对话的开发机理

1.3.1　简介

WinForm 中的常用控件来自于系统 System.Windows.Forms.Control，该类库来自 System.Windows.Forms 命名空间，该命名空间提供各种控件类，使用这些控件类可以创建丰富的用户界面，具体实现功能由位于该命名空间下的 Control 系统类派生。Control 类将为 Form 中显示的所有控件提供基本功能，Form 类表示应用程序内的窗口，包括对话框、无模式窗口和多文档界面（MDI）客户端窗口及父窗口，同时也可以通过从 UserControl 类派生而创建自己的控件。

上述所有的这些可视化界面组件统一称之为控件，这些控件都源于 System.Windows.Forms 命名空间，该命名空间的结构如图 1-7 所示。

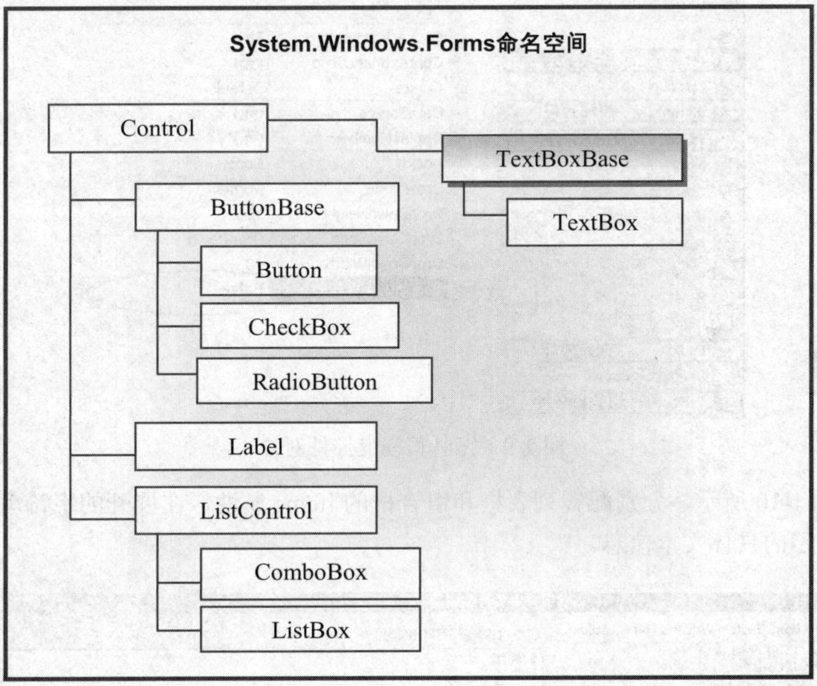

图 1-7　System.Windows.Forms 命名空间

案例学习：建立第一个 WinForm 应用——员工信息录入功能

本次实验的目标是快速建立如图 1-8 所示的员工信息录入窗体，使读者快速掌握 WinForm 中的常用控件，包括标签控件、文本框控件、按钮控件和组合框、列表框控件。

实验步骤如下：

（1）如图 1-9 所示，从工具箱中拖曳具体的控件到 Form 窗体上，并更改标签对象和按钮的

text 属性为图 1-8 所示内容。将文本框、列表框和组合框的 Enabled 属性设置为 False，即设置这些控件为不可用状态。

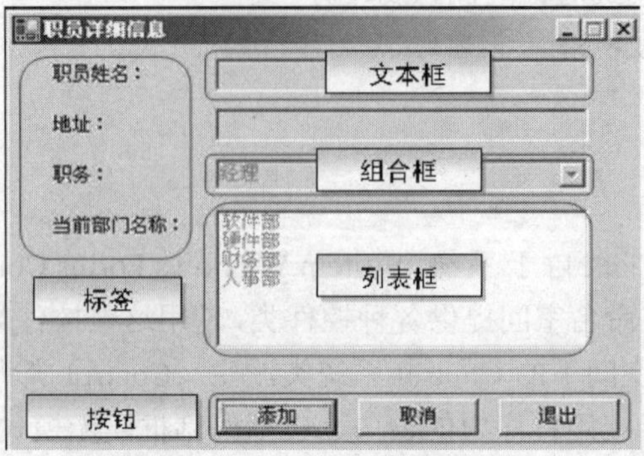

图 1-8 员工信息录入窗体界面

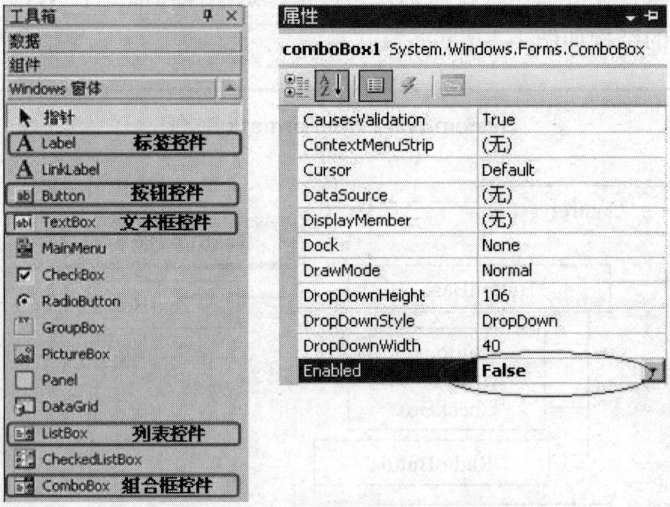

图 1-9 工具箱拖曳控件对象

（2）如图 1-10 所示，分别配置列表框和组合框的 Items 属性，在展开的字符串集合编辑器内输入图 1-10 所示的具体文本信息。

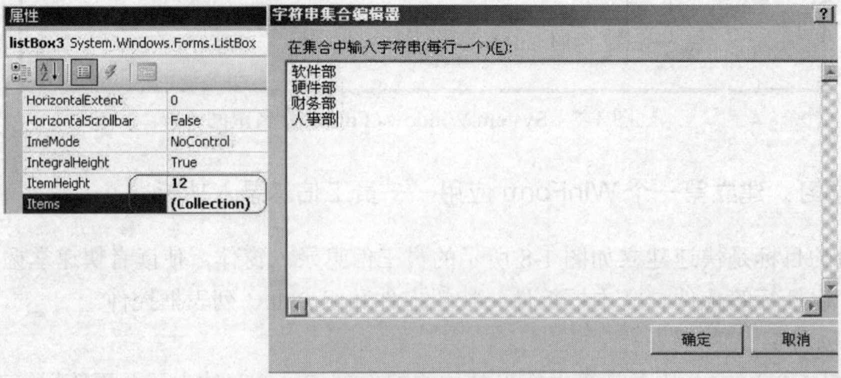

图 1-10 配置列表框和组合框的 Items 属性

（3）双击“添加”按钮，进入.cs 文件编辑状态，准备进行开发。下面是“添加”、“取消”和“关闭”按钮的鼠标单击事件的详细代码。

“添加”功能源代码：

```
private void button1_Click(object sender, EventArgs e)
{
    textBox1.Enabled=true;
    textBox2.Enabled=true;
    listBox1.Enabled=true;
    comboBox1.Enabled=true;//设置所有代码为可用状态
    comboBox1.SelectedIndex=0;//设置组合框控件默认为第一个
    textBox1.Focus();//设置第一个文本框后的焦点
}
```

“取消”功能源代码：

```
private void button2_Click(object sender, EventArgs e)
{
    textBox1.Enabled=false;
    textBox2.Enabled=false;
    listBox1.Enabled=false;
    comboBox1.Enabled=false;//设置所有代码为不可用状态
}
```

“关闭”功能源代码：

```
private void button3_Click(object sender, EventArgs e)
{
    Application.Exit();
//通知所有消息泵必须终止，并且在处理消息后关闭所有应用程序窗口
}
```

问题讨论：使用 Application.Exit()还是 Form.Close()呢？

不论是 Application.Exit()，还是 Form.Close()，都可以起到关闭当前窗体的作用，但是初学者需要了解这两种方法的差异。

一个完整的 WinForm 程序从 Application.Run(new Form1)开始，到 Application.Exit()结束，最终将执行销毁窗体和回收系统所有的资源任务，软件系统停止；而 Form.close()只是关闭当前窗口和对话任务，整体程序不退出。如果只打开了一个窗体，那么这两种方案是一致的。

一般而言，如果只有一个窗口或者是 MDI（多文档窗体）里面的主窗口，则执行的操作为退出程序，此时 Form.close()是一种安全的方式。但如果是打开多个文档窗口的情况，退出系统必须使用 Application.Exit()方法。

1.3.2　基本控件的使用

1. Label 标签控件

Label 标签控件是使用频率最高的控件，主要用于显示窗体文本信息。其基本的属性和方法定义如表 1-1 所示。

表 1-1 Label 标签控件的属性及方法

项目		说明
属性	Text	用于设置或获取与该控件关联的文本
方法	Hide	隐藏控件，调用该方法时，即使 Visible 属性设置为 True，控件也不可见
	Show	相当于将控件的 Visible 属性设置为 True 并显示控件
事件	Click	用户单击控件时将发生该事件

案例学习：标签控件的隐藏，窗口的打开与关闭

本次实验的目标是建立两个窗体，当单击图 1-11 所示的登录系统时，可以打开另一个窗体，在单击“文字打开”后显示学校名称，单击“文字隐藏”后隐藏学校名称。通过本案例，读者能快速掌握窗体的打开和关闭技巧，以及标签的隐藏方法。

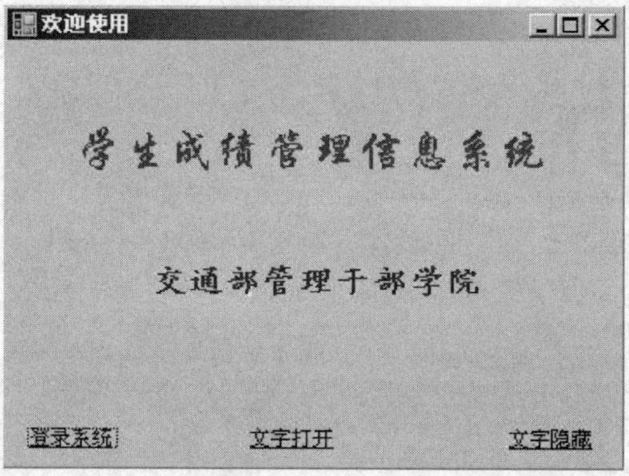

图 1-11 登录系统界面

实验步骤如下：

（1）从工具箱中拖曳标签控件和 linkLabel 超链接文本控件到 Form 窗体上，更改标签文本的颜色、字体和大小属性，填写每个控件的 Text 属性（文字内容），达到图 1-11 所示效果。再建立 Form2 窗体，以便在单击“登录系统”后可以将其打开。

（2）双击“登录系统”超链接文本，进入.cs 文件编辑状态，准备进行开发。下面给出详细代码。

“打开新窗体”源代码：

```
private void linkLabel1_LinkClicked(object sender, LinkLabelLinkClickedEventArgs e)
{
    linkLabel1.LinkVisited=true; //确认超文本文件链接是按照链接后的样式呈现
    Form2 newForm=new Form2();//实例化 Form2 窗体，命名为 newForm
    newForm.Show();//将实例化后的窗体打开
    this.Hide();//当前的窗体隐藏
}
```

“文字打开”源代码：

```
private void linkLabel2_LinkClicked(object sender, LinkLabelLinkClickedEventArgs e)
{
```

```
    label2.Show();
}
```

“文字隐藏”源代码：

```
private void linkLabel2_LinkClicked(object sender, LinkLabelLinkClickedEventArgs e)
{
    label2.Hide();
}
```

2. TextBox 文本框控件和 Button 按钮控件

TextBox 文本框控件是使用频度较高的控件，主要用于接收或显示用户文本信息。其基本的属性和方法定义如表 1-2 所示。

表 1-2　TextBox 文本框控件属性及方法

项目		说明
属性	MaxLength	可在文本框中输入的最大字符数
	Multiline	表示是否可在文本框中输入多行文本
	Passwordchar	机密和敏感数据，密码输入字符
	ReadOnly	文本框中的文本为只读
	Text	检索在控件中输入的文本
方法	Clear	删除现有的所有文本
	Show	相当于将控件的 Visible 属性设置为 True 并显示控件
事件	KeyPress	用户按一个键结束时将发生该事件

Button 按钮控件主要接收用户功能确认操作，以期执行具体的触发事件。其基本的属性和方法定义如表 1-3 所示。

表 1-3　Button 按钮控件属性及方法

项目		说明
属性	Enabled	确认是否可以启用或禁用该控件
方法	PerFormClick	Button 控件的 Click 事件
事件	Click	单击按钮时将触发该事件

案例学习：用户登录功能设计

本次实验的目标是通过用户键入名称和密码，判别为非空之后，再判断是否符合系统规定的内容，无论成功或失败都提示用户操作结果。图 1-12 所示为目标界面。

实验步骤如下：

（1）从工具箱中拖曳标签控件、Button 按钮控件以及在工具栏内的容器中的 groupBox 控件到 Form 窗体上，调整各个控件的基本属性以达到图 1-12 所示的效果。特别值得注意的是用户密码文本框的设置工作，其更改属性的办法如图 1-13 所示。

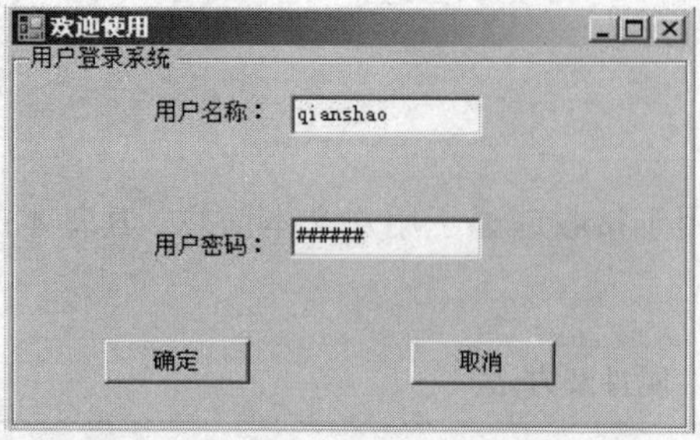

图 1-12　用户登录功能设计目标界面

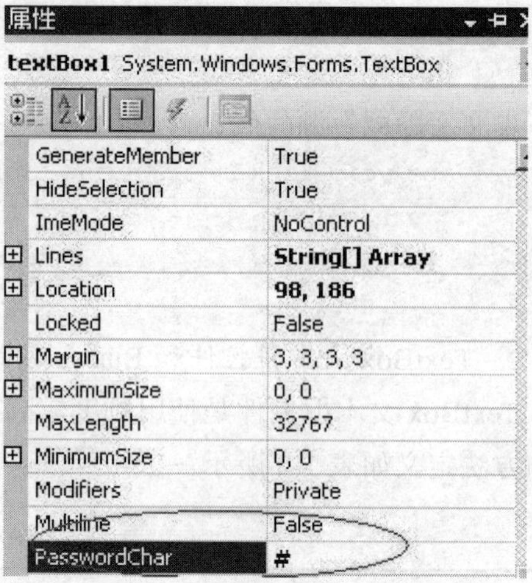

图 1-13　改变文本框为密码框

（2）双击“确定”按钮，进入.cs 文件编辑状态，准备进行开发，下面给出详细代码。

“用户登录”功能源代码：

```
private void button1_Click(object sender, EventArgs e)
{
    if (textBox1.Text==string.Empty || textBox2.Text==string.Empty)
    //此处复习逻辑或关系的编写，以及如何判别字串为空
    {
        MessageBox.Show("信息禁止为空！", "登录提示");
        //WinForm 环境下的弹出对话框
        textBox1.Clear();
        textBox2.Clear();
        textBox2.Focus();
        //清空名称和密码文本框，并使名称文本框获得焦点
        return;
    }
    if (!textBox1.Text.Equals("admin") || !textBox2.Text.Equals("admin"))
    {
        MessageBox.Show("用户名称或密码为空！", "登录提示");
        //WinForm 环境下的弹出对话框
        textBox1.Clear();//清理文本框的内容
        textBox2.Clear();
        textBox2.Focus();//清空名称和密码文本框，并使得名称文本框获得焦点
        return;
    }
    else
    {
        MessageBox.Show("欢迎您登录本系统！", "消息提示");
        //WinForm 环境下的弹出对话框
        textBox1.Clear();
        textBox2.Clear();
        textBox2.Focus();
```

```
    }
}
```

“取消”功能源代码：

```
private void button2_Click(object sender, EventArgs e)
{
    textBox1.Clear();
    textBox2.Clear();
    textBox2.Focus();//清空名称和密码文本框，并使名称文本框获得焦点
}
```

问题讨论：代码是正确的，但是否是有效率的代码呢？

具有相同功能的业务逻辑必须集中处理，只有这样才可以做到代码的高可维护性和高可用性。将上述功能为“清空名称和密码文本框，并使名称文本框获得焦点”的代码改为公用方法 clear()，下面给出详细代码。

优化后的源代码：

```
if (textBox1.Text==string.Empty || textBox2.Text==string.Empty)
    {
        MessageBox.Show("信息禁止为空！","登录提示");
        clear();
        return;
    }
    else
    if (!textBox1.Text.Equals("admin") || !textBox2.Text.Equals("admin"))
    {
        MessageBox.Show("用户名称或密码为空！", "登录提示");
        clear();
        return;
    }
    else
    {
        MessageBox.Show("欢迎您登录本系统！","消息提示");
        clear();
    }
}
public void clear()
//将具有共性的代码通过方法进行封装以提高执行效率
{
    textBox1.Clear();
    textBox2.Clear();
    textBox2.Focus();
}
```

3. ListBox 列表框控件

ListBox 列表框控件主要用于显示多行文本信息，以提供用户选择。其基本的属性和方法定义如表 1-4 所示。

表 1-4 ListBox 列表框控件属性及方法

项目		说明
属性	Items	列表框中的具体项目，需要用户自行编辑
	SelectionMode	指示列表框是单项选择、多项选择还是不可选择
	SelectedIndex	被选中的行索引，默认第一行为 0
	SelectedItem	被选中的行文本内容
	SelectedItems	ListBox 的选择列表集合
	Text	默认的文本内容
方法	ClearSelected	清除当前选择
事件	SelectedIndexChanged	一旦改变选择即触发该事件

案例学习：使用列表框控件

本次实验的目标是在 Form 窗体上建立一个列表框控件，窗体初始化时加载信息到列表框中，当用户单击某一行列表框内的信息时，弹出对话框，显示该行具体的文本信息内容。图 1-14 所示为目标界面。

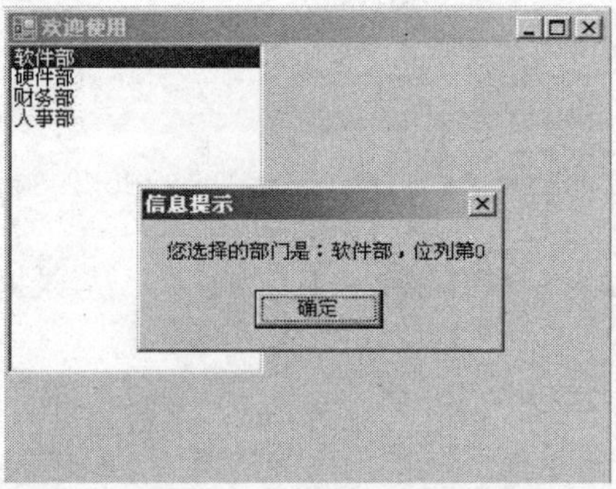

图 1-14 “使用列表框控件”实验目标界面

实验步骤如下：

（1）从工具箱中拖曳列表框 ListBox 控件到 Form 窗体上，调整控件基本属性，以达到图 1-14 所示的效果。

（2）双击窗体界面，进入.cs 文件编辑状态，准备进行开发。下面给出详细代码。

“窗体初始化加载”事件源代码：

```
private void Form1_Load(object sender, EventArgs e)
{
  this.listBox1.Items.Add("软件部");
  this.listBox1.Items.Add("硬件部");
  this.listBox1.Items.Add("财务部");
  this.listBox1.Items.Add("人事部");//通过 Add 方法实现对下拉列表控件的信息填充
}
```

“单击 ListBox 的某行，获取该行信息”源代码：

```
private void listBox1_SelectedIndexChanged(object sender, EventArgs e)
```

```
{
    MessageBox.Show("您选择的部门是: "+listBox1.SelectedItem.ToString()+",
    位列第"+listBox1.SelectedIndex.ToString(), "信息提示");
    //注意学习: listBox 的 SelectedIndex 属性代表选中的行数
    //注意学习: listBox 的 SelectedItem 属性代表选中的行信息内容
}
```

4. ComboBox 组合框控件

ComboBox 组合框控件为典型的多选一控件，主要用于限制用户在多个固定信息情况下选择唯一一行的文本信息，以确认用户选择逻辑。其基本的属性和方法定义如表 1-5 所示。

表 1-5　ComboBox 组合框控件属性及方法

项目		说明
属性	DropDownStyle	ComboBox 控件的样式
	MaxDropDownItems	下拉区显示的最大项目数
方法	Select	在 ComboBox 控件上选定指定范围的文本

案例学习：使用组合框控件

本次实验的目标是在 Form 窗体上建立一个列表框控件、两个组合框控件以及一个文本框控件，通过这些控件彼此之间的关联，使读者掌握 ComboBox 组合框控件的主要属性和方法。本次实验的目标界面如图 1-15 所示。

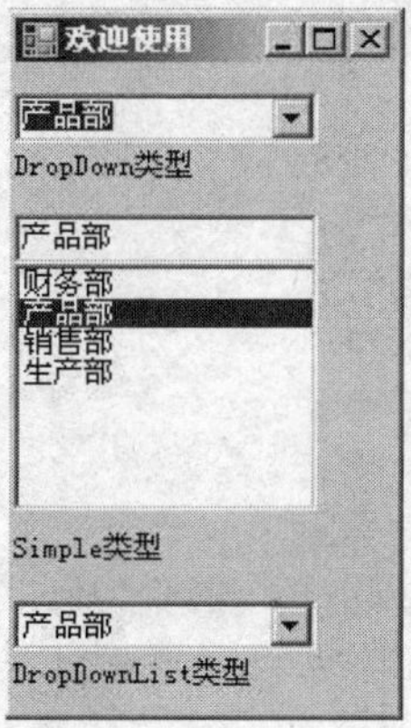

图 1-15　“ComboBox 组合框控件的使用”实验目标界面

如图 1-15 所示，在窗体初始化时加载部门信息到列表框和组合框内，上下组合框的 DropDownStyle 属性不同，上面为 DropDown 类型，下面为 DropDownList 类型。选中上面组合框中的具体工作部门后，选中的信息将分别呈现在文本框和下面的两个列表框中。

实验步骤如下：

（1）从工具箱中拖曳一个列表框控件、两个组合框控件以及一个文本框控件到 Form 窗体上，调整控件基本属性以达到图 1-15 效果。在设置上下两个组合框控件时，分别设置其 DropDownStyle 属性为 DropDown 和 DropDownList。这两种类型呈现的效果完全一样，但是 DropDown 类型是可以读写的， DropDownList 类型仅为只读状态，不可编辑。DropDownStyle 还有一个属性为 Simple，此时列表信息完全展开，类似于列表框的样式，并且也为只读状态，不可编辑。3 种状态如图 1-16 所示。

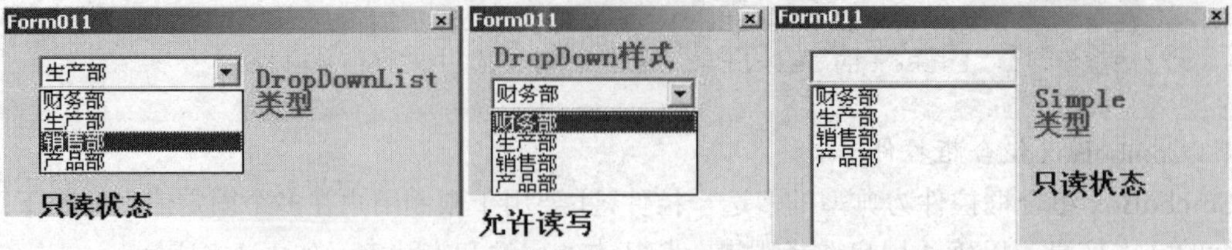

图 1-16　ComboBox 组合框控件 DropDownStyle 属性的 3 种状态

（2）双击窗体界面，进入.cs 文件编辑状态，准备进行开发。下面给出详细代码。

在窗体初始化事件 Form_Load 中加载数据到具体控件：

```
private void Form011_Load(object sender, EventArgs e)
{
    this.comboBox1.Items.Add("财务部");
    this.comboBox1.Items.Add("产品部");
    this.comboBox1.Items.Add("销售部");
    this.comboBox1.Items.Add("生产部");
    //默认的选择是“产品部”
    this.comboBox1.SelectedIndex=1;
    this.comboBox2.Items.Add("财务部");
    this.comboBox2.Items.Add("产品部");
    this.comboBox2.Items.Add("销售部");
    this.comboBox2.Items.Add("生产部");
    //默认的选择是“产品部”
    this.comboBox2.SelectedIndex=1;
    listBox1.Items.Add("财务部");
    listBox1.Items.Add("产品部");
    listBox1.Items.Add("销售部");
    listBox1.Items.Add("生产部");
    //默认的选择是“产品部”
    this.listBox1.SelectedIndex=1;
    //请读者注意学习 ComboBox、listBox 控件如何定位值
    this.textBox1.Text ="产品部";
}
```

（3）选择上面的 ComboBox 控件，在其 SelectedIndexChanged（选择变换）事件中填写下面的代码。

ComboBox 控件的 SelectedIndexChanged 事件编码如下：

```
private void comboBox1_SelectedIndexChanged_1(object sender, EventArgs e)
{
    string mess=comboBox1.SelectedItem.ToString();
    comboBox2.SelectedItem=mess;
    listBox1.SelectedItem=mess;
    textBox1.Text=mess;
}
```

5. 对话框窗口

在用户操作窗体系统时，经常会遇到与计算机的会话机制，如报错或者某种信息反馈等。从根本上说对话框是继承窗体并被模式化的，对话框窗口（Dialog）更多的是从人机交互角度来定义的，计算机给出提示所需参数并等待用户输入，使用者输入数据后执行，犹如一问一答的对话双方。Windows 程序中一般用窗体来实现人机交互，由于是使用窗体系统实现 Dialog，为了达到等待用户输入的目的而引入了系统对话框窗口的概念。

对话框窗口机制是一种典型的重载过程，该重载是通过 MessageBox.Show()方法具体体现出来的，Show 方法的重载类型如表 1-6 所示。

表 1-6　MessageBox.Show()方法的重载类型

重载方法参数	说明
Show(string text);	显示具有指定文本的消息框
Show(string text, string caption);	显示具有指定文本和标题的消息框
Show(string text, string caption, MessageBoxButtons buttons);	显示具有指定文本、标题和按钮的消息框
Show(string text, string caption, MessageBoxButtons buttons, MessageBoxIcon icon);	在指定对象的前面显示具有指定文本、标题、按钮和图标的消息框

案例学习：对话框窗口的综合应用

（1）非模式对话窗体 Show 的使用。

MessageBox.show()方法打开的窗体被称为是“非模式窗体”，这种对话窗体仅显示出系统窗口界面，其他显示并运行的窗口仍然可以在后台运行。另一方面，由于 MessageBox.show()方法未进行绑定，它所显示的各个窗口、对话框可以相互切换，而不需要关闭当前窗口和对话框。因此我们可以认为，每个由 show 方法所打开的窗口顺序是非固定的，根据业务的需要，由 show 方法所打开的窗口顺序可能会有很大的改变。

本次实验的目标是在 Form 窗体上建立一系列 Button 控件，通过这些按钮控件的鼠标单击事件呈现不同的对话框样式，最终界面如图 1-17 所示。

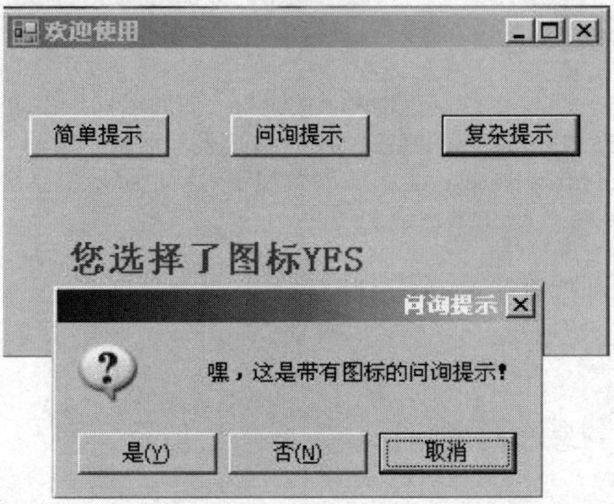

图 1-17　MessageBox.Show()方法重载的不同效果

实验步骤如下：

1）从工具箱中拖曳 3 个 Button 控件和一个 Label 标签控件到 Form 窗体上，调整控件基本属性，以达到图 1-17 所示的效果。

2）双击 Button 控件，进入.cs 文件编辑状态，准备进行开发。下面给出详细代码。

“问询提示”按钮鼠标单击事件源代码：

```
private void button1_Click(object sender, EventArgs e)
{
    MessageBox.Show("嘿，这是简单提示！","信息提示");
    //第一个文本是对话框正文信息，第二个文本是窗体左上角的信息标志
}
```

“简单提示”按钮鼠标单击事件源代码：

```
private void button2_Click(object sender, EventArgs e)
{
    DialogResult result=MessageBox.Show("嘿，这是问询提示！","问询提示",
    MessageBoxButtons.YesNo);
//1. DialogResult 属性用于获取或设置 MessageBox.Show()方法返回的一个值，该值在单击按
//钮时返回到父窗体
//2. MessageBoxButtons.YesNo 表示提示信息为“是”,“否”两种按钮之一
    if (result==DialogResult.Yes)
    {
        label1.Text="您选择了图标 YES";
    }
    else
    {
        label1.Text="您选择了图标 NO";
    }
}
```

“复杂提示”按钮鼠标单击事件源代码：

```
private void button3_Click(object sender, EventArgs e)
{
DialogResult result=MessageBox.Show("嘿，这是带有图标的问询提示！", "问询提示",
MessageBoxButtons.YesNoCancel,MessageBoxIcon.Question,
MessageBoxDefaultButton.Button3,MessageBoxOptions.RightAlign);
//1. MessageBoxButtons.YesNoCancel 参数表示按钮为“是”、“否”、“取消”3 种状态按
//钮之一
//2. MessageBoxIcon.Question 参数表示按钮为“问题图标”按钮
//3. MessageBoxDefaultButton.Button3n 参数表示默认“取消”按钮为默认触发按钮
//4. MessageBoxOptions.RightAlign 参数表示对话框提示信息居右对齐
    if (result==DialogResult.Yes)
    {
        label1.Text="您选择了图标 YES";
    }
    else if(result==DialogResult.Cancel)
    {
        label1.Text="您选择了图标取消";
    }
    else if (result==DialogResult.No)
    {
```

```
        label1.Text="您选择了图标 NO";
    }
}
```

（2）模式对话窗体 showDialog()的使用。

在调用多窗口时，我们往往不喜欢窗口之间的随意切换，那样还要花费时间寻找我们需要的窗口。一旦业务操作流程出现问题，窗口的顺序也有可能被再次打乱。我们可以将 Show 方法转化为 ShowDialog()方法，顾名思义，ShowDialog()是一个进行路径绑定的 Show 方法，它是不可以自由切换的。换言之，就是在用户没有关闭当前页的前提下，无法关闭该页面后的任一页面，它是当前唯一（路径打开）为 true 的。

ShowDialog()是模式窗体，与 Show 方法的主要区别在于以 ShowDialog()方法打开的窗体要等当前窗体关闭后才能操作其他窗体，而 show()方法则不受此限制。

建立 ShowDialog()的方法比较简单，比如建立两个 Form 窗体，通过第一个 Form 窗体上的 Button 按钮打开另一个窗体。代码如下：

```
private void button1_Click(object sender, EventArgs e)
{
    Form2 f2=new Form2();//首先将另一个窗口 Form2 实例化为 f2
    this.Visible=false;//将当前窗口设置为不可视；如果不这样处理则系统报错
    f2.ShowDialog();//打开窗口 Form2
    this.Visible=true;
}
```

1.4　多文档界面（MDI）处理

学习目标

- 理解 MDI 和 SDI 的概念和差别
- 熟练设置 MDI 窗体及一般窗体的主要属性
- 掌握并实现对 MDI 窗体的排列技巧
- 掌握并实现多文档界面的窗体传值技术

1.4.1　多文档界面简介

我们在前面所设计的窗口被称为单文档窗口（SDI），如图 1-18 所示。但很多时候的应用软件是在多文档窗口环境下进行开发设计的，这种多文档界面就是所谓的 MDI，是从 Windows 2.0 下的 Microsoft Excel 电子表格程序引入的，这是因为 Excel 电子表格用户有时需要同时操作多表格，MDI 正好为这种多表格操作提供了很大的方便，于是就产生了 MDI 程序。在 Windows 3.1 版本中，MDI 得到了更大范围的应用，其中系统中的程序管理器和文件管理器都是 MDI 程序。

MDI 编程主要用于在主窗体中新建一个 MDI 窗体，并且能够对主窗体中的所有 MDI 窗体实现层叠、水平平铺和垂直平铺。虽然这些操作比较基本，但却是程序设计中的要点。

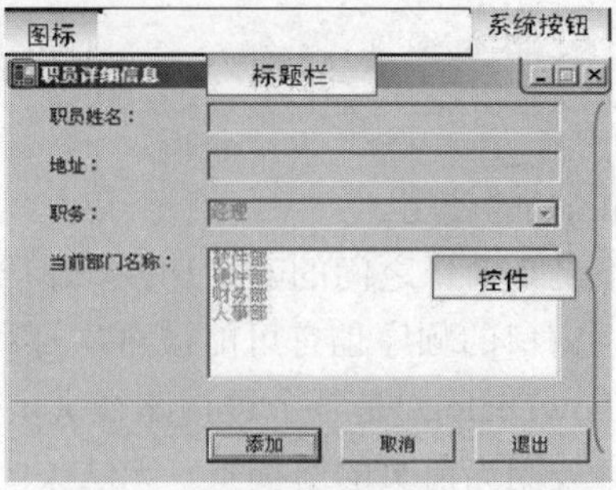

图 1-18　一般的单文档（SDI）界面

1.4.2　多文档界面设置及窗体属性

一般生成的窗体都属于单文档窗体（SDI），只有将单文档窗体的 IsMdiContainer 属性设置为 True，才可以将其设置为多文档窗体，如图 1-19 所示。

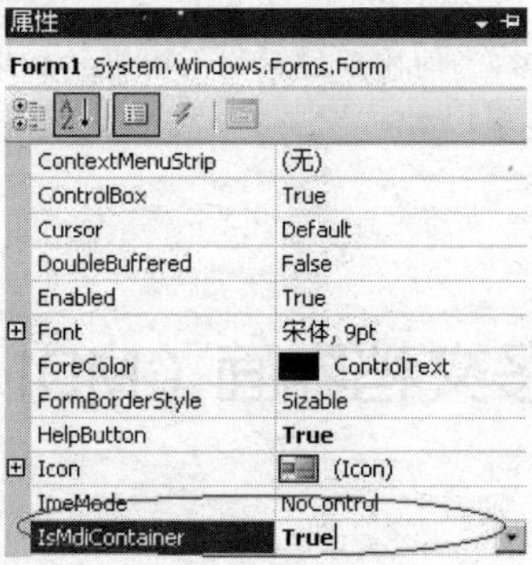

图 1-19　将单文档（SDI）界面改为多文档（MDI）界面

多文档界面的基本属性其实也就是窗体的属性，其主要属性、方法和事件如表 1-7 所示。

表 1-7　多文档界面属性

项目		说明
属性	StartPosition	初始窗口位置。一般为了使窗体启动时居中对齐，多设置该属性值为 CenterScreen
	CancelButton	该属性可以自动搜寻当前窗体中的所有 Button 对象，通过列表由用户确认按下 ESC 键后执行哪个 Button 按钮
	ControlBox	确定系统是否有图标和“最大”、“最小”、“关闭”按钮。属性值为 true 或 false，为 false 时则无法看到标题栏目图标和“最大”、“最小”、“关闭”按钮
	FormBorderStyle	指定边框和标题栏的外观和行为。共有七种效果可供选择，比如选择 FixedToolWindow 时，仅存在“关闭”按钮，没有“最大”和“最小”按钮
	HelpButton	确定窗体的标题栏上是否有“帮助”按钮
	KeyPreview	确定窗体键盘事件是否已经向窗体注册
	MainMenuStrip	确定键盘激活和多文档合并
	ShowInTaskbar	确定窗体是否出现在任务栏中
	WindowState	确定窗体的初始可视状态。共有 3 种状态：Normal 为正常态，Maximized 为初始最大化，Minimized 为初始最小化

续表

项目		说明
方法	Activate	当窗体被激活时发生
	MdiChildActivate	当 MDI 子窗体被激活时发生
事件	Activated	当窗体被激活时发生
	Load	当用户加载窗体时发生

请读者自行根据属性提示内容简单尝试窗体属性的性质和效果。

案例学习：建立多文档界面（MDI）

本次实验的目标是建立一个 Form 主窗体，并在该主窗体中建立菜单，通过菜单打开其余的子窗体。最终显示界面如图 1-20 所示。

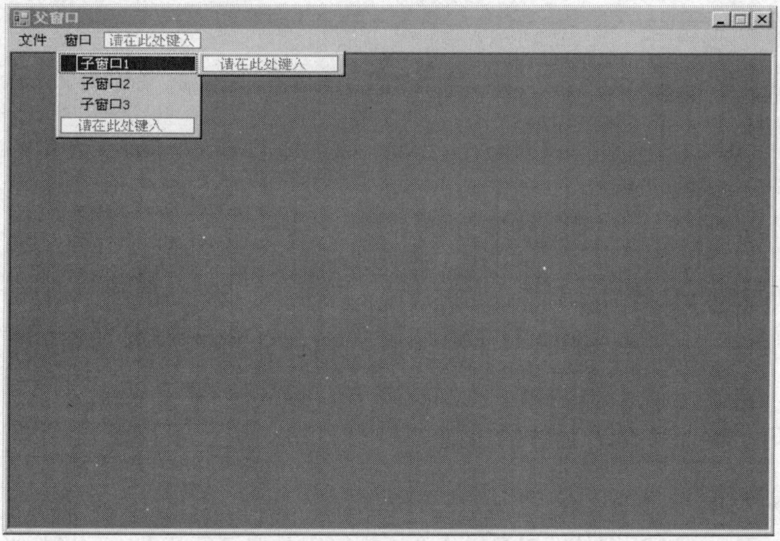

图 1-20　多文档主界面

实验步骤如下：

（1）当前操作的 Form 窗体属性设置如表 1-8 所示。

表 1-8　窗体属性设置

属性名称	属性参数设置	说明
text	父窗口	窗体标签名称
StartPosition	CenterScreen	窗体居中
FormBorderStyle	FixedToolWindow	无“最大”、“最小”按钮
IsMdiContainer	True	设为 MDI 主窗口

（2）为该 MDI 窗体配置 MainMenu 菜单，工具箱默认没有该控件，打开工具箱所有的 Windows 控件部分，右击工具箱界面，在打开的菜单中选择“选择项”命令，并在展开的“选择工具箱项”窗口中寻找 MainMenu 控件，添加后即出现在 Windows 控件部分。具体操作如图 1-21 所示。

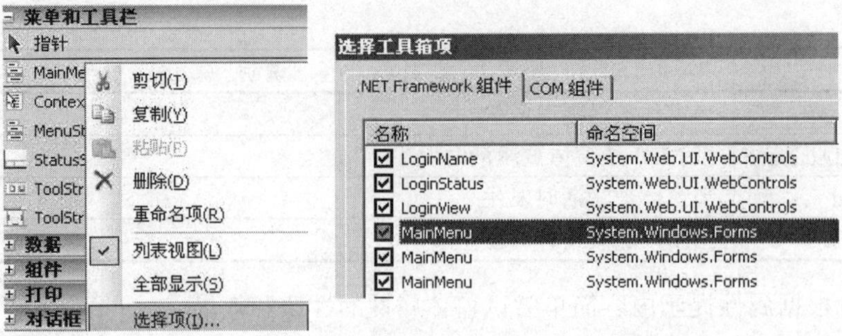

图 1-21 为 MDI 窗体添加 MainMenu 菜单控件

（3）打开解决方案资源管理器，新建一个 Windows 窗体，命名为 Form2，该窗体并非 MDI 窗体，即无须指定其 IsMdiContainer 属性为 True。双击图 1-20 中菜单项内的“子窗口 1”项，进入代码编辑区域，填写“子窗口 1”菜单项鼠标单击事件的源代码如下：

```
private void menuItem3_Click(object sender, EventArgs e)
{
    Form2 Mdichild=new Form2();//首先实例化 Form2 对象，命名为 Mdichild
    Mdichild.MdiParent=this;
   //其次指定即将打开的 Form2 对象的 MdiParent，即 Form2 对象的 MDI 父窗口，
   //为当前的主 MDI 窗口
    Mdichild.Show();//显示 Form2 对象的 MDI 父窗口
}
```

此时，打开的 Form2 窗体就只能在当前窗体下活动，而不会超出当前窗体的范围。按照此方法，再建立两个窗体，命名为 Form3 和 Form4，并可以通过单击“子窗口 2”和“子窗口 3”菜单项打开它们。

案例学习：实现对 MDI 窗体的排列

（1）实现对 MDI 窗体的层叠。

在主窗体中实现对 MDI 窗体的层叠操作在主程序中是通过方法 LayoutMdi 来实现的，其参数为 MdiLayout.Cascade。在原有的 menuItem3_Click 事件中添加 MDI 窗体的层叠源代码如下：

```
private void menuItem3_Click(object sender, EventArgs e)
{
    …
    this.LayoutMdi(MdiLayout.Cascade);
}
```

（2）实现对 MDI 窗体的水平平铺。

要在主窗体中实现 MDI 窗体水平平铺，也是通过 LayoutMdi 方法，此时所涉及的参数是 MdiLayout.TileHorizontal，在原有的 menuItem3_Click 事件中修改 MDI 窗体的水平平铺源代码如下：

```
private void menuItem3_Click(object sender, EventArgs e)
{
   …
   this.LayoutMdi(MdiLayout.TileHorizontal);
}
```

（3）实现对 MDI 窗体的垂直平铺。

要在主窗体中实现 MDI 窗体垂直平铺，也是通过 LayoutMdi 方法，此时所涉及的参数是 MdiLayout.TileVertical，在原有的 menuItem3_Click 事件中修改 MDI 窗体的垂直平铺源代码如下：

```
private void menuItem3_Click(object sender, EventArgs e)
{   …
    this.LayoutMdi(MdiLayout.TileVertical);
}
```

实验结果如图 1-22 所示。

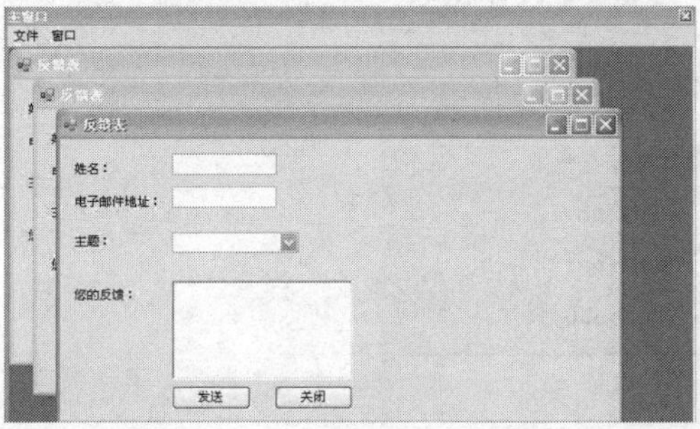

this.LayoutMdi(MdiLayout.Cascade)层叠显示信息

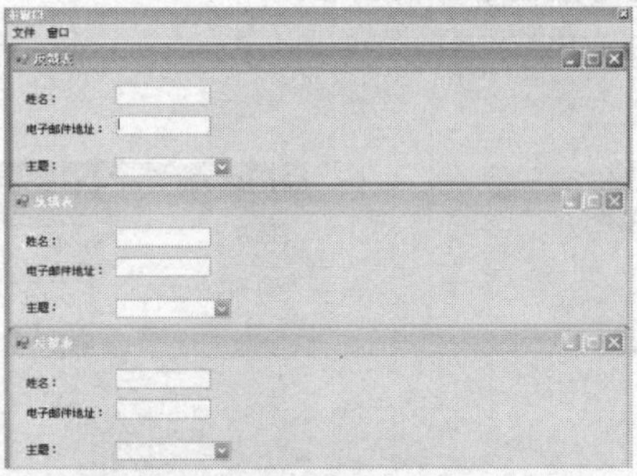

this.LayoutMdi(MdiLayout.TileHorizontal)水平显示信息

this.LayoutMdi(MdiLayout.TileVertical)垂直显示信息

图 1-22　MDI 窗体排列子窗体的多种方式

1.4.3　多文档界面的窗体传值技术

一般在一个 Windows 开发项目中多文档窗口（MDI）只有一个，而其余的窗口为非 MDI 窗口，在设定窗口的父子关系时，需要指定这些非 MDI 窗口的 MDI 父窗口为当前的 MDI 主窗口，这样打开的子窗口才可以收到父窗口的限制。

在窗口系统开发中，都会或多或少地存在打开的子窗口彼此之间进行数据传接的问题，即多文档界面的窗体传值问题。

案例学习：利用窗体参数定义进行传值

本次实验的目标是建立一个 MDI 主窗体和两个子窗体，并实现打开某个窗体并录入信息后，可以将信息显示在另一个窗体中。最终界面如图 1-23 所示。

实验步骤如下：

（1）在多文档的建立案例的基础上（见 1.2.3 节），单击“窗口 1”菜单项打开图 1-23 所示的第一个子窗口，将该窗口命名为 Form2，请读者自行按照图内各个控件进行属性设计工作。将 Form2 的 ComboBox1 下拉列表框填充完毕后，双击窗体界面对 Form2 窗体的 Load 事件进行编辑。

Form2 窗体的初始化源代码如下：

```
private void Form2_Load(object sender, EventArgs e)
{
    comboBox1.SelectedIndex=0;
    textBox3.Text="";
    textBox1.Focus();
}
```

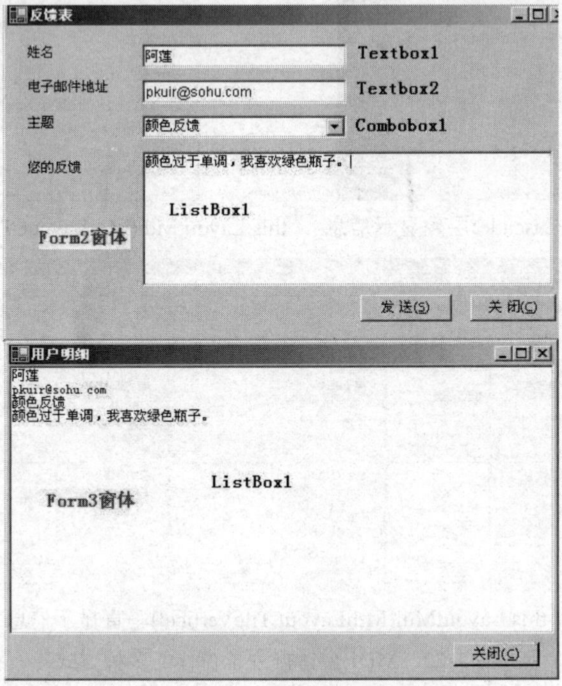

图 1-23　子窗体传递数据信息目标

（2）如图 1-23 所示，建立表单窗体 Form3，并按图为该表单建立相应的控件以接收来自 Form2 的数据信息。回到表单窗体 Form2，双击 Button1“发送”按钮，开始将用户填写的信息提交给 Form3 窗体。

Form2 窗体 Button1“发送”按钮的鼠标单击事件源代码如下：

```
public void button1_Click(object sender, EventArgs e)
{
    if (textBox1.Text=="" || textBox2.Text=="")
    {
        MessageBox.Show("姓名或者邮件信息禁止为空！", "信息提示");
    }
    else
    {
        this.Hide();
        Form3 childForm3=new Form3(this.textBox1.Text, this.textBox2.Text,
```

```
        this.comboBox1.SelectedItem.ToString());
        childForm3.Show();
    }
}
```

上面代码中的黑体字部分在实例化下一个窗体 Form3 时，将 Form3 窗体进行了参数的配置，即希望在实例化 Form3 窗体的同时将这 3 个参数（姓名、邮件、主题）传递过去。因此，必须在 Form3 窗体的.cs 文件中对 Form3 窗体进行明确的参数定义。

Form3 窗体的定义及方法事件源代码如下：

```
public partial class Form3 : Form
{
    private string _name;
    private string _emailId;
    private string _subject;
    private string _feedBack;
    //注意：在对 Form3 定义时，明确指定了相关的参数
    public Form3(string varName, string varEmail, string varSubject, string varFeedBack)
    {
        InitializeComponent();
        //在 private 变量中存储值
        this._name=varName;
        this._emailId=varEmail;
        this._subject=varSubject;
        this._feedBack=varFeedBack;
        //在列表框中放置实例化后传来的参数值
        listBox1.Items.Add("姓名: "+this._name);
        listBox1.Items.Add("邮件地址: "+this._emailId);
        listBox1.Items.Add("信息主题: "+this._subject);
        listBox1.Items.Add("反馈意见: "+this._feedBack);
    }
    //定义了关闭按钮鼠标单击事件
    private void button1_Click(object sender, EventArgs e)
    {
        MessageBox.Show("感谢您输入的反馈! ");
        this.Close();
    }
}
```

案例学习：如何确保子窗体在转换的过程中受到 MDI 主窗口的控制

我们继续改进本节第一个案例的内容，并在 Form3 窗口添加一个“返回”按钮。界面如图 1-24 所示。

实验步骤如下：

添加“返回”按钮的代码。

Form3 窗体的“返回”按钮鼠标单击事件源代码如下：

```
private void button1_Click_1(object sender, EventArgs e)
{
    Form2 fm2=new Form2();
    Fm2.Show();
```

```
    this.Close();
}
```

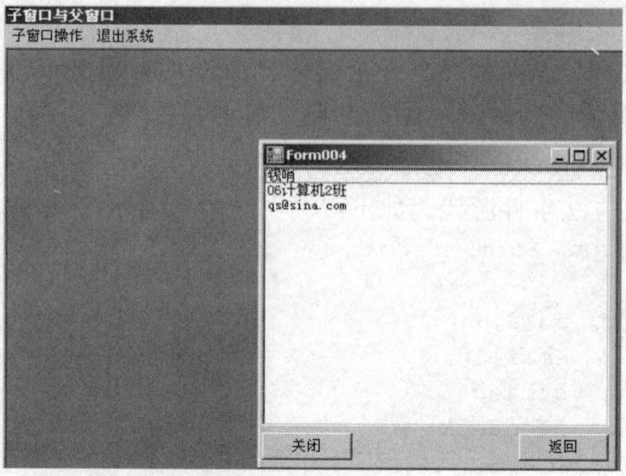

图 1-24 添加“返回”按钮的 Form3 窗口

我们发现，返回的窗体 Form2 不再受到主 MDI 窗体的控制了。同样，当窗体 Form2 通过“发送”按钮打开窗体 Form3 的时候，Form3 也不再受到主 MDI 窗体的控制。如何使所有打开的子窗体都必须受到主 MDI 窗体的控制呢？

更改 Form2 窗体 Button1“发送”按钮的鼠标单击事件源代码如下：

```
public void button1_Click(object sender, EventArgs e)
{
    if (textBox1.Text=="" || textBox2.Text=="")
    {
        MessageBox.Show("姓名或者邮件信息禁止为空！", "信息提示");
    }
    else
    {
        this.Hide();
        Form3 childForm3=new Form3(this.textBox1.Text, this.textBox2.Text,
        this.comboBox1.SelectedItem.ToString());
        //实例化 Form3 窗体，利用窗体参数传输数据
        //原来的代码内容：childForm3.Show();
        //更改后的代码内容如下
        childForm3.MdiParent=this.MdiParent;
        //使打开的窗体和当前窗体指向同一个父窗体
        childForm3.Show();
    }
}
```

更改 Form3 窗体的“返回”按钮的鼠标单击事件源代码如下：

```
private void button1_Click_1(object sender, EventArgs e)
{
    Form2 fm2=new Form2();
    Fm2.MdiParent=this.MdiParent; //修改后的代码
    Fm2.Show();
    this.Close();
}
```

案例学习：如何防止重复打开窗口

我们继续改进本节第二个案例的内容，在解决了 MDI 父窗口控制子窗口的问题后，连续单击菜单项“窗口 1”，会连续打开同一个窗口，界面如图 1-25 所示。

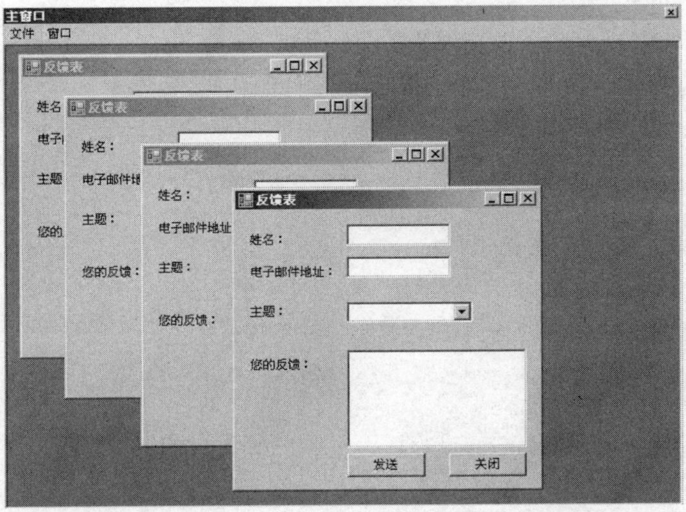

图 1-25 同一个窗口被连续打开的情况

出现这种情况的主要原因是，在新打开窗口时并没有判别当前 MDI 主窗口是否有相同的窗体出现。因此，必须在打开一个窗口的同时判断是否有重复窗口的问题。比如，在菜单项“窗口 1”的鼠标单击事件的代码中，补充如下内容：

```
private void menuItem3_Click(object sender, EventArgs e)
{
    //直接检测是否已经打开了此 MDI 窗体
    //是否已经打开了？（用循环来判断）
    foreach (Form childrenForm in this.MdiChildren)
    {
        //检测是不是当前子窗体名称
        if (childrenForm.Name=="Formcc1")
        {
            //是则显示
            childrenForm.Visible=true;
            //并激活该窗体
            childrenForm.Activate();
            return;
        }
    }
    //打开子窗体
    Form2 Mdichild=new Form2();//首先实例化 Form2 对象，命名为 Mdichild
    Mdichild.MdiParent=this;
    //其次指定即将打开的Form2 对象的MdiParent，即Form2 对象的MDI 父窗口，为当前的主MDI 窗口
    Mdichild.Show();//显示 Form2 对象的 MDI 父窗口
}
```

注意，由于每个打开的窗体都可能会用到上面的代码，因此建议将之集成为方法后统一调用。

案例学习：通过类的属性进行数据传值

这个案例将改变本节第一个案例中数据传值的方法，通过建立类的属性将数据传递过去。

实验步骤如下：

（1）为传值目标窗口 Form3 定义相关属性信息。

Form3 目标传值窗体属性定义以及 Load 加载事件源代码：

```
public partial class Form3 : Form
{
    public Form3()
    {
        InitializeComponent();
    }
    //建立私有变量
    private string some_name, email_address, topic, option;
    //属性“姓名”
    public string SomeName
    {
        get
        {
            return some_name;
        }
        set
        {
            some_name=value;
        }
    }
    //属性“电子邮件”
    public string Someemail
    {
        get
        {
            return email_address;
        }
        set
        {
            email_address=value;
        }
    }
    //属性“主题”
    public string Sometopic
    {
        get
        {
            return topic;
        }
        set
        {
```

```
            topic=value;
        }
    }
    //属性“意见”
    public string Someoption
    {
        get
        {
            return option;
        }
        set
        {
            option=value;
        }
    }
    private void Form3_Load(object sender, EventArgs e)
    {
        listBox1.Items.Add(SomeName);
        listBox1.Items.Add(Someemail);
        listBox1.Items.Add(Sometopic);
        listBox1.Items.Add(Someoption);
    }
}
```

（2）修改录入数据窗口 Form2 的 button1_Click 事件。

修改后 Form2 的 button1_Click 事件源代码：

```
private void button1_Click(object sender, EventArgs e)
{
    if (textBox1.Text=="" || textBox2.Text=="")
    {
        MessageBox.Show("姓名或者邮件信息禁止为空！", "信息提示");
    }
    else
    {
        this.Hide();
        Formcc2 childForm2=new Formcc2();
        childForm2.SomeName=textBox1.Text;
        childForm2.Someemail=textBox2.Text;
        childForm2.Sometopic=comboBox1.SelectedItem.ToString();
        childForm2.Someoption=richTextBox1.Text;
        //原来的代码内容：childForm3.Show();
        //下面是更改后的代码内容
        childForm2.MdiParent=this.MdiParent;
        childForm2.Show();
    }
}
```

1.5 菜单和菜单组件

学习目标

- 了解菜单栏、主菜单和子菜单 3 个概念
- 掌握菜单的快捷方式操作
- 掌握菜单分割条的设置
- 学习菜单导航的实际应用

1.5.1 简介

菜单是软件界面设计的一个重要组成部分，它描述了一个软件的大致功能和风格。所以在程序设计中处理好、设计好菜单，对于一个软件开发是否成功有着比较重要的意义。菜单的本质就是提供了将命令分组的一致方法，使得用户易于访问，通过支持使用访问键启用键盘快捷方式，达到快速操纵软件系统的目的。

菜单从分类来说，可以分为菜单栏、主菜单和子菜单 3 个概念，如图 1-26 所示。

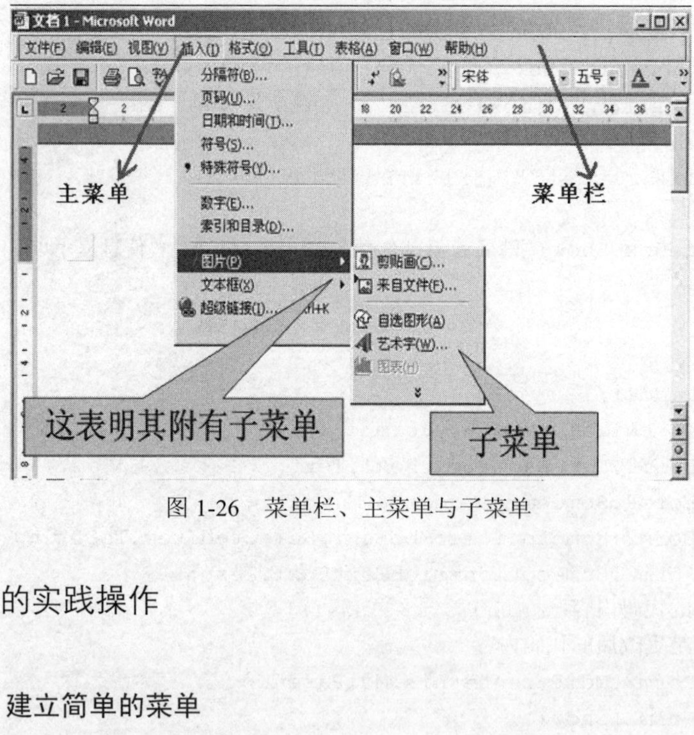

图 1-26 菜单栏、主菜单与子菜单

1.5.2 菜单的实践操作

案例学习：建立简单的菜单

（1）建立 WinForm 窗体并从工具箱的菜单和工具栏中拖放一个 MenuStrip 控件到窗体上，如图 1-27 所示。

图 1-27　拖放一个 MenuStrip 控件到窗体上

（2）可以直接单击 MenuStrip 控件填写主菜单及子菜单名称，但是需要注意命名菜单时避免直接录入汉字。因为如果直接键入汉字命名菜单，则该菜单项的 Name 属性将出现汉字，不利于 C#的编程，如图 1-28 所示。

图 1-28　直接的中文命名不利于程序开发

虽然上述设计不会出现代码错误，但是建议采用单击 MenuStrip 控件，选择该控件的 Items 属性，在展开的项集合编辑器中直接设置的办法。图 1-29 所示为打开 Items 属性后的项集合编辑器。

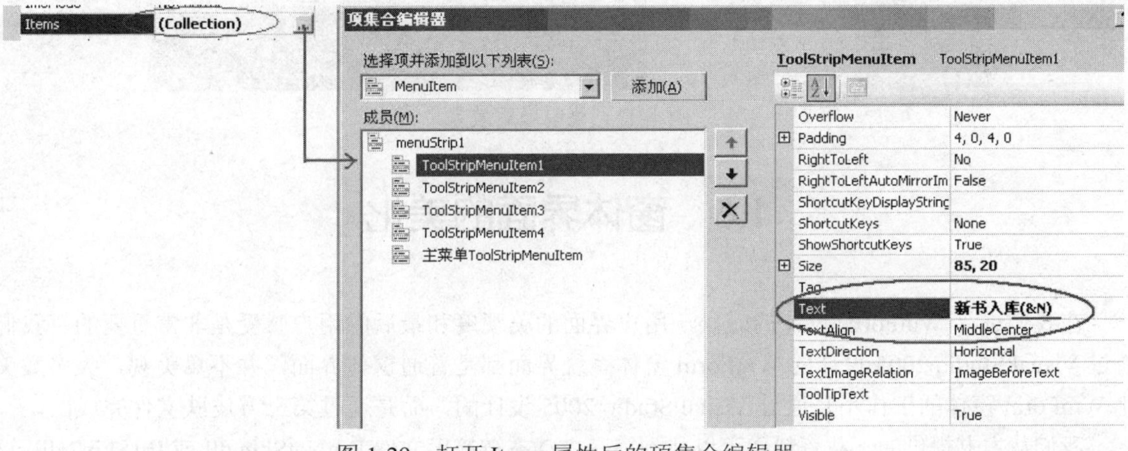

图 1-29　打开 Items 属性后的项集合编辑器

（3）如果在命名时在 Text 属性处键入“文件（&N）”，将会产生“文件（N）”的效果，&将被认为是快捷键的字符。运行时按 Alt+N 键执行。同理，子菜单在命名时可以产生相同的效果。如图 1-29 中的 Text 属性所示。

（4）设置每个菜单项的 ShortcutKeys 属性。每个菜单项都有一个 ShortcutKeys 属性，该项属性为用户自定义的快捷菜单组合键设置项，如图 1-30 所示。但注意在进行设置时一方面要根据

Windows 操作系统的常用快捷菜单设置，如退出一般是 Alt+E 键，打开一般是 Ctrl+O 键等，另一方面至少需要一项修饰符和键组合，否则将出错。

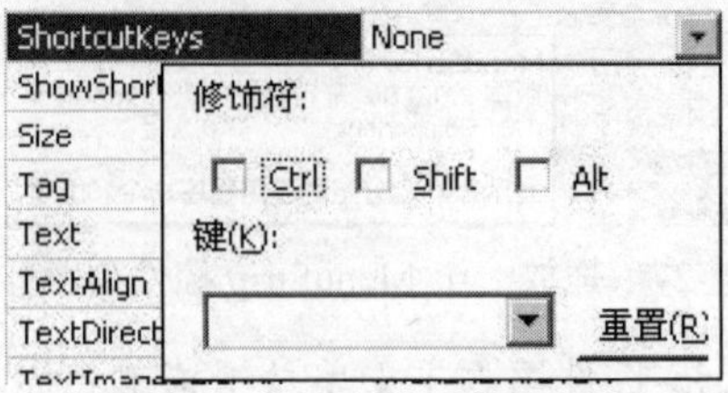

图 1-30　设置菜单的快捷键

（5）在需要进行分割的时候，可以选择 Separator 选项进行功能性的分割，如图 1-31 所示。

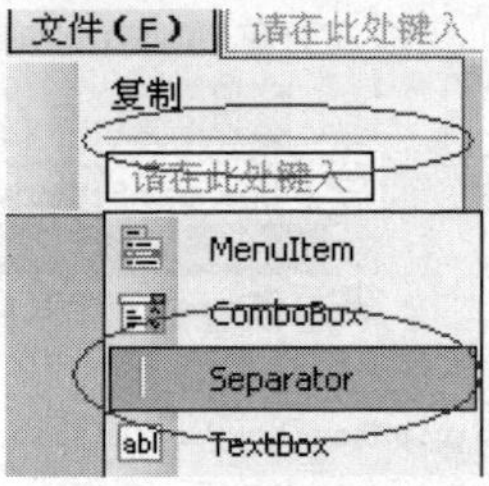

图 1-31　为菜单设置分割条

（6）最后形成的菜单效果如图 1-32 所示。

图 1-32　菜单最后效果

1.6　窗体界面的美化

在我们进行 WinForm 设计的时候，用户界面的美观度和最后的用户感受是非常重要的。我们通过 Visual Studio 2005 设计的 WinForm 窗体系统界面都是普通窗体界面，并不算美观，大多数美化 WinForm 窗体的工作不是通过 Visual Studio 2005 设计的，而是通过第三方皮肤文件完成的。

我们从本书提供的下载资料中可以找到第三方动态链接库文件 DotNetSkin.dll 或 IrisSkin2.dll，这两个文件是第三方开发设计的 WinForm 界面美化的主要文件。从本质上说，两个 dll 文件控件最后的作用都是一样的，不同的是 DotNetSkin.dll 使用的皮肤文件是*.skn，而 IrisSkin2.dll 文件使用的皮肤文件是*.ssk。

案例学习：加载皮肤动态链接库文件并美化界面

（1）从附件资料中确认有第三方动态链接库文件 DotNetSkin.dll 或者 IrisSkin2.dll，这两个文件是第三方开发设计的 WinForm 界面美化的主要文件，如图 1-33 所示。

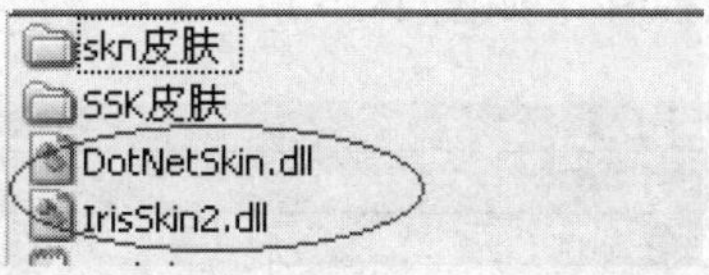

图 1-33 皮肤动态链接库文件 DotNetSkin.dll 和 IrisSkin2.dll

（2）打开 Visual Studio 2005，展开工具箱，右击，选择“添加选项卡”命令，新建选项卡“皮肤”，如图 1-34 所示。

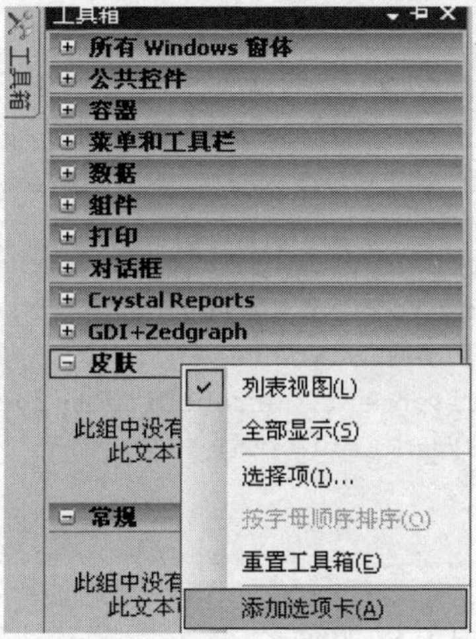

图 1-34 新建选项卡“皮肤”

（3）在工具箱的新建选项卡“皮肤”中右击右键，选择“选择项”命令，将打开“选择工具箱项”窗口，如图 1-35 所示。

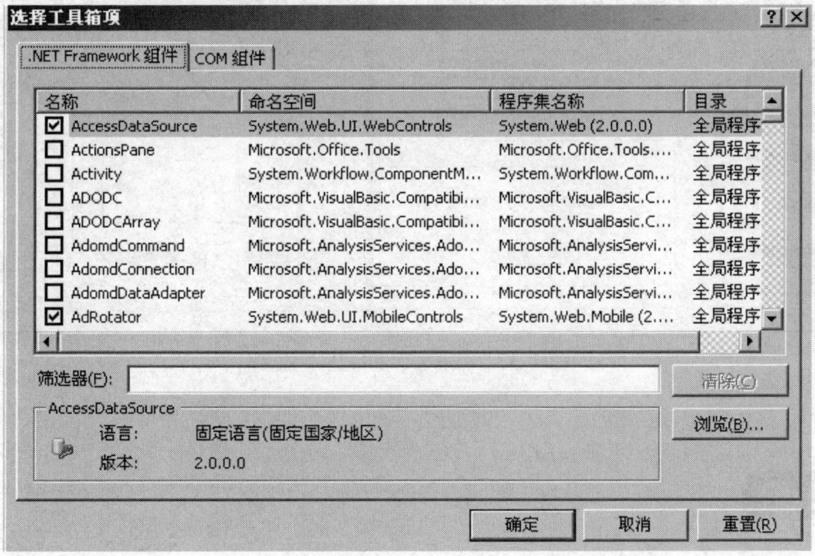

图 1-35 “选择工具箱项”窗口

（4）单击“浏览”按钮，导入第三方动态链接库文件 DotNetSkin.dll 或 IrisSkin2.dll，则在工具箱的“皮肤”选项卡内出现皮肤控件，如图 1-36 所示。

图 1-36　皮肤控件

（5）皮肤文件的基本用法是：拖曳任意一个皮肤控件到某个窗体上，进行如下编码：

```
namespace WindowsApplication1
{
    public partial class Form1 : Form
    {
        public Form1()
        {
            InitializeComponent();
            //string path=Environment.CurrentDirectory+"\\SSK 皮肤\\MacOS\\MacOS.ssk";
            //this.skinEngine1.SkinFile="*.ssk";
            string path=Environment.CurrentDirectory+"\\skn 皮肤\\LE4-DEFAULT.skn";
            this.skinUI1.SkinFile=path;
        }
    }
}
```

（6）皮肤文件的基本效果如图 1-37 所示。

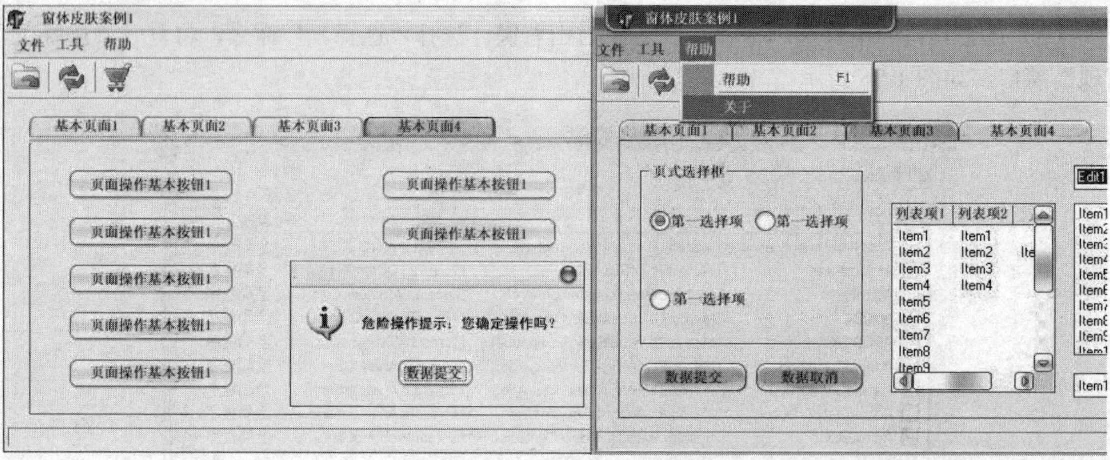

图 1-37　皮肤文件的基本效果

本章小结

- WinForm 可用于 Windows 窗体应用程序的开发。

- Windows 窗体控件是从 System.Windows.Forms.Control 类派生的类。
- 标签控件用于显示用户不能编辑的文本或图像。
- 按钮控件提供用户与应用程序交互的最简便方法。
- 组合框控件是列表框控件和文本框控件的组合，用户可以键入文本，也可以从所提供的列表中选择项目。
- 窗体提供了收集、显示和传送信息的界面，是 GUI 的重要元素。
- 消息框显示消息，用于与用户交互。
- MDI 窗口是由多个子窗口构成的多文档窗体，其中父窗口与子窗口的数据传接技术是最为关键的核心内容。

课后练习

1．通过本练习掌握 WinForm 中的常用控件，包括标签控件和文本框（密码框）控件。快速建立如图 1-38 所示的用户登录窗体，基本功能要求：禁止输入空信息，否则弹出对话框禁止；只有用户名称和密码都是 admin 时，弹出正确对话框；否则弹出对话框，显示错误信息。

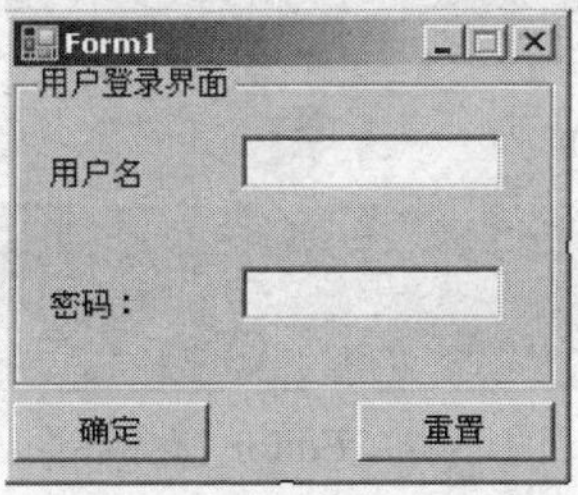

图 1-38　用户登录窗体目标界面

2．本次练习的目的是熟悉并掌握 listBox 控件，基本要求为：

（1）单击“显示信息”按钮时，下拉列表显示软件部、硬件部、财务部和人事部，并在下面通过 Label 控件显示行数的统计信息。

（2）单击“插入信息”按钮时，可以在选中的某行后插入新的内容为“插入行”信息，并在下面通过 Label 控件重新显示行数的统计信息，如图 1-39 所示。

图 1-39　使用列表框实验目标界面

3．新建一个窗体，命名为 frmContainer，并在其中添加一个 MenuStrip 菜单控件，如图 1-40 所示。其中文件的“新建”属性配置如图 1-41 所示。

图 1-40 主界面菜单设置

ShortcutKeys	**Ctrl+N**
ShowShortcutKeys	True
⊞ Size	**152, 22**
Tag	
Text	**新建**

图 1-41 “新建”属性配置

设置另一个窗体，命名为 Editor，分别从工具箱中拖曳菜单和工具条控件，构造出如图 1-42 所示界面。当单击图 1-41 所示菜单的“打开”项时，打开 Editor 窗体。

图 1-42 Editor 窗体界面

第2章 Windows 高级控件

本章内容

- 单选按钮
- 图片框
- 选项卡控件
- 滚动条
- 进度条
- ImageList 控件
- ToolBar 控件
- StatusBar 控件
- Timer 控件
- TreeView 控件
- ListView 控件

2.1 单选按钮（RadioButton）

学习目标

- 了解 RadioButton 按钮特点及注意事项
- 熟练掌握 RadioButton 按钮控件的开发技巧

RadioButton 单选按钮的特点

单选按钮是一种多选一类型的控件，通常情况下用来处理用户从多个选项中选择的唯一信息。基本样式如图 2-1 所示。

Windows 窗体中的 RadioButton 控件为用户提供由两个或多个互斥选项组成的选项集。虽然单选按钮和复选框功能类似，却存在重要差异：当用户选择某单选按钮时，同一组中的其他单选按钮不能同时选定。相反，却可以选择任意数目的复选框。定义单选按钮组将告诉用户："这里有一组选项，您可以从中选择一个且只能选择一个。"RadioButton 单选按钮的使用注意事项如下：

（1）在一个容器（如 Panel 控件、GroupBox 控件或窗体）内绘制单选按钮即可将它们分组。

（2）若要添加不同的组，必须将它们放到面板或分组框中。

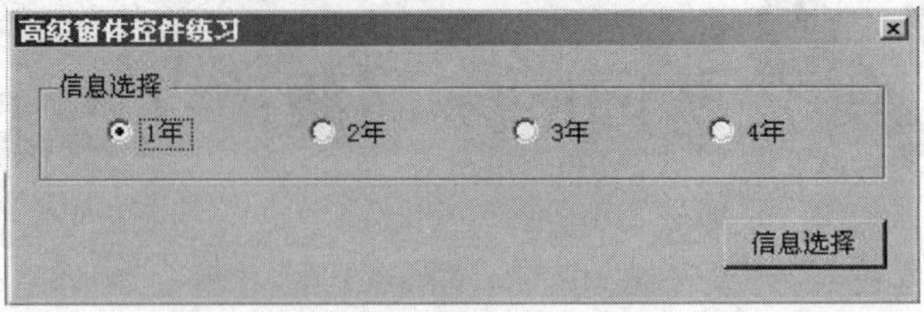

图 2-1 单选按钮的基本样式

案例学习：RadioButton 单选按钮的实际操作

（1）从工具箱的“Windows 窗体”选项卡中，将 GroupBox 或 Panel 控件拖到窗体上。

（2）在 GroupBox 或 Panel 控件上绘制 RadioButton 控件，布局样式如图 2-1 所示。

（3）双击“信息选择”按钮，进入按钮 button1 的鼠标单击事件 Click 的编码，代码如下：

```
private void button1_Click(object sender, EventArgs e)
{
    if (radioButton1.Checked)
    {
        MessageBox.Show("第一个");
    }
    else if (radioButton2.Checked)
    {
        MessageBox.Show("第二个");
    }
    else if (radioButton3.Checked)
    {
        MessageBox.Show("第三个");
    }
    else if (radioButton4.Checked)
    {
        MessageBox.Show("第四个");
    }
}
```

2.2 图片框控件

学习目标

- 了解图片框控件的基本属性

- 掌握图片控件的图像加载和资源释放操作
- 学习修改图片大小和位置

2.2.1　图片框控件的基本属性

Windows 图片框控件表示可用于显示图像，是使用频度最高的控件之一，主要用于显示窗体文本信息。其基本的属性和方法定义如表 2-1 所示。

表 2-1　图片框控件的属性及方法

项目		说明
属性	Image	用于指定图片框显示的图像，该图像可在设计或运行时设置
	SizeMode	用于指定图像的显示方式。可以指定各种大小模式，包括 AutoSize、CenterImage、Normal 和 StretchImage。默认值为 Normal
方法	Show	是否显示控件，设置为 true 时显示图片，为 false 时不显示
事件	Click	用户单击控件时将发生该事件

2.2.2　图片框控件实践操作

案例学习：设置图片框控件的属性

按照表 2-2 所示属性项进行配置的属性。

表 2-2　图片框控件的属性及方法

属性	参数设置
Image	WindowsApplication2.Properties.Resources._0344CE07
SizeMode	StretchImage；请选择其他方式加载图片信息

配置属性后的区域图片信息如图 2-2 所示。

图 2-2　配置属性后的区域图片

案例学习：修改图片的大小和位置

本案例的主要目的是通过单击图片控件，实现隐藏和显示的基本效果。在设置了图 2-2 所示图片的基础上，双击图片控件，进入代码编辑区域，编写代码如下：

```
public Form1()
{
    InitializeComponent();
    showpic();//加载图片信息函数。
}
///<summary>
/*******************************************************
**方 法  名：showpic()
**输 入参数：无
**输 出参数：无
**返 回  值：无
**创 建  人：钱哨
**创 建日期：08-7-9
**描     述：加载图片文件信息，并设置图片显示的方式。
*******************************************************/
///</summary>
public void showpic()
{
    pictureBox1.Image=Image.FromFile(System.Environment.GetFolderPath(System.
    Environment.SpecialFolder.Personal)+@"\image.gif");
    //指定当前图片的文件路径为，当前计算机的“我的文档”文件夹下面的图片，
    //名称为 image.gif
    pictureBox1.SizeMode=System.Windows.Forms.PictureBoxSizeMode.StretchImage;
    //指定图片显示属性为 StretchImage 类型
}
///<summary>
///单击图片事件，实现每次单击图片时的隐藏和显示。
///</summary>
///<param name="sender"></param>
///<param name="e"></param>
private void pictureBox1_Click(object sender, EventArgs e)
{
    if (pictureBox1.Image != null)
    {
        pictureBox1.Image.Dispose();
        pictureBox1.Image=null;
    }
    else
    {
        showpic();
    }
}
```

2.3 选项卡控件

学习目标

- 了解选项卡控件的基本属性
- 掌握如何设置选项卡控件的属性
- 掌握统计页面选项卡控件的页面基本信息
- 掌握选项卡控件的功能

2.3.1 简介

在 Windows 应用程序中，选项卡用于将相关的控件集中在一起，放在一个页面中以显示多种综合信息。选项卡控件通常用于显示多个选项卡，其中每个选项卡均可包含图片和其他控件。选项卡相当于多窗体控件，可以通过设置多页面方式容纳其他控件。由于该控件的集约性，使得用户在相同操作面积中可以执行更多页面的信息操作，因此被广泛应用于 Windows 的设计开发中，深受程序员喜爱。一般选项卡在 Windows 操作系统中的表现样式如图 2-3 所示。

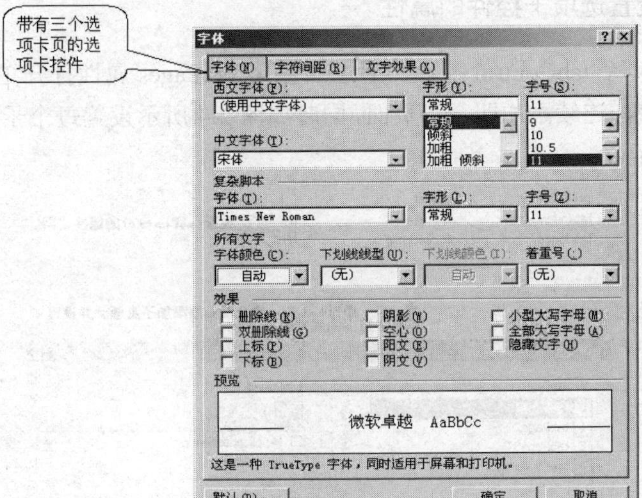

图 2-3　选项卡的基本样式

2.3.2 选项卡控件的基本属性

选项卡控件主要用以在单个窗体上显示多个不同的操作工作区，增加用户操作的便捷性。其基本的属性和方法定义如表 2-3 所示。

表 2-3 选项卡控件的属性

属性	说明
MultiLine	指定是否可以显示多行选项卡。如果可以显示多行选项卡，该值应为 True，否则为 False。默认值为 False
SelectedIndex	当前所选选项卡页的索引值。该属性的值为当前所选选项卡页的基于 0 的索引。默认值为 -1，如果未选定选项卡页，则为同一值
SelectedTab	当前选定的选项卡页。如果未选定选项卡页，则值为 NULL 引用，返回或设置选中的标签（读者应注意这个属性在 TabPages 的实例上的使用）
ShowToolTips	指定在鼠标移至选项卡时，是否应显示该选项卡的工具提示。如果对带有工具提示的选项卡显示工具提示，该值应为 True，否则为 False（同时必须设置某页的 ToolTipText 内容）
TabCount	检索选项卡控件中选项卡的数目
Alignment	控制标签在标签控件中的显示位置。默认的位置为控件的顶部
Appearance	控制标签的显示方式。标签可以显示为一般的按钮或平面样式
HotTrack	如果这个属性设置为 True，则当鼠标指针经过控件上的标签时，其外观就会改变
RowCount	返回当前显示的标签行数
TabPages	控件中的 TabPage 对象集合。使用这个集合可以添加和删除 TabPage 对象

2.3.3 选项卡控件的实际操作

案例学习：设置选项卡控件的属性

从工具箱中拖曳一个 tabControl 控件，通过设置其 TabPages 属性打开 TabPages 集合编辑器，单击该编辑器添加按钮，连续添加四个子页面，同时如图 2-4 所示设置每个子页面的 text 名称属性。最终效果如图 2-5 所示。

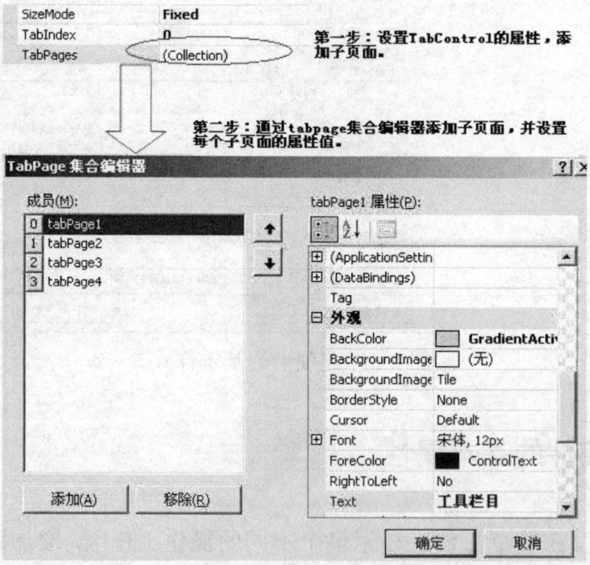

图 2-4 设置 TabControl 控件的属性

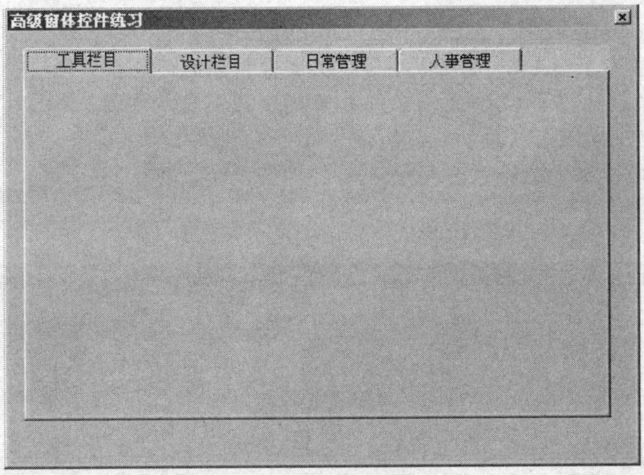

图 2-5　完成效果图

接下来，设置选项卡的提示信息，即当鼠标移动到某个页面后，弹出提示信息。设置步骤为：设置 TabControl 控件的 ShowToolTips 属性为 True，打开 TabControl 控件的 TabPages 属性，在打开的 TabPages 集合编辑器中，在某个具体选项卡的 ToolTipText 属性中键入提示信息。基本设计步骤如图 2-6 所示。

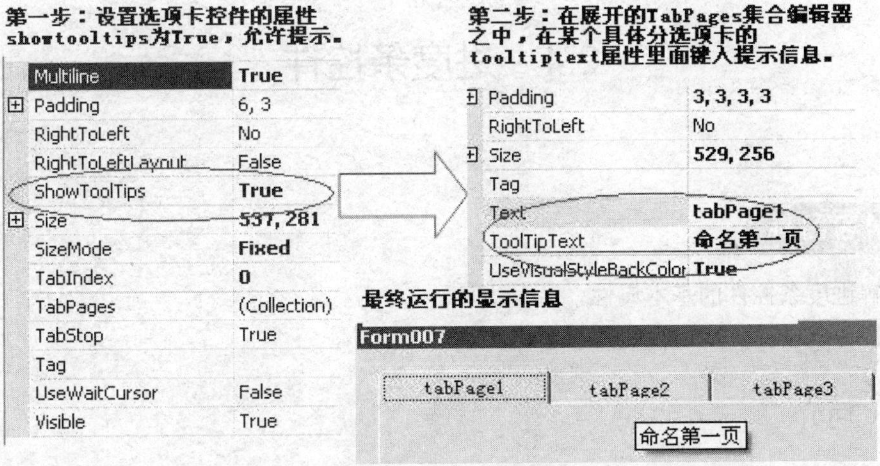

图 2-6　TabControl 控件的基本设计步骤

案例学习：统计页面基本信息

从工具箱中拖曳一个 TabControl 控件，并在其下面添加一个 label 标签，设置及运行后的样式如图 2-7 所示。

选择 TabControl 控件的 SelectedIndexChanged 事件，双击该事件进入代码编辑区域，键入如下代码：

```
private void tabControl1_SelectedIndexChanged(object sender, EventArgs e)
{
    label1.Text="当前操作统计信息为：页面为第"+this.tabControl1.
    SelectedIndex.ToString()+"页，选项卡页为"+tabControl1.SelectedTab.Text+",
```

```
    共有页数"+tabControl1.TabCount.ToString();
    //该实验需要读者了解 tabControl 控件的属性是如何记录有关参量的
    //SelectedIndex 表示 TabControl 控件的页数信息，首页为 0
    //SelectedTab 为某子页面页头标签信息
    //TabCount 属性用于统计 TabControl 控件子页面总数
}
```

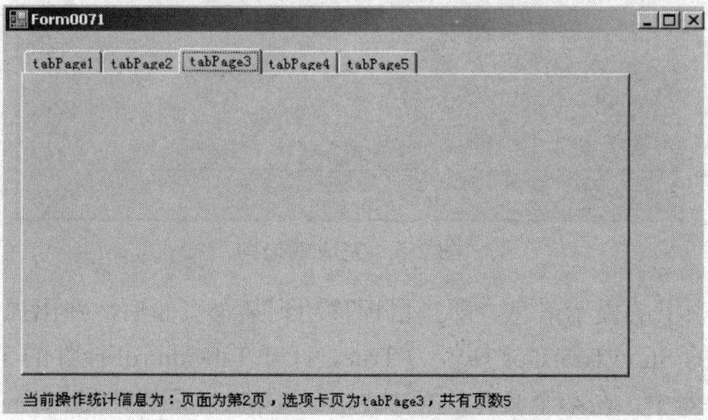

图 2-7 统计 tabControl 控件的运行样式

2.4 进度条控件

学习目标

- 了解进度条控件的基本属性
- 掌握进度条控件如何控制并显示进度信息

2.4.1 简介

进度条控件主要用于指示某种操作的进度及完成的百分比，其外观是排列在水平条中的一定数目的矩形。在进行数据库读写操作或者文件的读写复制等操作的时候，该控件经常被用于告之操作进度，如图 2-8 所示。

图 2-8 进度条控件的属性及方法

2.4.2　进度条控件的基本属性

进度条控件是显示用户当前进程的控件，其基本的属性和方法定义如表 2-4 所示。

表 2-4　进度条控件的属性

项目		说明
属性	Maximum	进度条控件的最大值。默认值为 100
	Minimum	进度条控件的最小值。进度条从最小值开始递增，直至达到最大值。默认值为 0
	Step	PerformStep 方法根据该属性增加进度条的光标位置的值。 默认值为 10
	Value	进度条控件中光标的当前位置。默认值为 0
方法	Increment	按指定的递增值移动进度条的光标位置
	PerformStep	按 Step 属性中指定的值移动进度条的光标位置

2.4.3　进度条控件的实际操作

案例学习：通过进度条显示数据库读取的进度信息

从工具箱中将一个进度条控件（progressBar1），一个标签控件（label1，设置其 Visible 属性为 False，即初始时不可见）和按钮控件（button1）拖到 Form 窗体上，并按照图 2-9 所示进行布局。

图 2-9　Form 窗体布局及演示

双击按钮控件（button1），在其鼠标单击事件中加入如下代码：

```
private void button1_Click(object sender, EventArgs e)
{
    //本次为 MS SQLServer 数据库本机链接，测试数据库为 NorthWind，测试的表为 Orders
    //默认链接用户名称 sa，登录密码为空
    //请在头部引用 MS SQLServer 操作类库：using System.Data.SqlClient;
    string sqlstring="Data Source=(local);Initial Catalog=NorthWind;User ID=sa";
    //数据库连接字符串
    SqlConnection conn=new SqlConnection(sqlstring);
    //数据表查询字符串
    string sql="select * from Orders";
    //定义 SqlCommand 对象，命名为 cmd
    SqlCommand cmd=new SqlCommand(sql, conn);
    //定义 SqlDataAdapter 对象，命名为 adp
    SqlDataAdapter adp=new SqlDataAdapter();
```

```
        //将 SQL 查询命令结果缓冲至 SqlDataAdapter 对象
        adp.SelectCommand=cmd;
        //定义 DataSet 对象，命名为 ds
        DataSet ds=new DataSet();
        //将缓冲至 SqlDataAdapter 对象的数据填充至 DataSet 对象，进行离线数据处理
        adp.Fill(ds);
        //释放数据库连接资源
        conn.Dispose();
        conn.Close();
        conn=null;
        label1.Visible=true;
        //设置进度条控件属性
        progressBar1.Visible=true;//进度条控件可见
        progressBar1.Minimum=0;//进度条控件的最小值为 0
        progressBar1.Maximum=ds.Tables[0].Rows.Count;//进度条控件的最大值为读取表内容行数
        progressBar1.BackColor=Color.Red;//进度条控件的背景色为红色
        //循环读取数据表内容，读取次数为表内容行数
        for (int i=0; i<ds.Tables[0].Rows.Count; i++)
        {
            progressBar1.Value++;//每次读取数据表，进度条值加 1
            Application.DoEvents();//当前程序处理消息队列内容
            this.label1.Text=progressBar1.Value.ToString();//将进度条当前值显示在标签控件
        }
    }
```

2.5　ImageList 控件

学习目标

- 了解 ImageList 控件的基本属性及方法
- 掌握配置 ImageList 控件的图片列表内容
- 掌握 ImageList 控件与其他导航控件的联合应用

2.5.1　简介

位于 Systems.Windows.Forms 命名空间内的 ImageList 控件主要用于缓存用户预定义好的图片列表信息，该控件并不可以单独使用以显示图片内容，必须和其他控件联合使用才可以显示预先存储在其中的图片内容。其在工具箱中的图标样式如图 2-10 所示。

图 2-10　ImageList 控件图标样式

2.5.2　ImageList 控件的基本属性及方法

ImageList 控件用于存储用户预定义的图标列表信息，其基本的属性和方法定义如表 2-5 所示。

表 2-5　进度条控件的属性

项目		说明
属性	Images	该属性表示图像列表中包含的图像的集合
	ImageSize	该属性表示图像的大小，默认高度和宽度为 16×16，最大大小为 256×256
方法	Draw	该方法用于绘制指定图像

2.5.3　ImageList 控件的实际操作

案例学习：配置 ImageList 控件的图片列表内容

（1）从工具箱曳放一个 ImageList 控件到 Form 窗体，选择该控件并打开其属性，配置 Images 属性。同时应特别注意配置 ImageSize 属性，该属性决定今后图片显示的大小将该属性设置为（25，30），如图 2-11 所示。

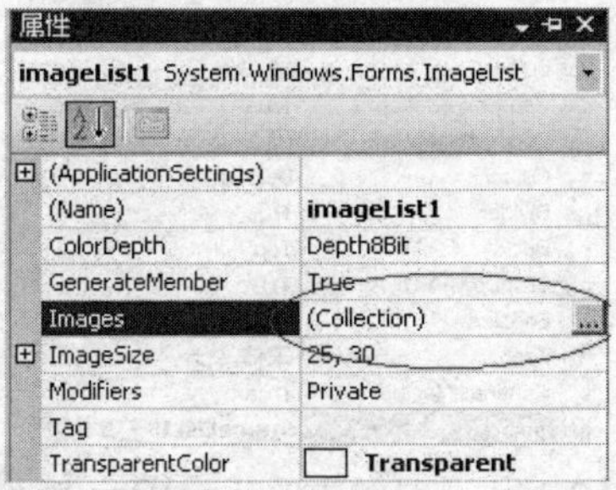

图 2-11　配置 Images ImageSize 属性

（2）单击 Images 属性边上的按钮，在打开的配置对话框中单击“添加”按钮，选择具体的一组图片，同时可以单击“移除”按钮，删除无效图片，如图 2-12 所示。

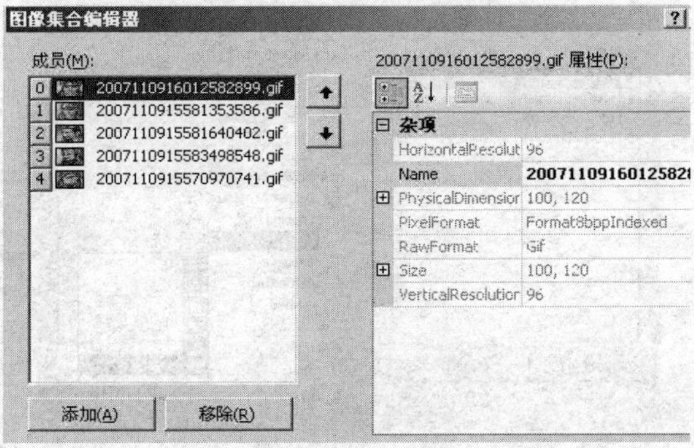

图 2-12　编辑 Images 属性内容

（3）右击工具箱，选择“选择项”命令，在打开的选择工具箱中将 ToolBar 组件勾选后，在当前的 Form 窗体中拖曳该 ToolBar 控件，如图 2-13 所示。

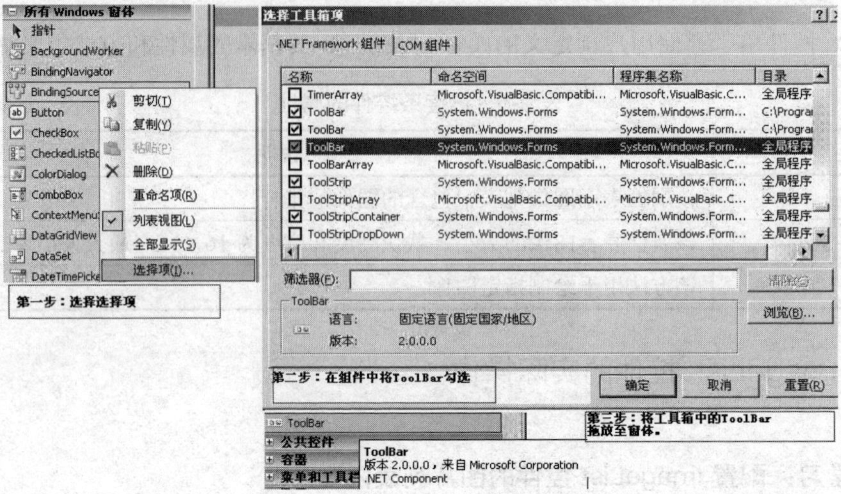

图 2-13 工具箱内的 ToolBar 控件

（4）单击 ToolBar 控件，指定其 ImageList 控件对象为刚添加图片列表的 ImageList1 控件，并选择该 ToolBar 控件的 Buttons 属性，如图 2-14 所示。

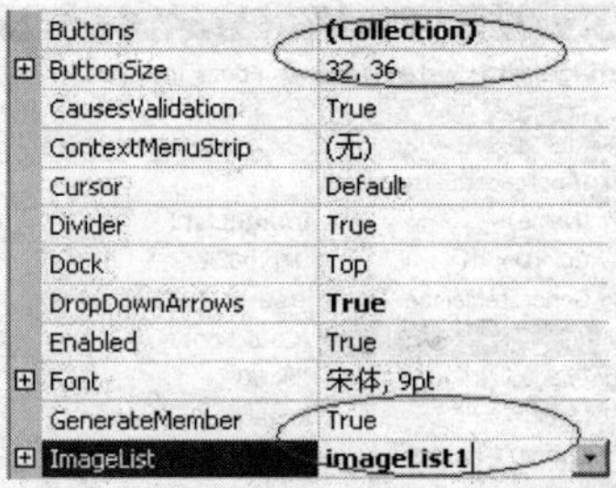

图 2-14 工具箱内的 ToolBar 控件

（5）在打开的 ToolBarButton 集合编辑器中连续添加 5 个 Button 按钮，并为每个按钮的 ImageIndex 属性配置来自 ImageList 控件的图片信息，如图 2-15 所示。

图 2-15 在 ToolBarButton 集合编辑器中添加按钮

（6）配置完毕后的界面如图 2-16 所示。

图 2-16　ToolBar 与 ImageList 控件联合使用的效果

2.6　ToolBar 控件

学习目标

- 了解 ToolBar 控件的基本属性及方法
- 掌握配置 ToolBar 控件属性的基本方法
- 学习 ToolBar 控件如何动态加载 ImageList 控件图片

2.6.1　简介

ToolBar 控件并非 Visual Studio 2005 中的默认控件，需要从工具箱中另外导入才可以使用，具体步骤见 2.5 节阐述的内容。

2.6.2　ToolBar 控件的基本属性及方法

ToolBar 主要用于 Window 窗体的顶部工具栏的实现，其主要的属性和方法如表 2-6 所示。

表 2-6　进度条控件的属性

属性		说明
属性	Buttons	工具栏按钮控件的集合
	ShowToolTips	鼠标移到各工具栏按钮上时，是否显示相应的工具提示，如果该属性的值设置为 True，则显示工具提示
	ImageIndex	工具栏按钮指定的图像在图像列表中的索引值
	Parent	指定工具栏按钮所属的 ToolBar 控件
	Style	工具栏按钮的样式，其中包括 DropDownButton（下拉按钮）、Separator（分隔符） 和 ToggleButton（切换按钮）
方法	ButtonClick	单击工具栏按钮时，将触发该事件

2.6.3 ToolBar 控件的实际操作

案例学习：配置 ToolBar 控件

（1）在图 2-15 实验基础之上继续对 ToolBar 控件进行属性设置。将 ShowToolTips 属性设置为 True，表示显示相应的提示信息。点击 ToolBar 控件的 Buttons 属性，打开图像集合编辑器，分别设置每个按钮的 Text 属性（按钮显示信息）和 ToolTipText 属性（按钮提示信息），如图 2-17 所示。

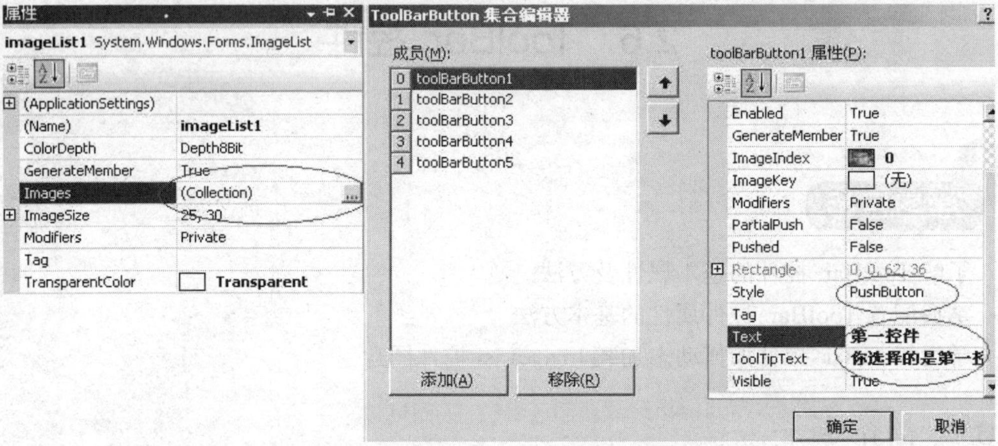

图 2-17 配置 ToolBar 控件各个按钮属性

（2）运行效果如图 2-18 所示。

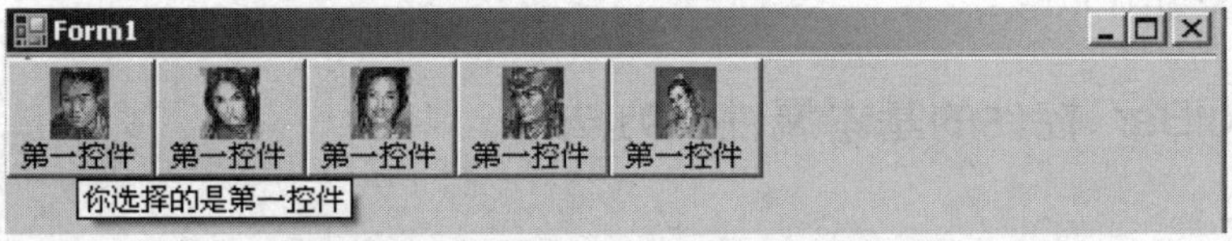

图 2-18 编辑后的 Images 属性内容

案例学习：为 ToolBar 控件动态加载 ImageList 控件图片

在添加 ToolBar 控件和 ImageList 控件之后，在当前表单的 Load 事件中写入如下代码：

```
private void Form1_Load(object sender, EventArgs e)
{
    //定义 5 个 ToolBarButton 对象
    ToolBarButton bt1=new ToolBarButton();
    ToolBarButton bt2=new ToolBarButton();
    ToolBarButton bt3=new ToolBarButton();
    ToolBarButton bt4=new ToolBarButton();
    ToolBarButton bt5=new ToolBarButton();
    //向当前的 ToolBar 控件添加 5 个按钮
    toolBar1.Buttons.Add(bt1);
```

```
    toolBar1.Buttons.Add(bt2);
    toolBar1.Buttons.Add(bt3);
    toolBar1.Buttons.Add(bt4);
    toolBar1.Buttons.Add(bt5);
    //指定 ToolBar 控件的 ImageList 控件对象
    toolBar1.ImageList=imageList1;
    toolBar1.ShowToolTips=true;
    //加载图片信息
    bt1.ImageIndex=0;
    bt2.ImageIndex=1;
    bt3.ImageIndex=2;
    bt4.ImageIndex=3;
    bt5.ImageIndex=4;
    //加载按钮的标题和提示信息
    bt1.Text="第一个按钮";
    bt1.ToolTipText="显示第一个按钮";
    bt2.Text="第二个按钮";
    bt2.ToolTipText="显示第二个按钮";
    bt3.Text="第三个按钮";
    bt3.ToolTipText="显示第三个按钮";
    bt4.Text="第四个按钮";
    bt4.ToolTipText="显示第四个按钮";
    bt5.Text="第五个按钮";
    bt5.ToolTipText="显示第五个按钮";
}
```

2.7　StatusStrip 控件

学习目标

- 了解 StatusStrip 控件的基本属性及方法
- 学习用 StatusStrip 控件统计文本字数信息
- 学习通过 StatusStrip 控件显示综合信息
- 学习通过 StatusStrip 控件显示进度条信息

2.7.1　简介

StatusStrip 控件主要出现在当前 Windows 窗体的底部，一般使用文本和图像向用户显示应用程序当前状态的信息。该控件位于“菜单和工具栏”区域，如图 2-19 所示。

StatusStrip 控件允许添加的控件包括：StatusLabel 控件（添加标签控件）、ProgressBar 控件（进度条控件）、DropDownButton 控件（下拉列表控件）以及 SplitButton 控件（分割控件），如图 2-20 所示。

图 2-19　选择 StatusStrip 控件

图 2-20　StatusStrip 控件允许添加的对象

2.7.2　StatusStrip 控件的实际操作

案例学习：用 StatusStrip 控件统计文本字数信息

（1）在 Form 窗体上拖曳一个 GroupBox 控件，用于建立“文本信息显示区”容器；一个 RichTextBox 控件，用于编辑文本；一个按钮对象为“统计字数”；一个 StatusStrip 控件，用于在底部显示统计信息，同时为 StatusStrip 控件增加一个 StatusLabel 标签，用于显示统计信息。具体设置如图 2-21 所示。

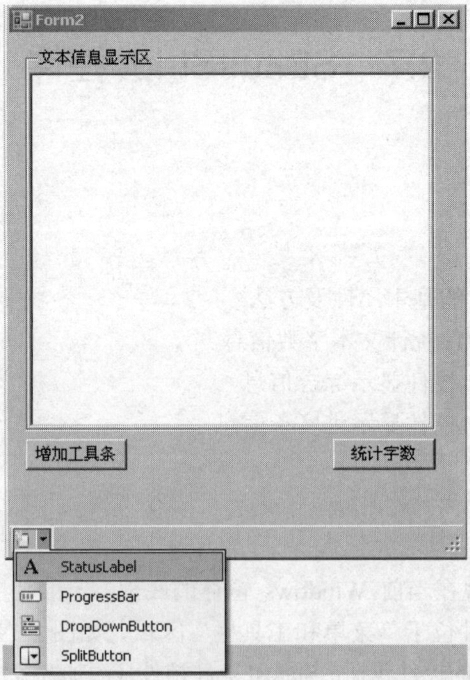

图 2-21　用 StatusStrip 控件统计文本字数信息界面布局

（2）添加如下代码：

```
///<summary>
///初始化窗体对象时显示当前的日期时间信息
///</summary>
///<param name="sender"></param>
///<param name="e"></param>
private void Form2_Load(object sender, EventArgs e)
{
    toolStripStatusLabel1.Text="现在的日期是："+DateTime.Now. ToShortDateString()+
    "；现在的时间是："+DateTime.Now.ToShortTimeString();
}
///<summary>
///单击“统计字数”按钮的鼠标单击事件
///</summary>
///<param name="sender"></param>
///<param name="e"></param>
private void button1_Click(object sender, EventArgs e)
{
    toolStripStatusLabel1.Text="字数信息是： "+richTextBox1.Text.Length;
}
///<summary>
///单击“增加工具条”按钮时的鼠标单击事件
///</summary>
///<param name="sender"></param>
///<param name="e"></param>
private void button2_Click(object sender, EventArgs e)
{
    //1. 定义要增加的 StatusStrip
    StatusStrip sb=new StatusStrip();
    //2.定义 StatusStrip 项目中的控件，其中 ToolStripLabel 是一个类似于 Label 的控件，
    //现在用于显示文字
    ToolStripLabel tsl=new ToolStripLabel();
    //要显示的文字内容
    tsl.Text="新增加的工具条";
    //3. 定义 StatusStrip 中的项目
    ToolStripItem[] tsi=new ToolStripItem[1];
    tsi[0]=tsl;
    //4. 将项目加入到 StatusStrip 中
    sb.Items.AddRange(tsi);
    //5. 将 StatusStrip 加入到窗体中
    this.Controls.Add(sb);
}
```

运行效果如图 2-22 所示。

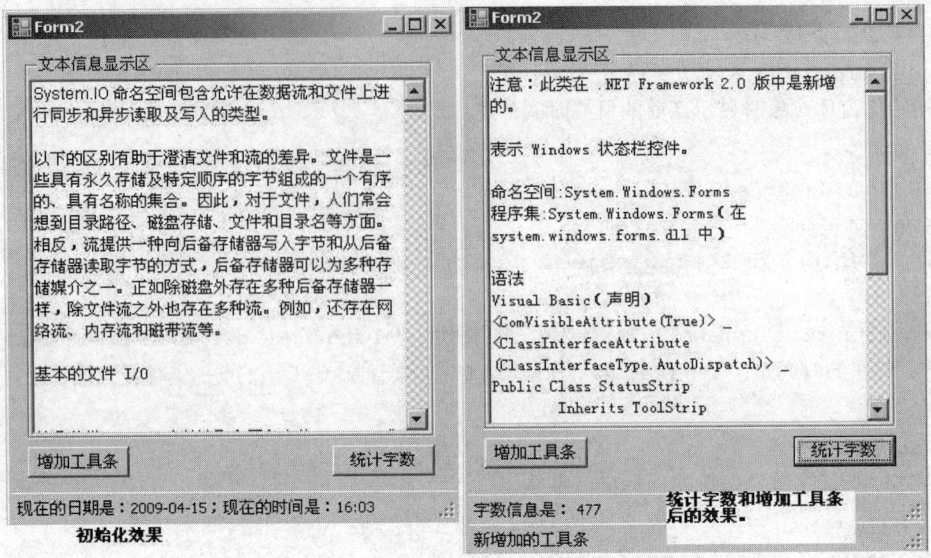

图 2-22　用 StatusStrip 控件统计文本字数信息的效果图

2.8　Timer 控件

学习目标

- 了解 Timer 控件的属性及方法、事件
- 学习用 Timer 控件控制其他控件位移
- 学习显示计算机运行和应用程序运行的时间长度

2.8.1　简介

在 WinForm 的编程开发中，需要一种可在程序运行时操控时间的机制，该机制主要用来处理按指定的时间运行的具体事件，如图像的移动或者间隔性发生的事件等。Timer 控件就是这样一种时间控制器，它来自 Timer 类，并包含在 System.Windows.Forms 命名空间中。Timer 控件为开发人员提供了一种在经过指定的时间间隔或到达指定的绝对时间时根据代码进行响应的方式，而该控件组件与其他控件的不同之处就在于它不向用户提供用户界面，因此没有必要在 WinForm 设计器的界面上显示。从某种意义上讲 Timer 控件与用户无关，可以通过编程在规定的时刻执行相应动作，或者按照某个周期触发一个具体的事件。

2.8.2　Timer 控件的属性及方法、事件

我们在 2.7 节已经接触过 Timer 控件的应用，其具体位置及配置情况已有案例说明。Timer 控

件主要的属性和事件如表 2-7 所示。

表 2-7　Timer 控件的属性及事件与方法

项目		说明
属性	Enabled	时钟是否可用
	Interval	时钟每间隔多长时间触发一次 tick 事件， 时间间隔单位是毫秒数
事件与方法	Start()	时钟启动
	Stop()	时钟停止
	Tick	每隔 Interval 时间间隔触发一次

2.8.3　Timer 控件的实际操作

案例学习：移动的图片

（1）如图 2-23 所示，从工具箱中拖曳一个 pictureBox 图片控件和两个 Button 控件，在 WinForm 窗体上布置完毕后，再从工具箱中拖曳一个 Timer 控件，完成界面的布置工作。

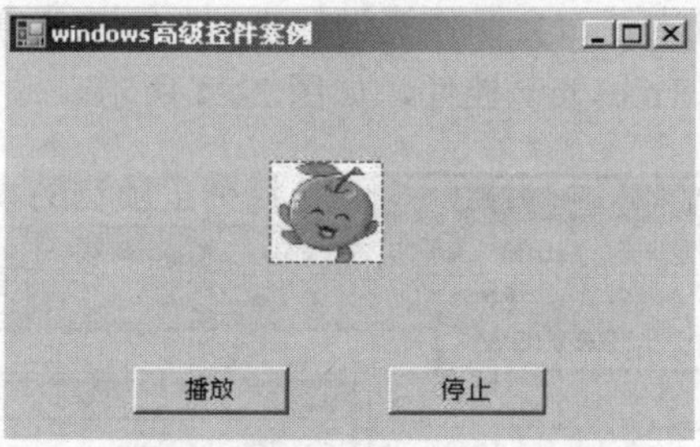

图 2-23　移动图片界面布置

（2）将 Timer 控件的 Enable 属性设置为 True，双击“播放”按钮，键入如下代码：

```
private void button1_Click(object sender, EventArgs e)
{
    timer1.Start();//启动 timer 控件
}
```

（3）双击“停止”按钮，键入如下代码：

```
private void button2_Click(object sender, EventArgs e)
{
    timer1.  Stop();//停止 timer 控件
}
```

（4）双击 timer1 控件对象，在其 Tick 事件中键入如下代码：

```
private void timer1_Tick(object sender, EventArgs e)
{
    pictureBox1.Left -= 5;//图片对象每隔一段时间（由 Timer 的时间间隔决定）
    //向左移动 5 像素
    if (pictureBox1.Right<0)//如果图片的右边小于 0，则意味着图片从当前窗体左侧消失
```

```
{
    pictureBox1.Left=Width;//则图片的左侧设置为窗体宽度，即从右侧再次出现
}
```

2.9 ListView 控件

学习目标

- 了解 ListView 控件的属性及方法
- 掌握 ListView 控件的编辑列、组和项
- 学习实现填充 ListView 控件的行列信息的方法
- 学习如何通过编程实现以 ListView 显示 Access 数据库信息

2.9.1 简介

我们在 Windows 操作系统中经常会操作资源管理器，而资源管理器的窗口设计本身就涵盖两个基本对象：ListView 控件和 TreeView 控件，如图 2-24 所示。

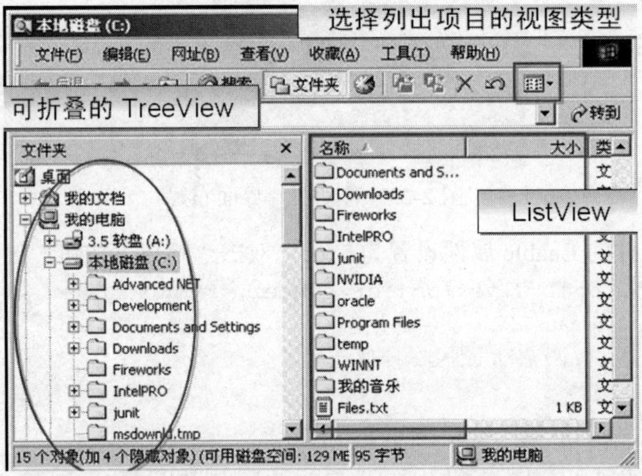

图 2-24 ListView 控件和 TreeView 控件的应用

一般而言，本节讨论的 ListView 控件的主要应用为创建与 Windows 资源管理器的右窗口相似的用户界面，可以显示四种视图模式，即大图标、小图标、列表和详细资料；另外还可以用于以特定样式或视图类型显示列表项。

2.9.2 ListView 控件的属性及方法

ListView 控件主要的属性和方法如表 2-8 所示。

表 2-8 ListView 控件的属性及方法

属性	说明
Items	ListView 中的具体内容
MultiSelect	允许选择多个项
SelectedItems	用户选择的 ListView 行
Sorting	指定进行排序的方式
Columns	详细视图中显示的列信息
事件与方法	说明
Clear()	彻底清除视图，删除所有的选项和列
GetItemAt()	返回列表视图中位于 x,y 的选项
Sort()	进行排序；仅限于字母数字类型
BeginUpdate	开始更新，直到调用 EmdUpdate 为止。当一次插入多个选项时这个方法很有用，因为它会禁止视图闪烁，并可以大大提高速度
EndUpdate	结束更新

在 ListView 控件的设置中，最为重要的是 Column 集合和 Column 对象。ListView 控件的 Columns 属性表示控件中出现的所有列标题的集合，而列标题是 ListView 控件中包含标题文本的一个项。ColumnHeader 对象定义在控件的 View 属性设置为 Details 值时，作为 ListView 控件的一部分将显示类似于表头一样的信息。如果 ListView 控件没有任何列标题，并且 View 属性设置为 Details，则 ListView 控件不显示任何项的信息。

设置完 Column 集合相当于完成了表的表头设计工作（列设计），另外一项重要的工作是设置表的每一行信息（行设计），ListView 控件的设置中与行配置有关的是 Items 项集合和 Items 项对象。ListView 控件的 Items 属性表示包含控件中所有行信息的集合，该集合又包含对每行键值的设置和非键值的设置。Items 属性返回 ListView.ListViewItemCollection，可以用于在 ListView 中添加新项、删除项或计算可用项数。

2.9.3 ListView 控件实践操作

案例学习：ListView 控件的编辑列、组和项

（1）从工具箱中拖曳一个 ImageList 图片列表控件和一个 ListView 控件，在 ImageList 图片列表控件中加载若干图片信息，如图 2-25 所示。

（2）选中 ListView 控件，配置其 LargeImageList 和 SmallImageList 的属性分别为 ImageList 控件对象，如图 2-26 所示。

（3）选中 ListView 控件，通过 Columns 属性或者编辑列，打开 Columnheader 集合编辑器，在集合编辑器中设置图片列表内容和表头名称，如图 2-27 所示。

（4）选中 ListView 控件，设置其 View 属性为 Details，如图 2-28 所示。至此，ListView 控件的列信息设置完毕。下面开始设置行信息。

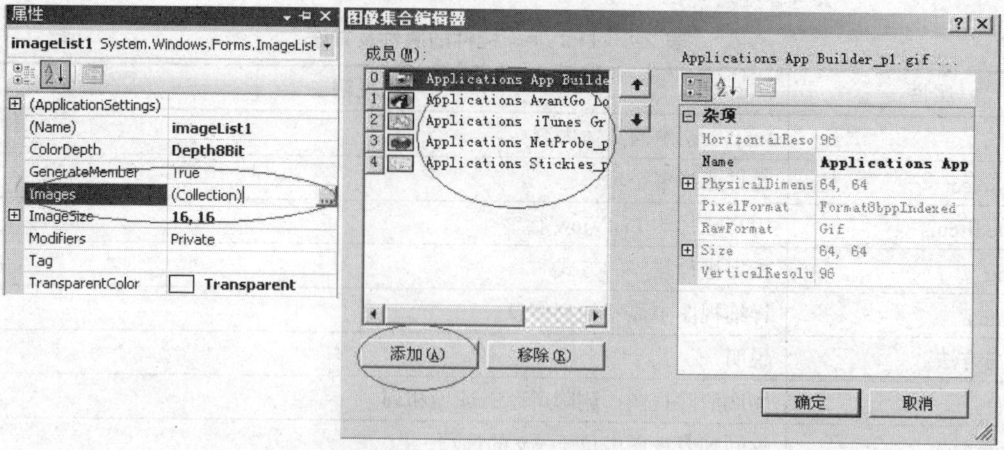

图 2-25 在 ImageList 图片列表控件中加载若干图片信息

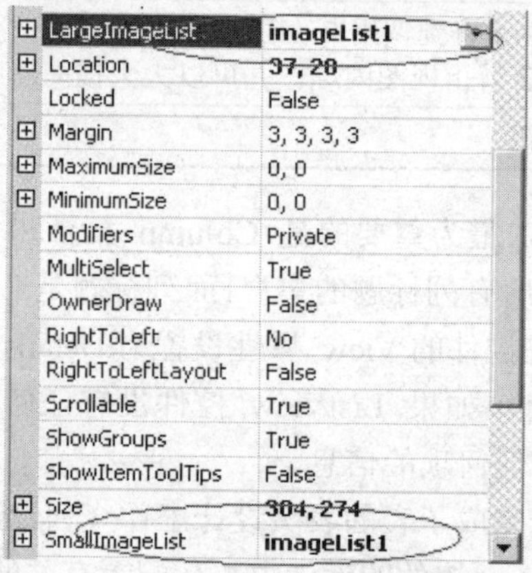

图 2-26 设置当前 ListView 控件

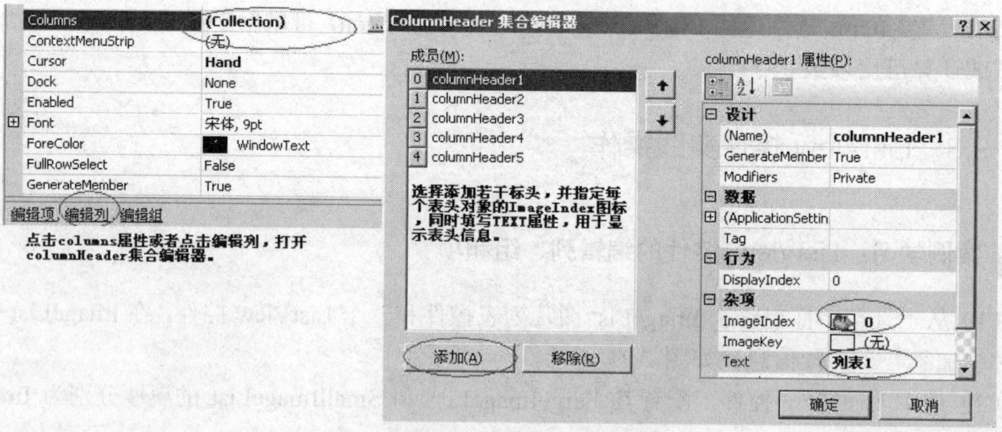

图 2-27 设置 ListView 控件表头信息

（5）选中 ListView 控件的 Items 属性，开始进行行信息的设置工作。在打开的 ListViewItem 集合编辑器中，连续添加若干项内容，并分别为每项填入 text 属性值。需要注意的是，此处信息的填写可以理解为表的每行信息的“键”的概念，该行其他列信息的填写工作需要单击 SubItems 属性继续配置，如图 2-29 所示。

图 2-28　设置 View 属性为 Details

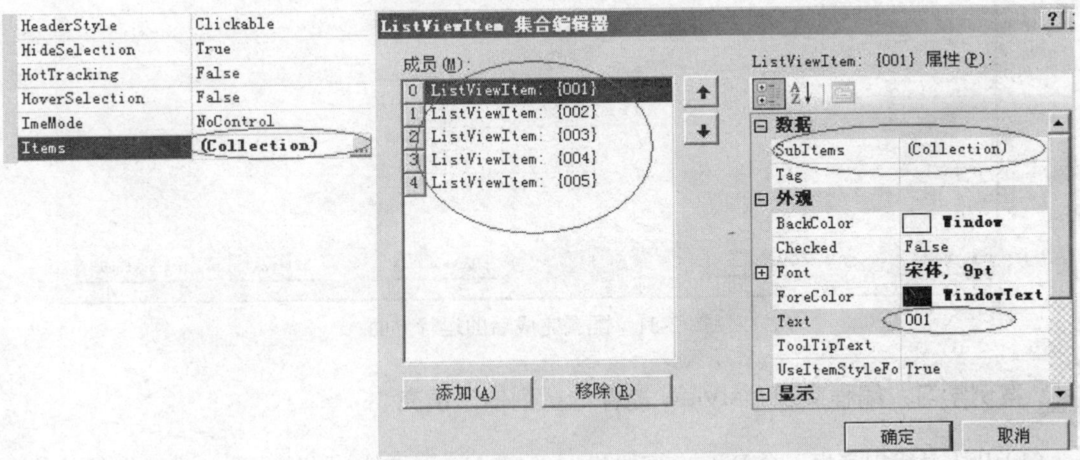

图 2-29　配置 ListView 控件行键值信息

（6）单击图 2-29 中某行的 SubItems 属性，进入 ListViewSubItems 配置界面，该界面主要设置某行除“键”值信息以外其他列的信息。如图 2-30 所示，如果某行键值为 001 号，在展开的 ListViewSubItems 配置界面中可将其姓名、性别等项目进行配置。

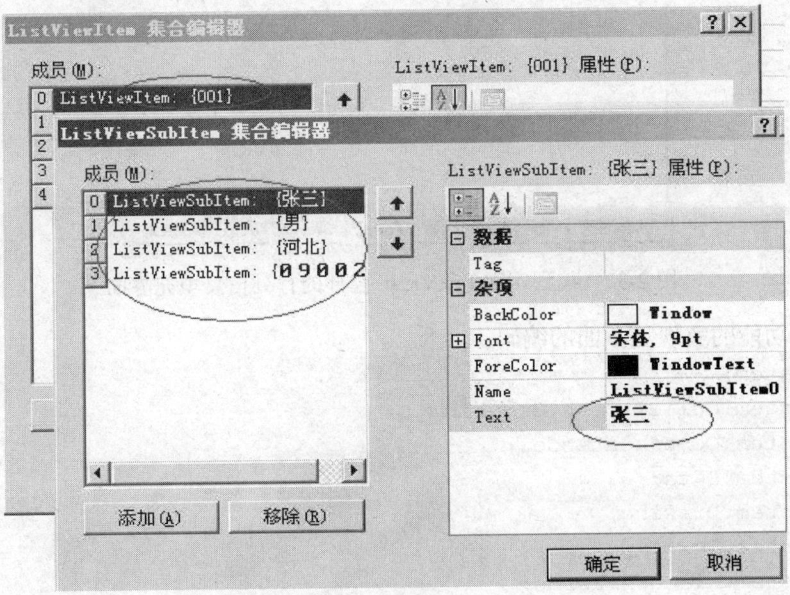

图 2-30　配置 ListView 控件行键值信息

配置完成后的运行界面如图 2-31 所示。

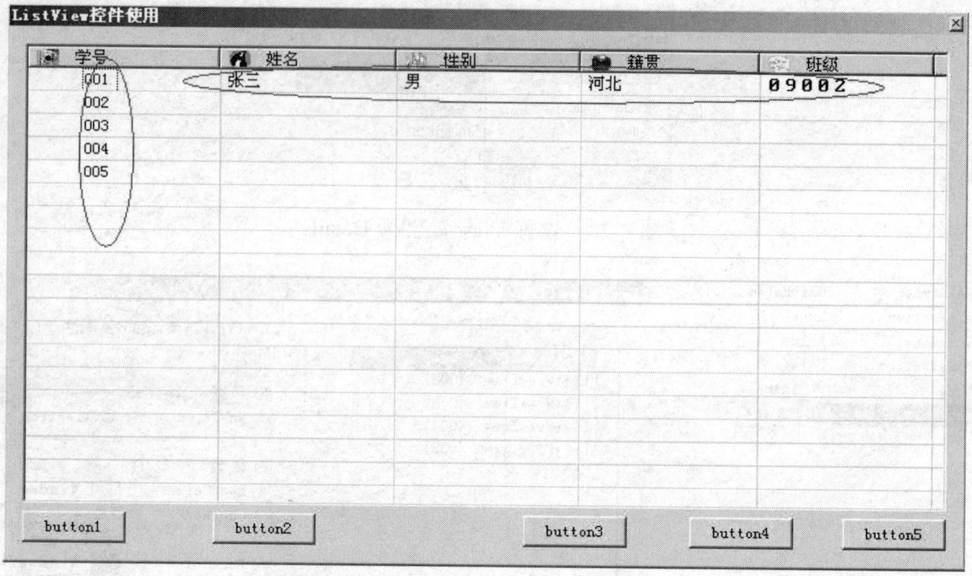

图 2-31　配置完成后的运行界面

案例学习：编程实现 ListView 控件的行列信息填充

（1）从工具箱中拖曳三个 Button 控件和一个 ListView 控件，同时设置 ListView 控件的 View 属性为 Details。布局如图 2-32 所示。

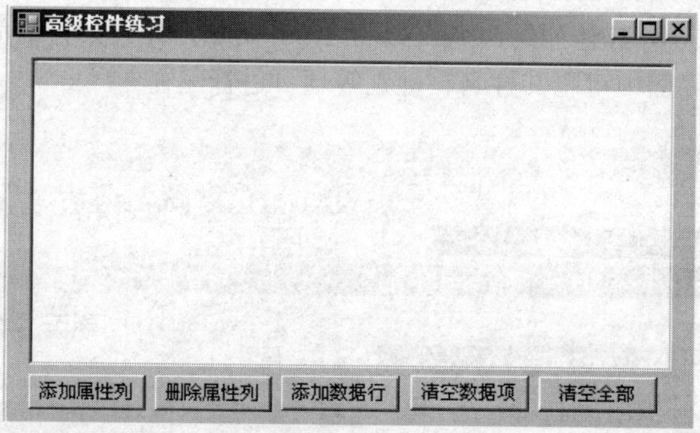

图 2-32　编程实现 ListView 控件的行列信息填充界面

（2）具体功能的实现见下面的编码。

```
using System;
using System.Collections.Generic;
using System.ComponentModel;
using System.Data;
using System.Drawing;
using System.Text;
using System.Windows.Forms;

namespace WindowsApplication2
{
```

```
public partial class Form001 : Form
{
    public Form001()
    {
        InitializeComponent();
        listView1.View=View.Details;
        //设置 ListView 对象的 View 属性值为 Details
    }
    ///<summary>
    ///在初始化事件中配置当前 ListView1 控件的基本属性
    ///</summary>
    ///<param name="sender"></param>
    ///<param name="e"></param>
    private void Form001_Load(object sender, EventArgs e)
    {
        ColumnHeader Header1=new ColumnHeader();//确定一个表头对象
        //设置表头的名称、对齐方式和宽度
        Header1.Text="姓名";
        Header1.TextAlign=HorizontalAlignment.Center;
        Header1.Width=100;
        //将表头对象添加到 ListView 控件
        listView1.Columns.Add(Header1);
    }
    ///<summary>
    ///添加属性列编码部分
    ///</summary>
    ///<param name="sender"></param>
    ///<param name="e"></param>
    private void button2_Click(object sender, EventArgs e)
    {
        //此处学习如何添加表头列
        listView1.Columns.Add("年龄", 100, HorizontalAlignment.Center);
        listView1.Columns.Add("班级", 40, HorizontalAlignment.Center);
        listView1.Columns.Add("性别", 40, HorizontalAlignment.Center);
        listView1.Columns.Add("职业", 40, HorizontalAlignment.Center);
        button2.Enabled=false;
    }
    ///<summary>
    ///移除行信息
    ///</summary>
    ///<param name="sender"></param>
    ///<param name="e"></param>
    private void button1_Click(object sender, EventArgs e)
    {
```

```
        //通过 Remove 移除 ListView 行信息
        listView1.Columns.Remove(listView1.Columns[0]);
    }
    ///<summary>
    ///添加数据行
    ///</summary>
    ///<param name="sender"></param>
    ///<param name="e"></param>
    private void button3_Click(object sender, EventArgs e)
    {
        listView1.BeginUpdate();
      //如果希望使用 ListView.ListViewItemCollection 类的 Add 方法以每次一个
      //的方式添加项
      //则可以使用 BeginUpdate 方法防止控件在每次添加项时重新绘制 ListView
      //在完成将项添加到控件的任务后，请调用EndUpdate方法以使ListView能够重新绘制
      //这种添加项的方法可以防止将大量项添加到控件时发生闪烁
        listView1.Items.Add("row1", "张三", 0);
      //增加第一个 Item，在 View.Details 模式下，有点像第一列中的一个值、二维表的
      //索引值或者是数据库的主码位置。
        listView1.Items["row1"].SubItems.Add("21");
      //增加第一个 Item 的第一个子项 SubItem，在 View.Details 模式下，
      //有点像第一行中的第二个值
        listView1.Items["row1"].SubItems.Add("98001");
        listView1.Items["row1"].SubItems.Add("男");
        listView1.Items["row1"].SubItems.Add("学生");
        //以上内容以此类推
        listView1.Items.Add("row2", "李四", 1);
        listView1.Items["row2"].SubItems.Add("22");
        listView1.Items["row2"].SubItems.Add("98002");
        listView1.Items["row2"].SubItems.Add("女");
        listView1.Items["row2"].SubItems.Add("教师");

        listView1.Items.Add("row3", "王五", 2);
        listView1.Items["row3"].SubItems.Add("23");
        listView1.Items["row3"].SubItems.Add("98003");
        listView1.Items["row3"].SubItems.Add("男");
        listView1.Items["row3"].SubItems.Add("干部");

        listView1.Items.Add("row4", "赵六", 3);
        listView1.Items["row4"].SubItems.Add("24");
        listView1.Items["row4"].SubItems.Add("98004");
        listView1.Items["row4"].SubItems.Add("女");
        listView1.Items["row4"].SubItems.Add("军人");
        //与 ListView1.BeginUpdate()成对出现，结束更新
```

```
            listView1.EndUpdate();
            //下面开始学习如何添加行颜色变化
            for (int i=0; i<listView1.Items.Count; i++)
            {
                if (i % 2==0)
                {
                    listView1.Items[i].BackColor=Color.Gray;
                }
            }
            //下面开始熟悉属性
            this.listView1.GridLines=true;//显示表格线
            this.listView1.View=View.Details;//显示表格细节
            this.listView1.LabelEdit=true; //设置是否可编辑,ListView只可编辑第一列
            this.listView1.Scrollable=true;//有滚动条
            this.listView1.HeaderStyle=ColumnHeaderStyle.Clickable;
            //对表头进行设置
        }
        ///<summary>
        ///清空全部的数据项
        ///</summary>
        ///<param name="sender"></param>
        ///<param name="e"></param>
        private void button4_Click(object sender, EventArgs e)
        {
            this.listView1.Clear();
        }
        ///<summary>
        ///清除列表内容，不清除表头信息
        ///</summary>
        ///<param name="sender"></param>
        ///<param name="e"></param>
        private void button5_Click(object sender, EventArgs e)
        {
            listView1.Items.Clear();
        }
        ///<summary>
        ///当单击ListView某行时弹出信息提示
        ///</summary>
        ///<param name="sender"></param>
        ///<param name="e"></param>
        private void listView1_SelectedIndexChanged(object sender, EventArgs e)
        {
            foreach (ListViewItem lst in listView1.SelectedItems)
            {
```

```
                //在这里对 lst 进行处理,lst 代表每一个被选中的 ListViewItem
                MessageBox.Show(lst.Text);//这里示例显示每一个被选中的项的第一列的文本
            }
        }
    }
}
```

运行后效果如图 2-33 所示。

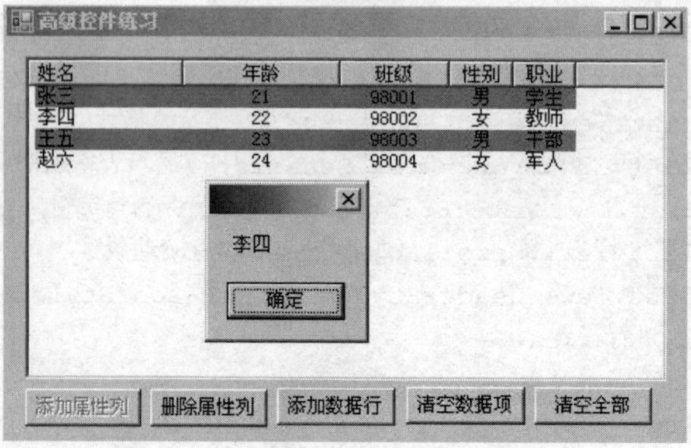

图 2-33　编程实现 ListView 控件的行列信息填充运行界面

2.10　TreeView 控件

学习目标

- 了解 TreeView 控件的属性及方法
- 掌握在 TreeView 控件中加入子节点或兄弟节点、删除节点、展开所有节点、展开选定节点的下一级节点、折叠所有节点的基本方法
- 掌握 ContentMenuStrip 控件在 TreeView 控件中的应用
- 学习 TreeView 控件综合开发设计方法

2.10.1　简介

在 2-9 节中提到的在 Windows 资源管理器中左窗格所包含的目录和文件是以树型视图样式排列的对象就是本节将讨论的 TreeView 控件的实际应用，在 TreeView 控件中，复选框和图标可以和文本一起显示，用于以节点形式显示文本或数据，这些节点按层次结构顺序排列。TreeView 控件的实际应用如图 2-34 所示。

在 TreeView 控件中，节点集和节点对象是重要的知识概念。TreeView 控件的 Nodes 属性表示为 TreeView 控件指定的树节点集，而树节点集中的每个树节点对象可包括它本身的树节点集，在树节点集中 Add()、Remove()和 RemoveAt()方法使开发人员可以添加和移动集中的单个树节点。

添加、修改和删除节点是 TreeView 控件在操作中经常使用的方法，由于 TreeView 控件以层次结构方式显示节点，因此在将新节点添加到现有 TreeView 时，重要的是注意新节点所添加到的父节点；反之，如果删除节点，必须确保删除的节点无父节点方可进行删除工作，否则系统将出现错误。

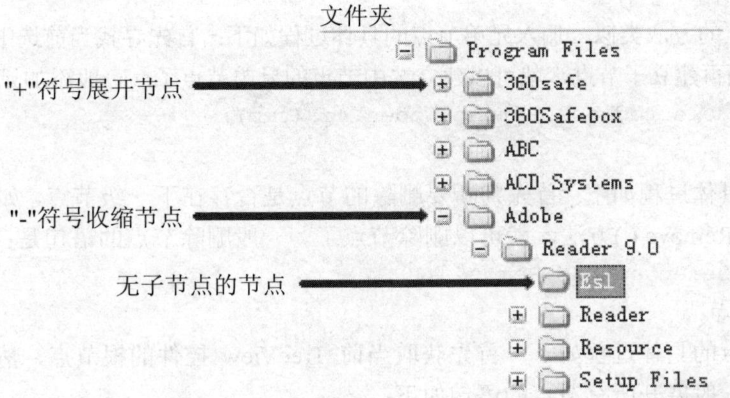

图 2-34 TreeView 控件的应用样式

2.10.2 TreeView 控件的属性及方法

TreeView 控件主要的属性和方法如表 2-9 所示。

表 2-9 TreeView 控件的属性及方法

项目		说明
属性	Nodes	TreeView 中的根节点具体内容集合
	ShowLines	是否显示父子节点之间的连接线，默认为 True
	StateImageList	树型视图用以表示自定义状态的 ImageList 控件
	Scrollable	是否出现滚动条
事件与方法	AfterCheck	选中或取消属性节点时发生
	AfterCollapse	折叠节点后发生
	AfterExpand	展开节点后发生
	AfterSelect	更改选定内容后发生
	BeforeCheck	选中或取消树节点复选框时发生
	BeforeCollapse	折叠节点前发生
	BeforeExpand	展开节点前发生
	BeforeSelect	更改选定内容前发生

TreeView 控件的操作主要包括加入子节点或兄弟节点、删除节点、展开和折叠节点等。下面分别进行讨论分析。

1. 加入子节点

加入子节点的具体过程如下：首先在 TreeView 组件中确定要加入的子节点的位置，然后创建一个节点对象，利用 TreeVeiw 类中对节点的加入方法（即 Add()方法），加入此节点对象。一般添加子节点的语句是：

```
treeView1.SelectedNode.Nodes.Add(tmp);
```

2. 加入兄弟节点

与加入子节点的方法类似，加入兄弟节点的具体过程如下：首先寻找当前选中节点的父节点，然后在该父节点下面再建立子节点，就可以建立选中节点的兄弟节点了。一般添加兄弟节点的语句是：

```
treeView1.SelectedNode.Parent.Nodes.Add(tmp);
```

3. 删除节点

删除节点的具体过程如下：首先判断要删除的节点是否存在下一级节点，如果不存在，则调用 TreeView 类中的 Remove ( )方法，就可以删除节点了。一般删除节点的语句是：

```
treeView1.SelectedNode.Remove ( ) ;
```

4. 展开所有节点

展开所有节点的具体过程如下：首先获取当前 TreeView 控件的根节点，然后利用 ExpandAll 方法展开节点。一般展开所有节点的语句如下：

```
//定位根节点
treeView1.SelectedNode=treeView1.Nodes [ 0 ] ;
//展开组件中的所有节点
treeView1.SelectedNode.ExpandAll ( ) ;
```

5. 展开选定节点的下一级节点

展开选定节点的下一级节点的具体过程如下：首先获取当前选中的节点，然后利用 Expand 方法展开节点。一般展开下一级节点的语句是：

```
treeView1.SelectedNode.Expand () ;
```

6. 折叠所有节点

折叠所有节点的具体过程是：首先获取当前 TreeView 控件的根节点，然后利用 Collapse 方法折叠节点。一般折叠所有节点的语句是：

```
//定位根节点
treeView1.SelectedNode=treeView1.Nodes[0];
//折叠组件中所有节点
treeView1.SelectedNode.Collapse ( ) ;
```

2.10.3 TreeView 控件的实际操作

案例学习：TreeView 控件的设计开发

（1）从工具箱中拖曳一个 textbox 控件、一个 TreeView 控件和 3 个 Button 控件，如图 2-35 所示进行排列。

（2）从工具箱的菜单和工具栏中拖曳一个 ContentMenuStrip 控件，并设置该菜单的三个子菜单名称，如图 2-36 所示。该控件主要用于右击 TreeView 控件时，弹出用户自定义快捷菜单。

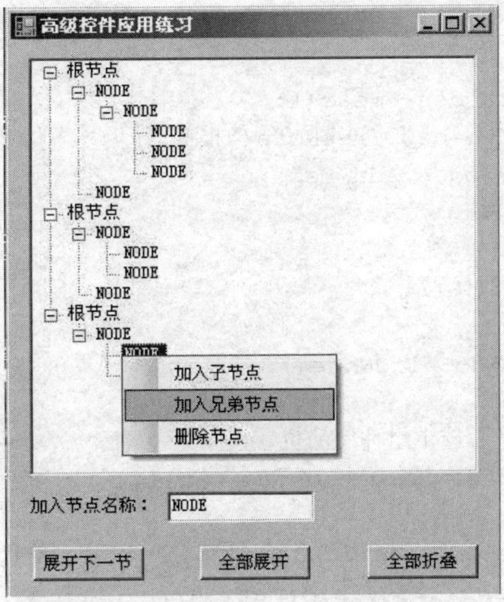

图 2-35 TreeView 控件设计与开发窗体布局运行效果图

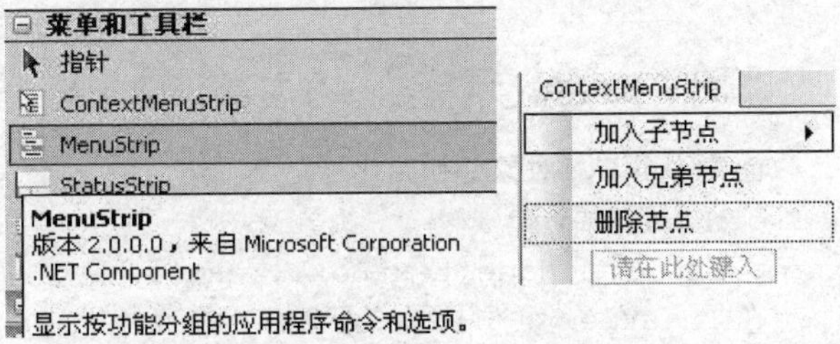

图 2-36 配置 ContentMenuStrip 菜单控件

（3）具体功能的实现见下面的编码：

```
using System;
using System.Collections.Generic;
using System.ComponentModel;
using System.Data;
using System.Drawing;
using System.Text;
using System.Windows.Forms;

namespace WindowsApplication2
{
    public partial class Form012 : Form
    {
        public Form012()
        {
            InitializeComponent();
        }
        ///<summary>
        ///初始化表单对象时，设置 TreeView 对象的根节点
        ///</summary>
```

```
private void Form012_Load(object sender, EventArgs e)
{
    treeView1.Nodes.Clear();
    TreeNode tem=new TreeNode("根节点");
    treeView1.Nodes.Add(tem);
}
///<summary>
///添加子节点方法代码
///</summary>
private void AddChildNode()
{
    //首先判断是否选定组件中的位置
    if (treeView1.SelectedNode==null)
    {
        MessageBox.Show("请选择一个节点", "提示信息", MessageBoxButtons.OK,
        MessageBoxIcon.Information);
    }
    else
    {
        if (textBox1.Text != "")
        {
            //创建一个节点对象并初始化
            TreeNode tmp;
            tmp=new TreeNode(textBox1.Text);
            //在 TreeView 组件中加入子节点
            treeView1.SelectedNode.Nodes.Add(tmp);
            treeView1.SelectedNode=tmp;
            treeView1.ExpandAll();
        }
        else
        {
            MessageBox.Show("TextBox 组件必须填入节点名称！", "提示信息",
            MessageBoxButtons.OK, MessageBoxIcon.Information);
            return;
        }
    }
}
///<summary>
///添加兄弟节点方法代码
///</summary>
private void AddParent()
{
    try
    {
        //首先判断是否选定组件中节点的位置
        if (treeView1.SelectedNode==null)
```

```
        {
            MessageBox.Show("请选择一个节点", "提示信息",
            MessageBoxButtons.OK, MessageBoxIcon.Information);
        }
        else
        {
            if (textBox1.Text != "")
            {
                //创建一个节点对象并初始化
                TreeNode tmp;
                tmp=new TreeNode(textBox1.Text);
                //在 TreeView 组件中加入兄弟节点
                treeView1.SelectedNode.Parent.Nodes.Add(tmp);
                treeView1.ExpandAll();
            }
            else
            {
                MessageBox.Show("TextBox 组件必须填入节点名称！", "提示信息",
                MessageBoxButtons.OK, MessageBoxIcon.Information);
                return;
            }
        }
    }
    catch
    {
        TreeNode tem=new TreeNode("根节点");
        treeView1.Nodes.Add(tem);
    }
}
///<summary>
///TreeView1 控件判断鼠标单击事件 MouseDown，如果判别为右击，则弹出快捷菜单
///</summary>
private void treeView1_MouseDown(object sender, MouseEventArgs e)
{
    if (e.Button==MouseButtons.Right)
        contextMenuStrip1.Show(this, new Point(e.X, e.Y));
    //获取当前鼠标像素位置为快捷菜单弹出的位置
}
///<summary>
///展开下一节点
///</summary>
private void button1_Click(object sender, EventArgs e)
{
    treeView1.SelectedNode.Expand();
}
///<summary>
```

```
        ///展开全部节点
        ///</summary>
        private void button2_Click(object sender, EventArgs e)
        {
            //定位根节点
            treeView1.SelectedNode=treeView1.Nodes[0];
            //展开组件中的所有节点
            treeView1.SelectedNode.ExpandAll();
        }
        ///<summary>
        ///折叠全部节点
        ///</summary>
        private void button3_Click(object sender, EventArgs e)
        {
            //定位根节点
            treeView1.SelectedNode=treeView1.Nodes[0];
            //折叠组件中的所有节点
            treeView1.SelectedNode.Collapse();
        }
        ///<summary>
        ///单击快捷菜单中的“加入子节点”菜单项，则调用用户自定义的AddChildNode()方法
        ///</summary>
        private void ToolStripMenuItem1_Click(object sender, EventArgs e)
        {
            AddChildNode();
        }
        ///<summary>
        ///单击快捷菜单中“加入兄弟节点”菜单项，则调用用户自定义的AddParent()方法
        ///</summary>
        private void ToolStripMenuItem2_Click(object sender, EventArgs e)
        {
            AddParent();
        }
        ///<summary>
        ///单击快捷菜单中“删除节点”项代码
        ///</summary>
        private void ToolStripMenuItem3_Click(object sender, EventArgs e)
        {
            //判断选定的节点是否存在下一级节点
            if (treeView1.SelectedNode.Nodes.Count==0)
                //删除节点
                treeView1.SelectedNode.Remove();
            else
                MessageBox.Show("请先删除此节点中的子节点！", "提示信息",
                MessageBoxButtons.OK, MessageBoxIcon.Information);
        }
    }
}
```

2.11　CheckedListBox 可选列表框控件

学习目标

- 了解 CheckedListBox 控件的属性及方法
- 掌握 CheckedListBox 控件被选择后的移除和添加方法
- 学习 CheckedListBox 控件在移除和添加时的注意事项
- 学习 CheckedListBox 控件在移除和添加时的多种解决方案

2.11.1　简介

可选列表框控件 CheckedListBox 类似于 ListBox 和 CheckBox 控件的综合体，允许用户在 ListBox 内有选择地挑选具体内容实现。

2.11.2　CheckedListBox 控件的属性及方法

CheckedListBox 控件主要的属性和方法如表 2-10 所示。

表 2-10　CheckedListBox 控件的属性及方法

项目		说明
属性	Items	描述控件对象中的所有项
	MultiColumn	决定是否可以以多列的形式显示各项。在控件对象的指定高度内无法完全显示所有项时可以分为多列，这种情况下若 MultiColumn 属性值为 False，则会在控件对象内出现滚动条
	ColumnWidth	当控件对象支持多列时，指定各列所占的宽度
	CheckOnClick	决定是否在第一次单击某复选框时即改变其状态
	SelectionMode	指示复选框列表控件的可选择性。该属性只有两个可用的值 None 和 One，其中 None 值表示复选框列表中的所有选项都处于不可选状态；One 值则表示复选框列表中的所有选项均可选
	Sorted	表示控件对象中的各项是否按字母的顺序排序显示
	CheckedItems	表示控件对象中选中项的集合，该属性是只读的
	CheckedIndices	表示控件对象中选中索引的集合
事件与方法	SetItemChecked	设置列表中的某个复选框的选中状态
	SetSelected	设置列表中的某个复选框的待选状态

2.11.3 CheckedListBox 控件的实际操作

案例学习：CheckedListBox 控件的设计开发

（1）从工具箱中拖放三个 CheckedListBox 控件和四个 Button 控件，如图 2-37 所示进行排列。当单击左右移动的符号按钮时，左右两侧的数据信息将按照客户意图进行移动，而移动信息将显示在下面的 CheckedListBox 控件中。

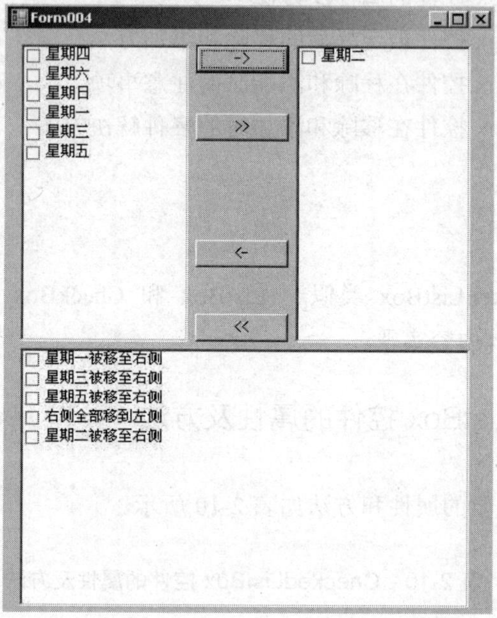

图 2-37 CheckedListBox 控件运行效果图

（2）具体功能的实现见下面的编码：

```
///<summary>
///初始化事件在左侧的 CheckedListBox 中加载星期信息
///</summary>
private void Form4_Load(object sender, EventArgs e)
{
    checkedListBox1.Items.Add("星期一");
    checkedListBox1.Items.Add("星期二");
    checkedListBox1.Items.Add("星期三");
    checkedListBox1.Items.Add("星期四");
    checkedListBox1.Items.Add("星期五");
    checkedListBox1.Items.Add("星期六");
    checkedListBox1.Items.Add("星期日");
}
///<summary>
///移至右侧部分项
///</summary>
```

```
private void button1_Click(object sender, EventArgs e)
{
    foreach (object o in checkedListBox1.CheckedItems)
    {
        checkedListBox2.Items.Add(o);
    }
    for (int i=0; i<checkedListBox1.Items.Count; i++)
    {
        if (checkedListBox1.CheckedItems.Contains(checkedListBox1.Items[i]))
        {
        checkedListBox3.Items.Add(checkedListBox1.Items[i].ToString()+"被移至右侧");
        checkedListBox1.Items.Remove(checkedListBox1.Items[i]);
        }
    }
}
///<summary>
///左侧全部移到右侧
///</summary>
private void button2_Click(object sender, EventArgs e)
{
    foreach (object o in checkedListBox1.Items)
    {
        checkedListBox2.Items.Add(o);
    }
    checkedListBox1.Items.Clear();
    checkedListBox3.Items.Add("左侧全部移到右侧");
}
///<summary>
///右侧移到左侧
///</summary>
private void button3_Click(object sender, EventArgs e)
{
    foreach (object o in checkedListBox2.CheckedItems)
    {
        checkedListBox1.Items.Add(o);
    }
    for (int i=0; i<checkedListBox2.Items.Count; i++)
    {
        if (checkedListBox2.CheckedItems.Contains(checkedListBox2.Items[i]))
        {
        checkedListBox3.Items.Add(checkedListBox1.Items[i].ToString()+"被移至左侧");
        checkedListBox2.Items.Remove(checkedListBox2.Items[i]);
        }
    }
}
///<summary>
///右侧全部移至左侧
///</summary>
```

```
private void button4_Click(object sender, EventArgs e)
{
    foreach (object o in checkedListBox2.Items)
    {
        checkedListBox1.Items.Add(o);
    }
    checkedListBox2.Items.Clear();
    checkedListBox3.Items.Add("右侧全部移到左侧");
}
```

案例学习：CheckedListBox 控件设计开发中错误的更正

（1）在上一个案例的开发中，运行时主要的两个问题是必须单击星期信息两次才可以选中，另外选择多项信息后，发现左侧信息无法移除干净，如图 2-38 所示。

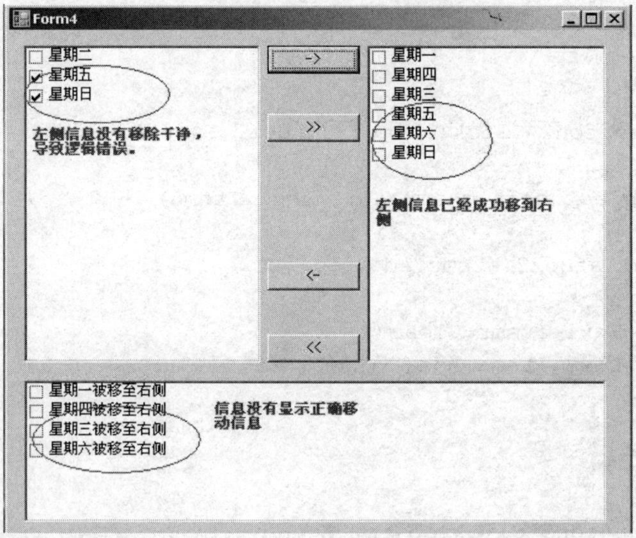

图 2-38　CheckedListBox 移动后产生逻辑错误

（2）错误产生的主要原因是在删除左侧勾选信息的时候出错，该问题的错误行代码如图 2-39 所示。单击该行代码，准备调试。

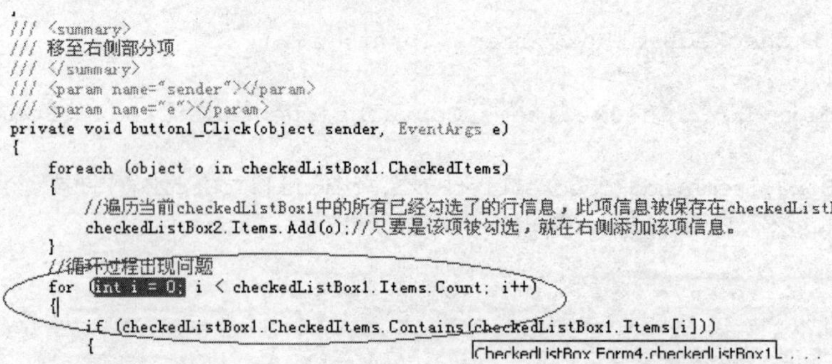

图 2-39　确定可能出现问题的代码

（3）运行程序，勾选左侧若干星期内容，单击右移动按钮，程序将在标注点停下，再按 F11

键进行单步调试。例如勾选了周一到周四连续四天的项目，由于在循环体内每次凡是发现被勾选的项目都用 Remove 方法移除，导致循环条件 for (int i = 0; i < checkedListBox1.Items.Count; i++)在每次循环后都逐渐减少，这将意味着每次循环的终止条件都是变动的，一旦剩余的被勾选的数目和循环次数相等，则循环立即结束，而不管是否还有剩余的被勾选项目没有被删除。

另外一个出错原因是循环体内部的 if 条件语句，代码如下：

```
//问题 1：循环的终止条件始终变动
for (int i=0;i<checkedListBox1.Items.Count; i++)
{//问题 2：循环内部 If 条件语句出现问题
    if (checkedListBox1.CheckedItems.Contains(checkedListBox1.Items[i]))
    {
    checkedListBox3.Items.Add(checkedListBox1.Items[i].ToString()+"被移至右侧");
    checkedListBox1.Items.Remove(checkedListBox1.Items[i]);
    }
}
```

该条 if 语句的意思是，如果发现被勾选的项目集合内存在第 i 行的 CheckedListBox 行信息，则执行括号内的程序体。但是由于括号内的程序体本身执行 Remove 方法，会将已勾选项目从 CheckedListBox 行信息中删除，将导致 CheckedListBox 行信息的原有序列减少，而循环的检索依然按照 i 值本身的整数序列进行检索，导致检索行信息出现紊乱。

（4）代码更正。

在上述的循环体内，更正循环顺序，由递增循环改为递减循环，并由于这种改变使得每次的循环终止逻辑条件由动态变化变为静态常量，从而改变由于减少列表行信息而引发的循环条件变化问题。更正后的代码如下（由右向左移动的道理相同）：

```
private void button1_Click(object sender, EventArgs e)
{
    foreach (object o in checkedListBox1.CheckedItems)
    {
        checkedListBox2.Items.Add(o);
    }
    for (int i=checkedListBox1.Items.Count-1; i>=0; i--)
    {
        if (checkedListBox1.CheckedItems.Contains(checkedListBox1.Items[i]))
        {
        checkedListBox3.Items.Add(checkedListBox1.Items[i].ToString()+"被移至左侧");
        checkedListBox1.Items.Remove(checkedListBox1.Items[i]);
        }
    }
}
```

案例学习：CheckedListBox 控件设计开发的另一种解决方案

（1）问题分析。要解决信息移动的问题，最直接的想法是建立中间态的缓冲区，将左侧勾选的数据先行在该缓冲区中缓存，然后再删除左侧勾选信息，并将缓冲区的数据放置到左侧列表中即可完成任务。当然，这个缓冲区可以是列表、数组、队列等。此次我们通过数组+列表的方式实现上述的基本思想。首先建立两个数组和两个列表，通过确定勾选内容将最终未勾选的左侧数据赋值给左侧数组，已勾选的内容赋值给右侧数组，并最终将数组中真实的信息再次显示在左右列表内的办法实现基本算法。算法的基本思路如图 2-40 所示。

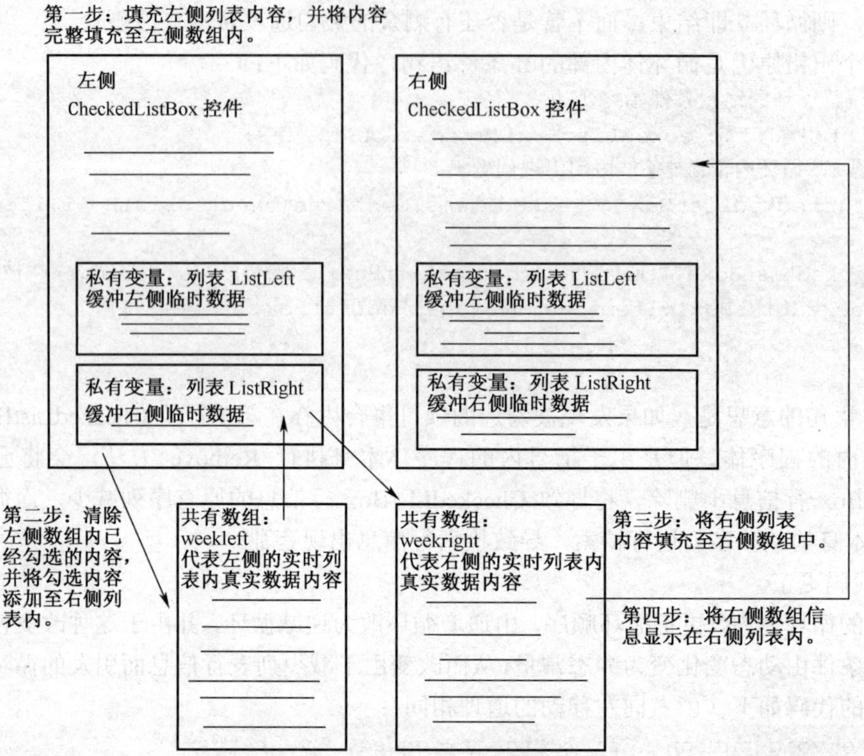

图 2-40　算法的基本思路

（2）下面将该部分算法代码描述如下（由右向左移动的道理相同）：

```
public partial class Form4 : Form
    {
        //建立数组，用以存储星期数据
        private string[] weekleft;
        private string[] weekright;
        //左右键点击次数
        int LeftClicknum=0;
        int RightClicknum=0;
        public Form4()
        {
           InitializeComponent();
        }
        ///<summary>
        ///初始化事件在左侧的 CheckedListBox 加载星期信息
        ///</summary>
        private void Form4_Load(object sender, EventArgs e)
        {
           checkedListBox1.Items.Add("星期一");
```

```
        checkedListBox1.Items.Add("星期二");
        checkedListBox1.Items.Add("星期三");
        checkedListBox1.Items.Add("星期四");
        checkedListBox1.Items.Add("星期五");
        checkedListBox1.Items.Add("星期六");
        checkedListBox1.Items.Add("星期日");
        //注意：下面内容是初始化时首先填充满左侧的数组 weekleft[]
        weekleft=new string[checkedListBox1.Items.Count];
        for (int i=0; i<weekleft.Length; i++)
        {
            weekleft[i]=checkedListBox1.Items[i].ToString();
        }
        //通过设置 CheckedListBox 的 CheckOnClick 属性为 True，可以使得单选一次即
        //可以勾选一行信息
        checkedListBox1.CheckOnClick=true;
        checkedListBox2.CheckOnClick=true;
        checkedListBox3.CheckOnClick=true;
    }
    ///<summary>
    ///移至右侧部分项
    ///</summary>
    private void button1_Click(object sender, EventArgs e)
    {
        //建立两个列表，分别保存左右的勾选信息
        List<string> ListLeft=new List<string>();
        List<string> ListRight=new List<string>();
        //通过 for 循环遍历左侧行信息
        for (int i=0; i<checkedListBox1.Items.Count; i++)
        {
            //如果左侧第 i 行信息包含在勾选的集合内
            if (checkedListBox1.CheckedItems.Contains(checkedListBox1.Items[i]))
            {
               Array.Clear(weekleft, i, 1);
              //表示从左侧 weekleft 数组中清除第 i 个值，向后 1 位。目的是将减少已经填
              //充满的左侧数组信息减少
               ListRight.Add(checkedListBox1.Items[i].ToString());
               //将移除的项目添加到临时列表 ListRight，代表右侧列表
            }
        }
        //判断左侧是否是第一次点击
        if (LeftClicknum==0)
        {
            //如果是则将右侧列表转换为数组后赋值给右侧数组 weekright[]
            weekright=ListRight.ToArray();
            //左侧点击次数累加 1
            LeftClicknum++;
```

```
            }
            else
            {
                //如果不是第一次点击，根据右侧 CheckedListBox 内已经填充的个数进行循环
                for (int i=0; i<checkedListBox2.Items.Count; i++)
                {
                    ListRight.Add(checkedListBox2.Items[i].ToString());
                    //先把右侧已经添加的行信息注入到右侧列表 ListRight 内
                }
                weekright=ListRight.ToArray();
                //然后将右侧列表 ListRight 转换成为数组后赋值给右侧数组 weekright[]
            }
            //建立列表缓冲保存
            foreach (string s in weekleft)
            {
                if (!string.IsNullOrEmpty(s)) ListLeft.Add(s);//遍历左侧数组，添加左侧列表
            }
            weekleft=ListLeft.ToArray();
            //将左侧列表转化成为数组后再复制给左侧数组
            //注意：由于 C#中没有动态数组的概念，因此采取这样的方式改变数组的长度和内容
            checkedListBox1.Items.Clear();
            checkedListBox2.Items.Clear();
            //将左右两侧的 checkedListBox 全部清空，准备将数组信息开始填充
            for (int i=0; i<weekleft.Length; i++)
            {
                checkedListBox1.Items.Add(weekleft[i].ToString());
            }
            for (int j=0; j<weekright.Length; j++)
            {
                checkedListBox2.Items.Add(weekright[j].ToString());
            }
        }
    ……
```

2.12 numericUpDown 微调按钮控件

学习目标

- 了解 numericUpDown 控件的属性
- 学习用 numericUpDown 控件控制图片的移动

2.12.1 简介

numericUpDown 微调按钮控件看起来像是文本框和一组箭头的组合，用户可以通过单击向上和向下的箭头按钮，增大或减小参数值。

2.12.2　numericUpDown 控件的属性

numericUpDown 控件主要的属性如表 2-11 所示。

表 2-11　numericUpDown 控件的属性

属性	说明
Increment	递增量，默认为 1
Maximum	最大值，默认为 100
Minmum	最小值，默认为 0
Updownalign	设置微调按钮的位置，值为 Left 或 Right
InterceptArrowKeys	设置是否接受上下箭头的控制

2.12.3　numericUpDown 控件的实际操作

案例学习：用 numericUpDown 控件控制图片的移动

（1）从工具箱中拖曳一个 numericUpDown 控件、一个 Button 控件、一个 pictureBox 控件和一个 Timer 控件，如图 2-41 所示进行布局。

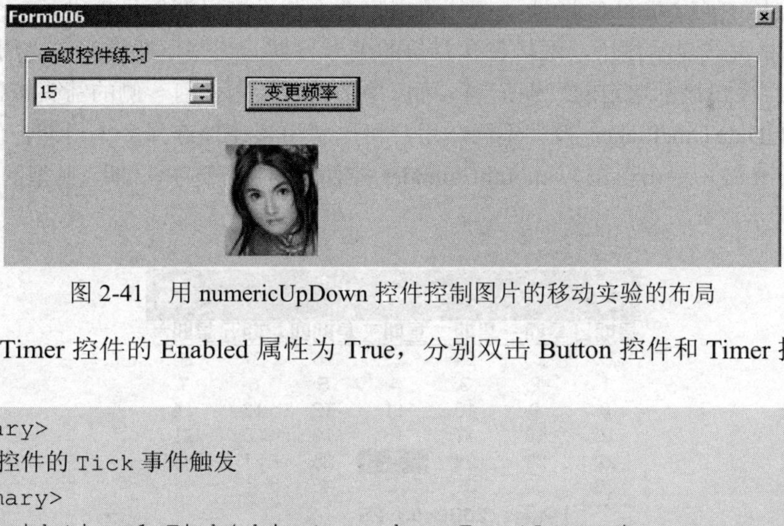

图 2-41　用 numericUpDown 控件控制图片的移动实验的布局

（2）设置 Timer 控件的 Enabled 属性为 True，分别双击 Button 控件和 Timer 控件，编写如下代码：

```
///<summary>
///Timer 控件的 Tick 事件触发
///</summary>
private void timer1_Tick(object sender, EventArgs e)
{
    pictureBox1.Left -= 5;
    if (pictureBox1.Right<0)
    {
        pictureBox1.Left=this.Width;
    }
}
```

```
///<summary>
///单击“变更频率”按钮时触发
///</summary>
private void button1_Click(object sender, EventArgs e)
{
    timer1.Interval=Convert.ToInt32(numericUpDown1.Value);
    //获取微调按钮信息值
    timer1.Start();
}
```

2.13 monthCalendar 日历控件

学习目标

- 了解 monthCalendar 控件的属性
- 学习 monthCalendar 控件属性的动态控制

2.13.1 简介

Windows 窗体中的 MonthCalendar 控件为用户查看和设置日期信息提供了一个直观的图形界面。该控件以网格形式显示日历，网格包含月份的编号日期，这些日期排列在“周一”到“周日”的七个列中，并且突出显示选定的日期范围。可以单击月份标题任何一侧的箭头按钮来选择不同的月份。与类似的 DateTimePicker 控件不同，用户可以使用该控件选择多个日期，但其选择范围仅限一周（按住 Shift 键后单击范围）。monthCalendar 控件通常用于选择日期，典型的 month Calendar 控件如图 2-42 所示。

图 2-42　monthCalendar 日历控件样式

2.13.2 monthCalendar 控件的属性

monthCalendar 控件的主要属性如表 2-12 所示。

表 2-12 monthCalendar 控件的属性

属性	说明
Backcolor	月份中显示背景色
SelectionRange	在月历中显示的起始时间范围，Start 为开始，End 为截止
Minmum	最小值，默认为 0
Showtody	是否显示今天日期
Showtodaycircle	是否在今天日期上加红圈
Showweeknumbers	是否在左侧显示周数（1～52 周）
TitleBackcolor	日历标题背景色
TitleForecolor	日历标题前景色
Trailingcolor	上下月颜色

2.13.3 monthCalendar 控件的实际操作

案例学习：monthCalendar 控件属性的动态控制

（1）从工具箱中拖曳一个 monthCalendar 控件、三个 ComboBox 控件和若干 Label 标签，如图 2-43 所示进行布局。

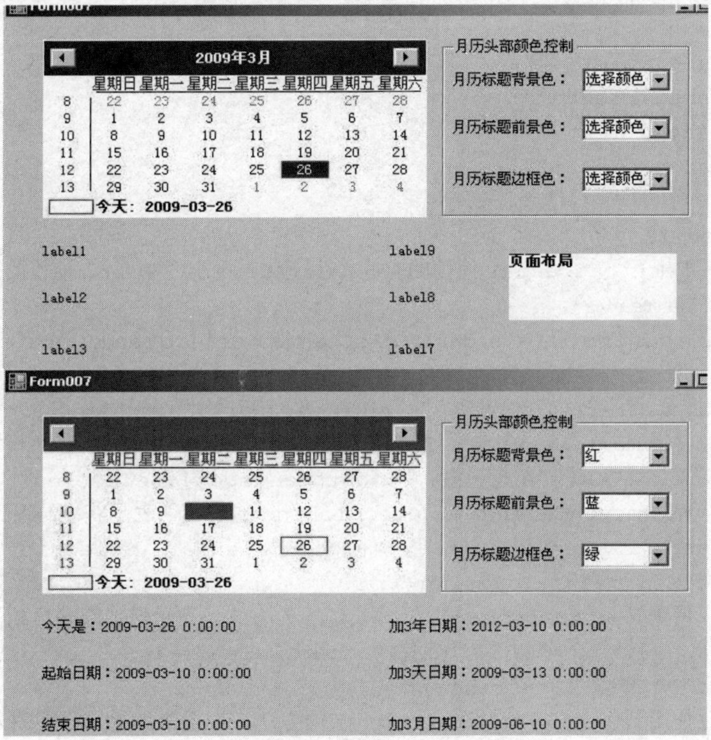

图 2-43 monthCalendar 控件实验布局

（2）具体功能的实现见下面的编码：

```
using System;
using System.Collections.Generic;
using System.ComponentModel;
using System.Data;
using System.Drawing;
using System.Text;
using System.Windows.Forms;

namespace WindowsApplication2
{
    public partial class Form007 : Form
    {
        public Form007()
        {
            InitializeComponent();
        }
        ///<summary>
        ///初始化时候，首先设置 label 标签的内容
        ///</summary>
        private void Form007_Load(object sender, EventArgs e)
        {
            label1.Text="今天是："+monthCalendar1.TodayDate.ToString();
            label2.Text="";
            label3.Text="";
            label7.Text="";
            label8.Text="";
            label9.Text="";
        }
        ///<summary>
        ///一旦 monthCalendar 控件的时间发生变化，则引发 label 标签的内容改变
        ///</summary>
        private void monthCalendar1_DateChanged(object sender, DateRangeEventArgs e)
        {
            label2.Text="起始日期："+monthCalendar1.SelectionStart.ToString();
            //使用 monthCalendar SelectionStart 的属性，表示获取起始日期
            label3.Text="结束日期："+monthCalendar1.SelectionEnd.ToString();
            //使用 monthCalendar SelectionEnd 的属性，表示获取结束日期
            label7.Text="加 3 月日期："+monthCalendar1.SelectionStart.
            AddMonths(3).ToString();
            //使用 monthCalendar AddMonths 的方法，表示增加起始日期的月份
            label8.Text="加 3 天日期："+monthCalendar1.SelectionStart.
            AddDays(3).ToString();
            //使用 monthCalendar AddDays 的方法，表示增加起始日期的天数
            label9.Text="加 3 年日期："+monthCalendar1.SelectionStart.
            AddYears(3).ToString();
```

```
        //使用 monthCalendar AddYears 的方法，表示增加起始日期的年份
    }
    ///<summary>
    ///当改变背景色时触发代码，使读者熟悉 monthCalendar 控件的 TitleBackColor 属性
    ///</summary>
    private void comboBox1_SelectedIndexChanged(object sender, EventArgs e)
    {
        if (comboBox1.SelectedIndex >= 0)
        {
            int i=comboBox1.SelectedIndex;
            switch (i)
            {
                case 0:
                    monthCalendar1.TitleBackColor=System.Drawing.Color.Red;
                    break;
                case 1:
                    monthCalendar1.TitleBackColor=System.Drawing.Color.Yellow;
                    break;
                case 2:
                    monthCalendar1.TitleBackColor=System.Drawing.Color.Blue;
                    break;
                case 3:
                    monthCalendar1.TitleBackColor=System.Drawing.Color.Green;
                    break;
            }
        }
    }
    ///<summary>
    ///当改变标题色时触发代码，使读者熟悉 monthCalendar 控件的 TrailingForeColor 属性
    ///</summary>
    private void comboBox2_SelectedIndexChanged(object sender, EventArgs e)
    {
        if (comboBox2.SelectedIndex >= 0)
        {
            int i=comboBox2.SelectedIndex;
            switch (i)
            {
                case 0:
                    monthCalendar1.TrailingForeColor=System.Drawing.Color.Red;
                    break;
                case 1:
                    monthCalendar1.TrailingForeColor=System.Drawing.Color.Yellow;
                    break;
                case 2:
                    monthCalendar1.TrailingForeColor=System.Drawing.Color.Blue;
                    break;
```

```
                    case 3:
                        monthCalendar1.TrailingForeColor=System.Drawing.Color.Green;
                        break;
                }
            }
        }
        ///<summary>
        ///当改变前景色时触发代码，使读者熟悉 monthCalendar 控件的 TitleForeColor 属性
        ///</summary>
        private void comboBox3_SelectedIndexChanged(object sender, EventArgs e)
        {
            if (comboBox3.SelectedIndex >= 0)
            {
                int i=comboBox3.SelectedIndex;
                switch (i)
                {
                    case 0:
                        monthCalendar1.TitleForeColor=System.Drawing.Color.Red;
                        break;
                    case 1:
                        monthCalendar1.TitleForeColor=System.Drawing.Color.Yellow;
                        break;
                    case 2:
                        monthCalendar1.TitleForeColor=System.Drawing.Color.Blue;
                        break;
                    case 3:
                        monthCalendar1.TitleForeColor=System.Drawing.Color.Green;
                        break;
                }
            }
        }
    }
}
```

2.14 DataTimePicker 控件

学习目标

- 了解 DataTimePicker 控件的属性
- 学习如何用 DataTimePicker 控件显示时间差

2.14.1 简介

如果希望应用程序能够使用户可以选择日期和时间，并以指定的格式显示该日期和时间，可以

使用 DataTimePicker 控件。DataTimePicker 控件用于选择日期和时间，与 monthCalendar 控件不同，DataTimePicker 控件只能够选择一个时间段。一个基本的 DataTimePicker 控件如图 2-44 所示。

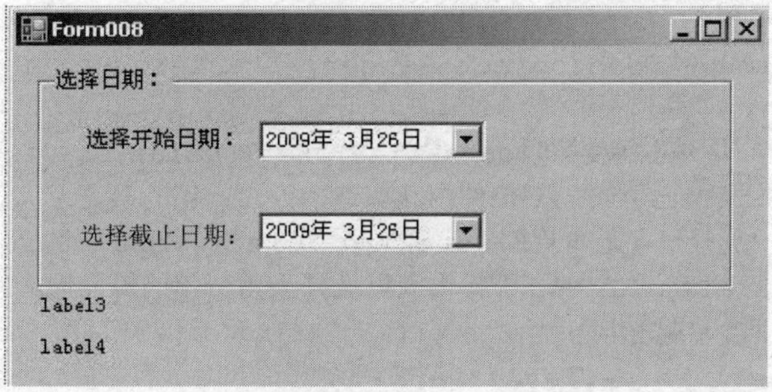

图 2-44　DataTimePicker 控件实验布局

2.14.2　DataTimePicker 控件的属性

DataTimePicker 控件主要的属性如表 2-13 所示。

表 2-13　DataTimePicker 控件的属性

属性	说明
showcheckbox	是否在控件中显示复选框，当复选框未被选中时，表示未选择任何值
checked	当 showcheckbox 为 True 时，确定是否选择复选框
showupdown	改为数字显示框，不再显示月历表
value	当前的日期（年月日时分秒）

2.14.3　DataTimePicker 控件的实际操作

案例学习：用 DataTimePicker 控件显示时间差

（1）从工具箱中拖曳两个 DataTimePicker 控件和若干 Label 标签，如图 2-45 所示进行布局。

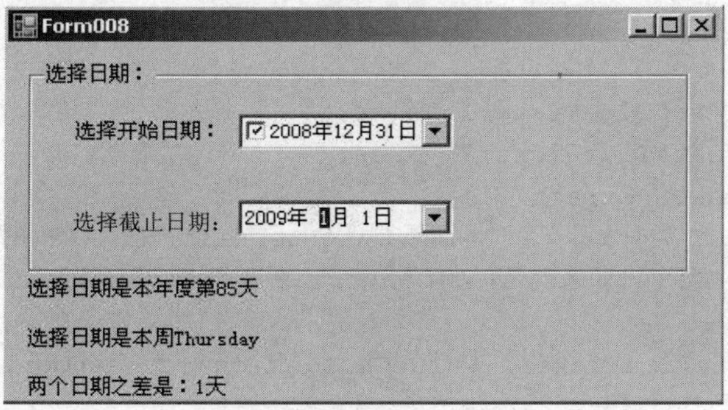

图 2-45　DataTimePicker 控件实验布局

（2）具体功能的实现见下面的编码：

```
///<summary>
///初始化事件时，分别显示选择日期的日、周以及时间差信息
///</summary>
private void Form008_Load(object sender, EventArgs e)
{
label3.Text="选择日期是本年度第"+dateTimePicker1.Value.DayOfYear.ToString()+"天";
    //学习如何从 dateTimePicker 控件内获取选择天为一年的第几天
    label4.Text="选择日期是本周"+dateTimePicker1.Value.DayOfWeek.ToString();
    //学习如何从 dateTimePicker 控件内获取选择天为一年的第几周
    label5.Text="两个日期之差是："+Convert.ToString(dateTimePicker2.Value.DayOfYear -
    dateTimePicker1.Value.DayOfYear)+"天";
    //求两个选择的日期之差
}
///<summary>
///当 dateTimePicker1 的时间发生变化时，执行下面代码
///</summary>
private void dateTimePicker1_ValueChanged(object sender, EventArgs e)
{
    label5.Text="两个日期之差是："+Convert.ToString(dateTimePicker2.Value.DayOfYear -
    dateTimePicker1.Value.DayOfYear)+"天";     //求两个选择的日期之差
}
///<summary>
///当 dateTimePicker2 的时间发生变化时，执行下面代码
///</summary>
private void dateTimePicker2_ValueChanged(object sender, EventArgs e)
{
    label5.Text="两个日期之差是："+Convert.ToString(dateTimePicker2.Value.DayOfYear -
    dateTimePicker1.Value.DayOfYear)+"天";     //求两个选择的日期之差
}
```

（3）代码排错。

如果选择的日期都是同一年的不同两天，则通过求某天是一年的第几天然后求差的方式是可以计算出两个日期之差的。但是如果第一天为 2009 年 1 月 1 日，另一天为 2008 年 12 月 31 日，其日期差为 1 天，但是通过我们的程序计算就会得出 365 天的错误值。更正代码如下：

```
private void dateTimePicker1_ValueChanged(object sender, EventArgs e)
{
    DateTime d1=dateTimePicker1.Value;
    DateTime d2=dateTimePicker2.Value;
    TimeSpan d3=d2.Subtract(d1);
    //注意：TimeSpan 类型表示一个时间间隔类型，Subtract 方法可以求出两个事件准确的日期差
    label5.Text="两个日期之差是："+Convert.ToString(d3.TotalDays)+"天";
}
private void dateTimePicker2_ValueChanged(object sender, EventArgs e)
{
    DateTime d1=dateTimePicker1.Value;
```

```
    DateTime d2=dateTimePicker2.Value;
    TimeSpan d3=d2.Subtract(d1);
    label5.Text="两个日期之差是："+Convert.ToString(d3.TotalDays)+"天";
}
```

2.15　为程序添加多媒体功能

学习目标

- 了解添加多媒体功能的原理
- 学习打开流媒体文件并播放的方法

2.15.1　简介

Windows 应用程序有时可能会要求播放一些多媒体文件，最简单的办法是通过.NET Framework 类库所提供的第三方 COM 组件形式，借助第三方插件实现对流媒体文件的播放。引用第三方 COM 组件形式的过程比较简单，首先右击工具箱，在弹出的快捷菜单中选择“选择项”命令，在打开的“选择工具箱项”中选择页式表的 COM 组件。此次选择 COM 组件中的 Windows Media Player 组件，它是 Windows 默认的流媒体播放器组件。此时会在工具箱内出现该组件，把它拖曳到大窗体上就可以使用了。图 2-46 所示为实现 COM 组件添加的全过程。

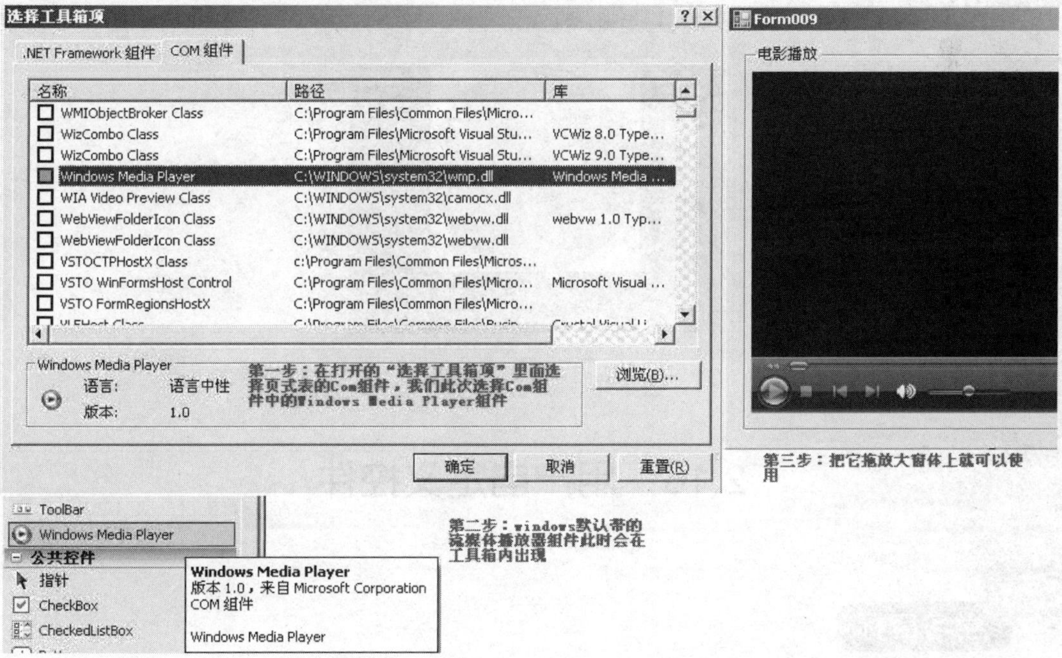

图 2-46　实现 COM 组件添加的全过程

2.15.2 为程序添加多媒体功能的实际操作

案例学习：打开流媒体文件并播放

在图 2-46 所示界面设置的基础上，再从工具箱的对话框中选择 OpenFileDialog 对象，该对象可以临时打开一个选择文件对话框，允许用户选择一个基本文件，如图 2-47 所示。

图 2-47 添加一个 OpenFileDialog 控件

双击窗体界面进入窗体初始化事件，键入如下的编码：

```
private void Form009_Load(object sender, EventArgs e)
{
    openFileDialog1.ShowDialog();
    //通过 OpenFileDialog 对象打开文件对话框，选择一个文件
    axWindowsMediaPlayer1.URL=openFileDialog1.FileName;
    //将用户选择的文件名称及物理路径赋值给 axWindowsMediaPlayer1 的“播放地址”属性
}
```

最终效果如图 2-48 所示。

图 2-48 媒体播放器效果

2.16 用户自定义控件

学习目标

- 了解用户自定义控件的基本类型

- 学习如何建立用户自定义控件并引用它

2.16.1　简介

除了使用 Visual Studio 2005 提供的定义控件外，C#还允许用户进行控件的自定义。使用.NET Framework 可以和实现一些新的控件，而所有的控件无论是系统自带的或是用户自定义的，都来自 Control 类。此处先对 Control 类进行介绍。Control 类是 Windows 窗体控件的基类，提供了 Windows 窗体控件中进行可视化显示所需的所有基础结构。由于 Control 类提供了很多基础结构，使得开发用户自定义控件变得相对简单。通常情况下，开发人员自行编写的控件可以分为 3 类：

- 复合控件：组合现有的控件实现功能
- 扩展控件：扩展基本控件的功能
- 自定义控件：从头开始创建一个全新的控件

在下列情况下，可以编写自定义控件：

- 想要提供控件的自定义图形化表示形式
- 需要实现无法从标准控件获取的自定义功能

2.16.2　用户自定义控件实践操作

案例学习：如何建立用户自定义控件并引用它

（1）定义一个用户自定义控件需要在解决方案资源管理器下右击，在弹出的快捷菜单中选择“添加”→“用户控件”命令，如图 2-49 所示。

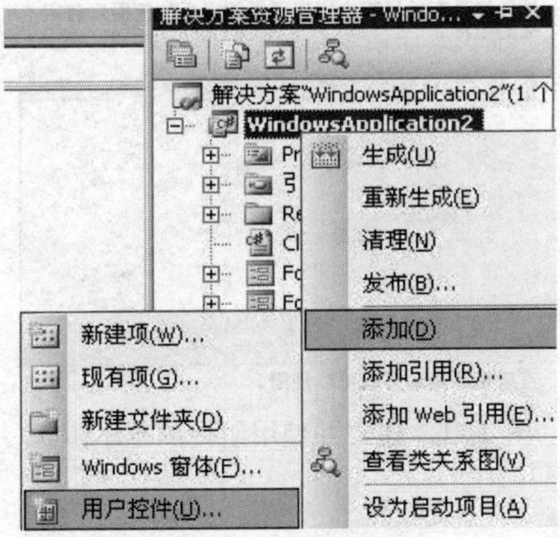

图 2-49　添加用户控件

（2）在打开的“用户控件”界面中像建立普通窗体应用一样从工具箱中拖曳一个 label 标签和一个 Button 控件，如图 2-50 所示。

双击“改变次数”按钮，进入鼠标单击事件的编码如下：

```
public partial class UserControl1 : UserControl
{
```

```
    public UserControl1()
    {
       InitializeComponent();
    }
    int i = 0;
    private void button1_Click(object sender, EventArgs e)
    {
       i++;
       label1.Text = i.ToString();
    }
}
```

图 2-50 拖放一个 label 标签和一个 Button 控件

同时运行一下这个用户自定义控件，则该控件将自动在工具箱中以组件的形式出现。然后新建一个窗体，打开工具箱，将生成的组件拖曳到窗体上就可以直接使用了，如图 2-51 所示。

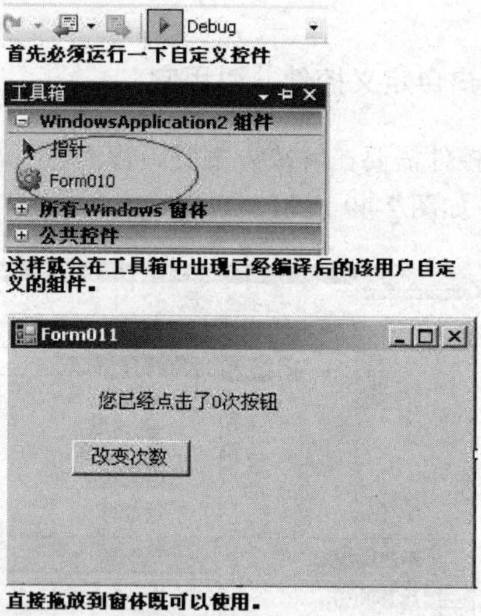

图 2-51 建立并使用组件的基本步骤

本章小结

- WinForm 的单选按钮控件允许用户进行设置。
- WinForm 的图片框控件允许用户在窗体上添加和显示位图、元文件、JPEG、GIF 或 PNG 等格式的图形。

- WinForm 的选项卡控件将类似的功能集中在一起，放在一个对话框或窗口中。
- 进度条控件用于指示操作的进度，并在水平条中显示排列一定数目的矩形，通常通过在程序中设置其 Value 值来显示任务完成的百分比。
- Timer 控件为开发人员提供了一种在指定时刻或指定的周期执行任务的控件。
- Timer 控件的 Interval 属性表示时钟的周期，单位为毫秒。
- ListView 控件用于以特定样式或视图类型显示列表项，其 Items 集合对象提供了对其列表项的操作。
- TreeView 控件用于以节点形式显示文本或数据，这些节点按层次结构顺序排列。
- TreeView 控件的 Nodes 集合对象提供了对树型节点的操作。

课后练习

1. 如何在 RadioButton 单选按钮组中只可选择一个按钮？
2. 设计一个 ToolBar 工具条，加载 ImageList 控件中的图片信息。
3. StatusStrip 控件的主要作用是什么？可以加载其他哪些控件？
4. 通过 Timer 控件控制一张图片自上而下地循环运动，编写出相关代码。
5. 定义用户自定义控件对于项目开发的实际意义是什么？

第 3 章 文件处理技术

本章内容

- System.IO 命名空间
- 文件流类 FileStream
- 文件读写例子
- 读写二进制文件
- 读写内存流
- 本章小结

本章重点介绍 Windows 应用程序在文件读写中涉及的 System.IO 命名空间和 File、FileInfo、FileStream、BinaryReader、BinaryWriter、BufferedStream 等类，以及常用的方法、参数、属性、事件、枚举等。

学习目标

- 了解 System.IO 命名空间
- 掌握读写文本文件的方法
- 掌握向文件读写二进制数据的方法
- 掌握读写内存流的方法

3.1 System.IO 命名空间

学习目标

- 了解 System.IO 类和引用方式
- 了解 File 类的常用方法
- 了解 FileInfo 类的常用方法和主要属性
- 学习实现文件的复制方法
- 学习获取文件基本信息的方法

- 了解文件夹类 Directory 的常用方法
- 开发简易文本编辑器

以字节形式向磁盘写入的数据通常称为字节流（比特流）。存储在磁盘上的字节集合称为文件。在 Windows 应用程序中，经常会读取文件中的数据，也会把处理后的数据存放到文件中，这就需要对外存上的文件进行输入/输出（I/O）处理。例如，一名财务人员将单位的工资报表进行保存，应用程序就会将数据以.xls 文件的形式保存到硬盘上。而另一位在家休假的员工想浏览旅游期间拍摄的照片，应用程序就会读取存放在硬盘上的.bmp 文件。第三位员工要保留与好友的聊天记录，应用程序就会将会话文本以.txt 文件的形式保存到硬盘上，如图 3-1 所示。

图 3-1 文件应用举例

3.1.1 System.IO 类介绍

.NET 2.0 环境下的软件系统开发已经把对文件的读写操作从底层转移到对类库的使用中。类库结构中有一个 System.IO 命名空间，里面包含允许读写文件和数据流的类型以及提供基本文件和目录支持的类型。一些常用的类如表 3-1 所示。

表 3-1 System. IO 命名空间常用的类

类	说明
File	提供用于创建、复制、删除、移动和打开文件的静态方法，并协助创建 FileStream 对象
FileInfo	提供用于创建、复制、删除、移动和打开文件的实例方法，并且帮助创建 FileStream 对象。无法继承此类
FileStream	公开以文件为主的 Stream，既支持同步读写操作，也支持异步读写操作
BinaryReader	用特定的编码将基元数据类型读作二进制值

续表

类	说明
BinaryWriter	以二进制形式将基元类型写入流，并支持用特定的编码写入字符串
BufferedStream	给另一流上的读写操作添加一个缓冲层。无法继承此类
Directory	公开用于创建、移动和枚举目录和子目录的静态方法。无法继承此类
DirectoryInfo	公开用于创建、移动和枚举目录和子目录的实例方法。无法继承此类
Path	对包含文件或目录路径信息的 String 实例执行操作。这些操作是以跨平台的方式执行的
StreamReader	实现一个 TextReader，使其以一种特定的编码从字节流中读取字符
StreamWriter	实现一个 TextWriter，使其以一种特定的编码向字节流中写入字符
FileSysWatcher	侦听文件系统更改通知，并在目录或目录中的文件发生更改时引发事件

这些类的结构如图 3-2 所示。

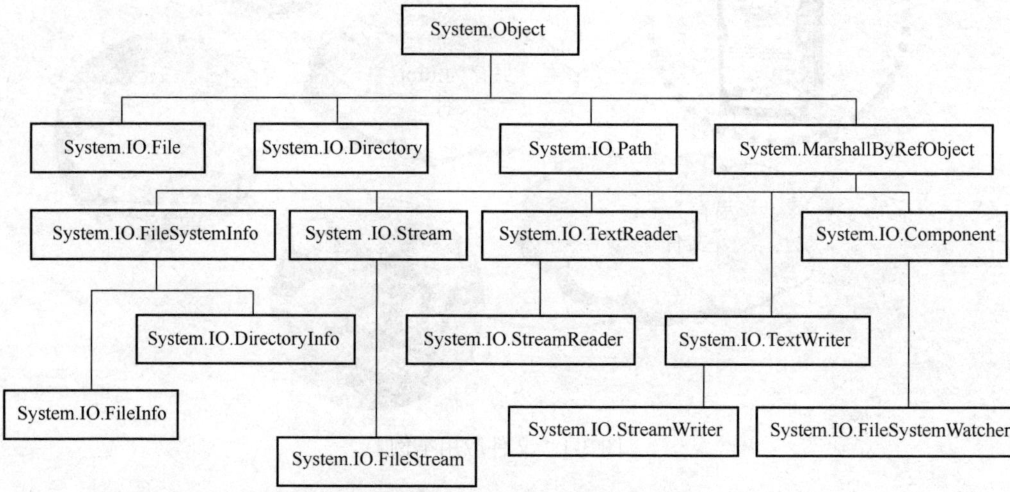

图 3-2　System. IO 命名空间的类结构图

此外还有几个常作为参数的枚举，如表 3-2 所示。

表 3-2　System. IO 命名空间常用的枚举

枚举	说明
FileMode	指定操作系统打开文件的方式
FileShare	包含用于控制其他 FileStream 对象对同一文件可以具有的访问类型的常数
FileAccess	定义用于控制对文件的读访问、写访问或读/写访问的常数

小知识：System.IO 命名空间的引用

第 1 章提到了 Using 语句的使用，这里仍然建议使用 Using 来引用 System.IO 命名空间。若在代码页的头部引用了 System.IO 命名空间

```
using System.IO;
```

在代码中就可以随意使用其所包含的类及枚举了，如 File.Creat();否则，需要在代码处加上 System.IO 前缀，例如 System.IO. File.Creat()。

通过 MSDN 查看 System.IO 命名空间

打开 MSDN，选中“索引”标签，在“查找”文本框内输入 System.IO，在列表框中选中“System.IO 命名空间”，右侧主界面会显示类、枚举、委托、结构列表。单击 File 类，就会看到关于 File 类的介绍，以及语法、备注、示例、继承层次结构、线程安全、平台、版本信息、公共方法、参见等内容。通过这些帮助文档，尤其是示例，读者可以容易地掌握 File 类的使用。

3.1.2 File 类的常用方法

利用 MSDN 就可以掌握类 File 的使用方法，File 类提供用于创建、复制、删除、移动和打开文件的静态方法，并协助创建 FileStream 对象。类 File 有几个常用方法，如表 3-3 所示。

表 3-3 类 File 的常用方法

方法	说明
Move	将指定文件移到新位置，并提供指定新文件名的选项
Delete	删除指定的文件。如果指定的文件不存在，则不引发异常
Copy	已重载。将现有文件复制到新文件
CreateText	创建或打开一个文件用于写入 UTF-8 编码的文本
OpenText	打开现有 UTF-8 编码文本文件以进行读取
Open	已重载。打开指定路径上的 FileStream

案例学习：了解 File 类的一些主要方法

下面的示例演示了 File 类的一些主要方法。

```
using System;
using System.IO;
class Test
{
    public static void Main()
    {
        string path=@"c:\temp\MyTest.txt";
        if (!File.Exists(path))
        {
            //创建文件以便写入内容
            using (StreamWriter sw=File.CreateText(path))
            {
                sw.WriteLine("Hello");
                sw.WriteLine("And");
                sw.WriteLine("Welcome");
            }
        }
        //打开文件，从中读数据
```

```
        using (StreamReader sr=File.OpenText(path))
        {
            string s="";
            while ((s=sr.ReadLine()) != null)
            {
                Console.WriteLine(s);
            }
        }
        try
        {
            string path2=path+"temp";
            //确认将要复制成的文件是否已经有同名的文件存在
            File.Delete(path2);
            //复制文件
            File.Copy(path, path2);
            Console.WriteLine("{0} was copied to {1}.", path, path2);
            //删除新生成的文件
            File.Delete(path2);
            Console.WriteLine("{0} was successfully deleted.", path2);
        }
        catch (Exception e)
        {
            Console.WriteLine("The process failed: {0}", e.ToString());
        }
    }
}
```

3.1.3 FileInfo 类的常用方法

FileInfo 类提供创建、复制、删除、移动和打开文件的实例方法，并且帮助创建 FileStream 对象。FileInfo 类无法继承。FileInfo 类有几个常用属性，如表 3-4 所示。

表 3-4 类 FileInfo 的常用属性

属性	说明
Attributes	获取或设置当前 FileSystemInfo对象的FileAttributes属性（从FileSystemInfo类继承）
CreationTime	获取或设置当前 FileSystemInfo 对象的创建时间（从 FileSystemInfo类继承）
Directory	获取父目录的实例
DirectoryName	获取表示目录的完整路径的字符串
Exists	已重写。获取指示文件是否存在的值
Extension	获取表示文件扩展名部分的字符串（从 FileSystemInfo类继承）

案例学习：了解 FileInfo 类的一些主要属性

下面的示例演示了 FileInfo 类的一些主要属性。

```
using System;
using System.IO;
class Test
{
   public static void Main()
{
      string fileName="C:\\autoexec.bat";
         FileInfo fileInfo=new FileInfo(fileName);
         if (!fileInfo.Exists)
         {
            return;
         }
         Console.WriteLine("{0} has a directoryName of {1}",fileName,
         fileInfo.DirectoryName);
         /* 下面是代码的处理结果,
          * 实际的结果因机器不同:
          *
          * C:\autoexec.bat has a directoryName of C:\
          */
   }
}
```

案例学习：实现文件的复制

本案例将解决同磁盘环境下文件复制的问题。如何编写将 C:\WinNT\Win.INI 文件复制到 C:\ 下的代码呢？

（1）向一个 Form 窗体上拖曳 3 个 Button 控件，控件的 text 属性分别设置为“复制文本文件”、“创建文本文件”、“删除文本文件”，如图 3-3 所示。

图 3-3　文件操作界面

（2）双击“复制文本文件”、“创建文本文件”、“删除文本文件”按钮，在 click 事件处理方法中分别添加代码如下：

```
using System;
using System.Collections.Generic;
using System.ComponentModel;
using System.Data;
using System.Drawing;
using System.Text;
using System.Windows.Forms;
using System.IO;
namespace FileOptionApplication
{
```

```
    public partial class Form1 : Form
    {
        public Form1()
        {
            InitializeComponent();
        }
        ///<summary>
        ///复制文本文件
        ///</summary>
        private void button1_Click(object sender, EventArgs e)
        {
            string somefile=@"C:\Documents and Settings\Administrator\My Documents\SQL
            Server2000 安装故障.txt";
            string target=@"C:\2.txt";
            if (!File.Exists(somefile))
            {
                MessageBox.Show("文件不存在！");
            }
            else
            {
                if (File.Exists(target))
                {
                    File.Delete(target);
                }
                File.Copy(somefile, target);
                MessageBox.Show("文件复制成功！");
            }
        }
         ///<summary>
        ///创建文本文件
        ///</summary>
        private void button2_Click(object sender, EventArgs e)
        {
            string target=@"C:\2.txt";
            if (File.Exists(target))
            {
                File.Delete(target);
            }
            File.CreateText(target);
        }
        ///<summary>
        ///删除文本文件
        ///</summary>
        private void button3_Click(object sender, EventArgs e)
        {
            string target=@"C:\2.txt";
```

```
            if (File.Exists(target))
            {
                File.Delete(target);
                MessageBox.Show("文件删除成功！");
            }
        }
    }
}
```

问题讨论

刚才的实验是通过 File 类实现的，那么如何通过更换 FileInfo 类执行同样的复制动作呢？请将 button1_Click 的代码替换为下列代码试试：

```
    private void button1_Click(object sender, EventArgs e)
    {
        string path=@"C:\Windows\IE4 Error Log.txt";
        string target=@"C:\1.txt";
        FileInfo myfile=new FileInfo(path);
        if (!myfile.Exists)
        {
            MessageBox.Show("对不起，未发现路径文件！");
        }
        else
        {
            myfile.CopyTo(target);
            MessageBox.Show("复制成功！");
        }
    }
```

案例学习：获取文件基本信息

本案例将解决如何显示文件的基本信息问题。

（1）向一个 Form 窗体上拖曳 3 个 Lable 控件和一个 Button 控件，Button 控件的 text 属性设置为“获取文件信息”，如图 3-4 所示。

图 3-4　获取文件信息界面

（2）双击“获取文件信息”按钮，在 click 事件处理方法中分别添加代码如下：

```
using System;
using System.Collections.Generic;
using System.ComponentModel;
using System.Data;
```

```
using System.Drawing;
using System.Text;
using System.Windows.Forms;
using System.IO;

namespace FileOptionApplication
{
    public partial class Form2 : Form
    {
        public Form2()
        {
            InitializeComponent();
        }
        ///<summary>
        ///获取文件信息单击事件
        ///</summary>
        private void button1_Click(object sender, EventArgs e)
        {
            string somefile=@"C:\Documents and Settings\Administrator\My
            Documents\SQL Server2000 安装故障.txt";
            FileInfo myfile=new FileInfo(somefile);
            if (myfile.Exists)
            {
                MessageBox.Show("文件已经存在");
                label1.Text="文件创建时间："+myfile.CreationTime.ToString();
                label2.Text="文件夹："+myfile.Directory.ToString();
                label3.Text="文件夹名称："+myfile.DirectoryName.ToString()+"，
                文件扩展名："+myfile.Extension.ToString();
            }
            else
            {
                MessageBox.Show("文件并不存在");
            }
        }
    }
}
```

问题讨论

FileInfo 类和 File 类都可以实现上述操作，它们的方法也都非常相似，那么它们到底有什么区别呢？

- File 为静态类，可直接使用；FileInfo 需要实例化后才能使用 。
- 从性能上考虑，如果要多次操作文件，不管是否针对相同文件，则应使用 FileInfo。
- 每次通过 File 类调用某个方法时，都要占用一定的 CPU，而 FileInfo 类只在创建 FileInfo 对象时执行一次安全检查。

3.1.4 文件夹类 Directory 的常用方法

Directory 类公开用于创建、移动和枚举通过目录和子目录的静态方法。Directory 类无法继承此类。Directory 类有几个常用的静态方法，如表 3-5 所示。

表 3-5 Directory 类的常用方法

方法	说明
Move	将文件或目录及其内容移到新位置
Delete	已重载。删除指定的目录
CreateDirectory	已重载。创建指定路径中的所有目录
GetCreationTime	获取目录的创建日期和时间
GetCurrentDirectory	获取应用程序的当前工作目录
GetFiles	已重载。返回指定目录中的文件的名称

案例学习：了解 Directory 类的一些主要方法

下面的示例演示了 Directory 类的一些主要方法。

```
using System;
using System.IO;

class Test
{
   public static void Main()
   {
       try
       {
          //获取当前目录的创建时间
          DateTime dt=Directory.GetCreationTime(Environment.CurrentDirectory);
          //给用户反馈信息
          if (DateTime.Now.Subtract(dt).TotalDays > 364)
          {
             Console.WriteLine("This directory is over a year old.");
          }
          else if (DateTime.Now.Subtract(dt).TotalDays > 30)
          {
             Console.WriteLine("This directory is over a month old.");
          }
          else if (DateTime.Now.Subtract(dt).TotalDays <= 1)
          {
             Console.WriteLine("This directory is less than a day old.");
          }
          else
          {
```

```
                Console.WriteLine("This directory was created on {0}", dt);
            }
        }
        catch (Exception e)
        {
            Console.WriteLine("The process failed: {0}", e.ToString());
        }
    }
}
```

案例学习：获取文件的基本物理磁盘信息

本案例将引导学生掌握如何显示文件的基本物理磁盘信息。

（1）向一个 Form 窗体上拖曳五个 Button 控件，其 text 属性分别设置为“创建目录”、“删除目录”、“移动目录”、“目录创建时间”、“返回指定目录文件”，如图 3-5 所示。

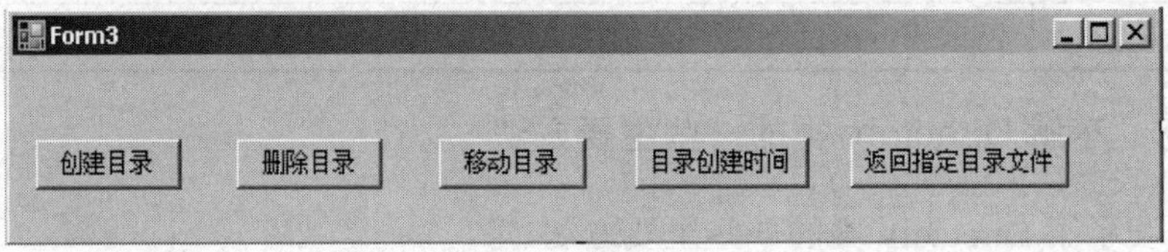

图 3-5　操作界面

（2）在 Form3 类里添加两个静态字段 directory_path、directory_otherpath，都为 String 类型，分别代表工作目录路径和其他目录路径；双击“创建目录”、“删除目录”、“移动目录”、“目录创建时间”、“返回指定目录文件”按钮，在 click 事件处理方法中分别添加代码如下：

```
using System;
using System.Collections.Generic;
using System.ComponentModel;
using System.Data;
using System.Drawing;
using System.Text;
using System.Windows.Forms;
using System.IO;

namespace FileOptionApplication
{
    public partial class Form3 : Form
    {
        public Form3()
        {
            InitializeComponent();
        }
        private static string directory_path="c:\\qs250";
        private static string directory_otherpath="c:\\qqqq";
        ///<summary>
        ///“创建目录”按钮鼠标单击事件
```

```
        ///</summary>
        private void button1_Click(object sender, EventArgs e)
        {
            try
            {
                Directory.CreateDirectory(directory_path);
                button2.Enabled=true;
                button1.Enabled=false;
                button3.Enabled=true;
                button4.Enabled=true;
                button5.Enabled=true;
                MessageBox.Show("文件夹成功建立。", "警报");
            }
            catch (Exception mm)
            {
                MessageBox.Show("磁盘操作错误，原因："+Convert.ToString(mm), "警报");
            }
        }
        ///<summary>
        ///“删除目录”按钮鼠标单击事件
        ///</summary>
        private void button2_Click(object sender, EventArgs e)
        {
            try
            {
                Directory.Delete(directory_path);
                button2.Enabled=false;
                button1.Enabled=true;
                button3.Enabled=false;
                button4.Enabled=false;
                button5.Enabled=false;
                MessageBox.Show("文件夹删除建立。", "警报");
            }
            catch (Exception mm)
            {
                MessageBox.Show("磁盘操作错误，原因："+Convert.ToString(mm), "警报");
            }
        }
        ///<summary>
        ///“移动目录”按钮鼠标单击事件
        ///</summary>
        private void button3_Click(object sender, EventArgs e)
        {
            try
            {
                Directory.Move(directory_path, directory_otherpath);
```

```
            MessageBox.Show("文件夹移动成功。", "警报");
            //例如，如果尝试将 C:\mydir 移到 C:\public，并且 C:\public 已存在
            //则此方法引发 IOException。必须将“C:\\public\\mydir”指定为 destDirName
            //参数，或者指定新目录名，例如“C:\newdir”
        }
        catch (Exception mm)
        {
            MessageBox.Show("磁盘操作错误，原因："+Convert.ToString(mm), "警报");
        }
    }
    ///<summary>
    ///“目录创建时间”按钮鼠标单击事件
    ///</summary>
    private void button4_Click(object sender, EventArgs e)
    {
        try
        {
MessageBox.Show(string.Format("{0:G}",Directory.GetCreationTime
(directory_path)), "提示");
        //获取时间格式方法参见 DateTimeFormatInfo
        }
        catch (Exception mm)
        {
            MessageBox.Show("磁盘操作错误，原因："+Convert.ToString(mm), "警报");
        }
    }
    ///<summary>
    ///“返回指定目录文件”按钮鼠标单击事件
    ///</summary>
    private void button5_Click(object sender, EventArgs e)
    {
        try
        {
            string[] fileEntries=Directory.GetFiles(directory_path);
            if (fileEntries.Length != 0)
            {
                foreach (string s in fileEntries)
                {
                    if (File.Exists(s))
                    {
                        MessageBox.Show("内有文件信息:"+s, "提示");
                    }
                }
            }
            else
            {
```

```
                MessageBox.Show("空文件夹", "提示");
            }
            //获取时间格式方法参见 DateTimeFormatInfo
        }
        catch (Exception mm)
        {
            MessageBox.Show("磁盘操作错误，原因："+Convert.ToString(mm), "警报");
        }
    }
  }
}
```

3.1.5　File 类的常用操作的静态方法练习

文本文件是我们接触频繁的一类文件，记事本程序经常操作的文件就是文本文件，很多应用程序会保存一些记录到日志文件里，这种日志文件也可以是文本文件。通过本节的学习，读者可以掌握对文本文件的简单读写。

上节在介绍 System.IO 命名空间时，重点介绍了 File 类，本节将继续讨论 File 类。File 类是一个静态类，不能被继承。它不仅提供一系列方法，用来针对文件的通用操作，还提供了一系列的读写文本文件的方法，如表 3-6 所示。

表 3-6　File 类的读写文本文件方法

方法	说明
CreateText(string FilePath)	创建或打开一个文件，用于写入 UTF-8 编码的文本
OpenText(string FilePath)	打开现有 UTF-8 编码文本文件以进行读取
Open(string FilePath, FileMode)	打开指定路径上的 FileStream，具有读/写访问权限
Create(string FilePath)	在指定路径中创建文件
OpenRead(string FilePath)	打开现有文件以进行读取
AppendText(string FilePath)	创建一个 StreamWriter，它将 UTF-8 编码文本追加到现有文件

小知识：UTF-8 编码

UTF-8 是“UNICODE 八位交换格式”的简称，UNICODE 是国际标准，也是 ISO 10646 的等价标准。在 UNICODE 编码的文件中可以同时对几乎所有地球上已知的文字字符进行书写和表示，而且已经是 UNIX/Linux 的默认编码标准。在中国大陆常用的 GB2312/GB18030/GBK 系列标准是中国的国家标准，但只能对中文和多数西方文字进行编码。为了保证网站的通用性，UTF-8 编码是更好的选择。

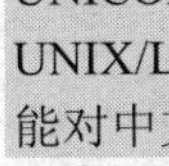

案例学习：简易文本编辑器的开发案例

本实验是对文本文件操作的综合练习，读者将在实验中逐渐熟悉并掌握对文本文件的操作技能。

（1）向一个 Form 窗体上拖曳两个 GroupBox 控件，text 属性分别设置为“写入文本”、“命名文本文件：”；向两个 GroupBox 控件里拖曳一个 RichTextBox 控件和一个 TextBox 控件；向第一个 GroupBox 控件中拖曳两个 Button 控件，属性分别设置为“保存编辑文件”、“打开文本文件”；向第二个 GroupBox 控件中拖曳一个 Button 控件，text 属性设置为“创建文本文件”，如图 3-6 所示。

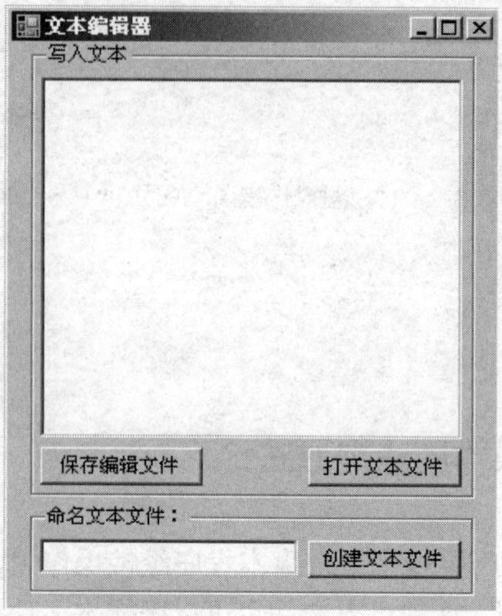

图 3-6　简易文本编辑器界面

（2）在案例中添加一个静态字段 directory_path，string 类型，代表工作目录路径；双击“保存编辑文件”、“打开文本文件”、“创建文本文件”按钮，在 click 事件处理方法中分别添加代码如下：

```
using System;
using System.Collections.Generic;
using System.ComponentModel;
using System.Data;
using System.Drawing;
using System.Text;
using System.Windows.Forms;
using System.IO;

namespace FileOptionApplication
{
    public partial class Form4 : Form
    {
        public Form4()
        {
            InitializeComponent();
        }
        private static string directory_path="c:\\";
        ///<summary>
        ///创建文本文件
        ///</summary>
        private void button1_Click(object sender, EventArgs e)
        {
            try
            {
                if (textBox1.Text.Length==0)
```

```
            {
                MessageBox.Show("文件名禁止为空！", "警报");
            }
            else
            {
                directory_path=directory_path+textBox1.Text.Trim()+".txt";
                //File.CreateText(..)返回的是一个 StreamWriter
                StreamWriter sw=File.CreateText(directory_path);
                button2.Enabled=true;
                button3.Enabled=true;
                button1.Enabled=false;
                richTextBox1.Enabled=true;
                MessageBox.Show("文件文件成功建立。", "消息");
                sw.Close();
            }
        }
        catch (Exception mm)
        {
            MessageBox.Show("磁盘操作错误，原因："+Convert.ToString(mm), "警报");
        }
    }
    ///<summary>
    ///打开文本文件
    ///</summary>
    private void button2_Click(object sender, EventArgs e)
    {
        try
        {
            OpenFileDialog open=new OpenFileDialog();//创建一个打开的对话框
            open.Title="打开文本文件";
            open.FileName="";
            open.AddExtension=true;//设置是否自动在文件中添加扩展名
            open.CheckFileExists=true;//检查文件是否存在
            open.CheckPathExists=true;//验证路径有效性
            open.Filter="文本文件(*.txt)|*.txt";//设置将打开文件的类型
            open.ValidateNames=true;
            //文件有效性验证 ValidateNames，验证用户输入是否是一个有效的 Windows 文件名
            if (open.ShowDialog()==DialogResult.OK)
            {
             StreamReader sr=new StreamReader(open.FileName,
             System.Text.Encoding.Default);
                this.richTextBox1.Text=sr.ReadToEnd();
            }
            MessageBox.Show("文件打开成功。", "消息");
        }
        catch (Exception mm)
```

```
            {
                MessageBox.Show("磁盘操作错误，原因："+Convert.ToString(mm), "警报");
            }
        }
        ///<summary>
        ///保存编辑文件
        ///</summary>
        private void button3_Click(object sender, EventArgs e)
        {
            try
            {
        FileStream textfile=File.Open(directory_path, FileMode.OpenOrCreate,
        FileAccess.Write);
                StreamWriter sw=new StreamWriter(textfile, Encoding.
                GetEncoding("GB2312"));
                sw.Write(richTextBox1.Text.ToString());
                MessageBox.Show("文件写成功。", "警报");
            }
            catch (Exception mm)
            {
                MessageBox.Show("磁盘操作错误，原因："+Convert.ToString(mm), "警报");
            }
        }
    }
}
```

3.2 文件流类 FileStream

学习目标

- 了解 FileStream 文件流类的特点
- 掌握 FileStream 文件流类的创建方法
- 了解 FileMode、FileAccess 和 FileShare 方法的基本介绍及注意事项

用 File 类提供的方法在创建或打开文件时，总会产生一个 FileStream 对象。FileStream 类是一个什么样的类？怎样通过它的对象完成对文件的操作呢？

1. FileStream 文件流类简介

FileStream 对象也称为文件流对象，它为文件的读写操作提供通道，而 File 对象相当于提供一个文件句柄。在文件操作中，针对 FileStream 对象的操作必须首先实例化一个 FileStream 类对象后才可以进行，这一点与 File 类的操作是不一样的。

FileStream 类在实例化后可以用于读写文件中的数据，而要构造 FileStream 实例，需要以下 4 条信息：

（1）要访问的文件。

（2）表示如何打开文件的模式。例如，创建一个新文件或打开一个现有的文件。如果打开一个现有的文件，写入操作是覆盖文件原来的内容，还是添加到文件的末尾？

（3）表示访问文件的方式——只读、只写，还是读写？

（4）共享访问——表示是否独占访问文件。如果允许其他流同时访问文件，则这些流是只读、只写，还是读写文件？

2. FileStream 文件流类的创建

创建 FileStream 对象的方法不是单一的，除了使用 File 对象的 Create()方法或 Open()方法外，也可以采用 FileStream 对象的构造函数。创建文件流对象的基本方法如下：

（1）使用 File 对象的 Create 方法。

```
FileStream mikecatstream;
mikecatstream=File.Create("c:\\mikecat.txt");
//本段代码的含义：
//利用类 File 的 Create()方法在 C 盘根目录下创建文件 mikecat.txt，并把文件流赋给 mikecatstream
```

（2）使用 File 对象的 Open 方法。

```
FileStream mikecatstream;
mikecatstream=File.Open("c:\\mikecat.txt", FileMode.OpenOrCreate, FileAccess.
Write);
//本段代码的含义：
//利用类 File 的 Open()方法打开在 C 盘根目录下的文件 mikecat.txt，打开的模式为打开或创
//建，对文件的访问形式为只写，并把文件流赋给 mikecatstream
```

（3）使用类 FileStream 的构造函数。

```
FileStream mikecatstream;
mikecatstream=new FileStream("c:\\mikecat.txt", FileMode.OpenOrCreate,
FileAccess.Write);
//本段代码的含义：
//利用类 FileStream 的构造函数打开在 C:根目录下的文件 mikecat.txt，打开的模式为打开或创
//建，对文件的访问形式为只写，并把文件流赋给 mikecatstream
```

FileStream 类的构造函数提供了 15 种重载函数，最常用的有 3 种，如表 3-7 所示。

表 3-7　类 FileStream 的 3 种常用的构造函数

名称	说明
FileStream(string FilePath, FileMode)	使用指定的路径和创建模式初始化 FileStream 类的新实例
FileStream(string FilePath, FileMode, FileAccess)	使用指定的路径、创建模式和读/写权限初始化 FileStream 类的新实例
FileStream(string FilePath, FileMode, FileAccess, FileShare)	使用指定的路径、创建模式、读/写权限和共享权限创建 FileStream 类的新实例

在构造函数中使用的 FilePath、FileMode、FileAccess、FileShare 分别是指使用指定的路径、创建模式、读/写权限和共享权限。其中 FilePath 为将封装的文件的相对路径或绝对路径。

下面介绍 FileMode、FileAccess 和 FileShare。它们 3 个都是 System.IO 命名空间中的枚举类型，如表 3-8 所示。

表 3-8 枚举类型 FileMode、FileAccess 和 FileShare

名称	取值	说明
FileMode	Append、Create、CreateNew、Open、OpenOrCreate 和 Truncate	指定操作系统打开文件的方式
FileAccess	Read、ReadWrite 和 Write	定义用于控制对文件的读访问、写访问或读/写访问的常数
FileShare	Inheritable、None、Read、ReadWrite 和 Write	包含用于控制其他 FileStream 对象对同一文件可以具有的访问类型的常数

小实验 1

```
    FileStream fstream=new FileStream("Test.cs", FileMode.OpenOrCreate, FileAccess.
ReadWrite, FileShare.None);
    //本段代码的含义：
    //利用 FileStream 类的构造函数打开当前目录下的文件 Test.cs，打开的模式为打开或创建，对文
    //件的访问形式为读写，共享模式为拒绝共享，并把文件流赋给 fstream
```

小实验 2

```
    FileStream s2=new FileStream(name, FileMode.Open, FileAccess.Read, FileShare.Read);
    //本段代码的含义：
    //利用 FileStream 类的构造函数打开当前目录下的文件名为字符串 name 的文件，打开的模式为打
    //开，对文件的访问形式为只读，共享模式为读共享，并把文件流赋给 s2
```

关于 FileMode、FileAccess 和 FileShare 这 3 个枚举类型值的含义，请参照表 3-9 至表 3-11 所示。

表 3-9 枚举类型 FileMode 枚举值的含义

成员名称	说明
Append	打开现有文件并查找到文件尾或创建新文件。FileMode.Append 只能同 FileAccess.Write 一起使用。任何读尝试都将失败并引发 ArgumentException
Create	指定操作系统应创建新文件。如果文件已存在，则将被改写。此操作要求 FileIOPermissionAccess.Write。System.IO.FileMode.Create 等效于这样的请求：如果文件不存在，则使用 CreateNew；否则使用 Truncate
CreateNew	指定操作系统应创建新文件。此操作需要 FileIOPermissionAccess.Write。如果文件已存在，则将引发IOException
Open	指定操作系统应打开现有文件。打开文件的能力取决于 FileAccess 所指定的值。如果该文件不存在，则引发 System.IO.FileNotFoundException
OpenOrCreate	指定操作系统应打开文件（如果文件存在）；否则应创建新文件。如果用 FileAccess.Read 打开文件，则需要 FileIOPermissionAccess.Read。如果文件访问为 FileAccess.Write 或 FileAccess.ReadWrite，则需要 FileIOPermissionAccess.Write。如果文件访问为 FileAccess.Append，则需要 FileIOPermissionAccess.Append
Truncate	指定操作系统应打开现有文件。文件一旦打开，就将被截断为零字节大小。此操作需要 FileIOPermissionAccess.Write。试图从使用 Truncate 打开的文件中进行读取将导致异常

表 3-10　枚举类型 FileAccess 枚举值的含义

成员名称	说明
Read	对文件的读访问。可从文件中读取数据。同 Write 组合即构成读写访问权
ReadWrite	对文件的读访问和写访问。可从文件读取数据和将数据写入文件
Write	文件的写访问。可将数据写入文件。同 Read 组合即构成读/写访问权

表 3-11　枚举类型 FileShare 枚举值的含义

成员名称	说明
Delete	允许随后删除文件
Inheritable	使文件句柄可由子进程继承。Win32 不直接支持此功能
None	谢绝共享当前文件。文件关闭前，打开该文件的任何请求（由此进程或另一进程发出的请求）都将失败
Read	允许随后打开文件读取。如果未指定此标志，则文件关闭前，任何打开该文件以进行读取的请求（由此进程或另一进程发出的请求）都将失败。但是，即使指定了此标志，仍可能需要附加权限才能够访问该文件
ReadWrite	允许随后打开文件读取或写入。如果未指定此标志，则文件关闭前，任何打开该文件以进行读取或写入的请求（由此进程或另一进程发出）都将失败。但是，即使指定了此标志，仍可能需要附加权限才能够访问该文件
Write	允许随后打开文件写入。如果未指定此标志，则文件关闭前，任何打开该文件以进行写入的请求（由此进程或另一进过程发出的请求）都将失败。但是，即使指定了此标志，仍可能需要附加权限才能够访问该文件

在打开文件产生文件流的时候，三种枚举类型的不同枚举值作为参数会产生不同的操作效果，具体应用应根据实际需要选择。

注意

对于 FileMode，如果要求的模式与文件的现有状态不一致，就会抛出一个异常。如果文件不存在，Append、Open 和 Truncate 会抛出一个异常，如果文件存在，CreateNew 会抛出一个异常。Create 和 OpenOrCreate 可以处理这两种情况，但 Create 会删除现有的文件，创建一个新的空文件。FileAccess 和 FileShare 枚举是按位标志，所以这些值可以与 C#的按位 OR 运算符|合并使用。

3.3　文件的读写

学习目标

- 学习通过文件流 FileStream 打开文本文件、写入文本文件、设置文件属性、实施对文件的目录操作管理的基本方法
- 学习文件对话框的基本操作方法
- 学习通过文件流 FileStream 获取用户选择文件夹及文件的信息。

- 学习通过文件流 FileStream 建立一个新的文本文件，重新写文本信息流，以及如何在 C# 中定义文件和文件夹
- 学习文件流的资源释放意义以及释放资源的基本顺序
- 学习如何针对文本文件进行复杂的编辑、综合查询、删除、插入等操作
- 掌握对文件读写的程序的编写方法

案例学习：文件流 FileStream 综合案例（一）

本次实验目标是通过一个如图 3-7 所示的窗体，在单击相应按钮控件时，可以完成对文件的读写操作、磁盘操作以及对目录的管理操作，使读者快速掌握操作文件、目录的技术方法及 FileStream 类的应用。

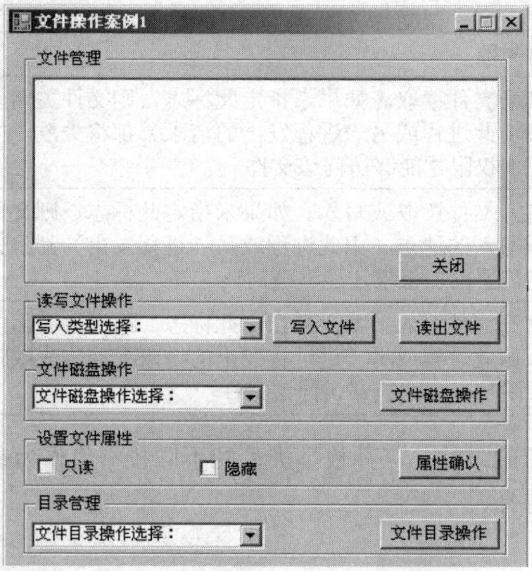

图 3-7　文件操作案例 1 界面图

（1）图 3-7 所示，从工具箱中拖曳五个 GroupBox 控件到 Form 窗体上，text 属性分别设置为“文件管理”、“读写文件操作”、“文件磁盘操作”、“设置文件属性”、“目录管理”。向第一个 GroupBox 控件拖曳一个 RichTextBox 控件，再向第一个 GroupBox 控件拖曳一个 Button 控件，text 属性设置为“关闭”；向第二个 GroupBox 控件拖曳一个 ComboBox 控件，text 属性设置为“写入类型选择：”，Items 属性中添加“创建空文本文件”、“添加入文本文件”、“新写入文本文件”；再向第二个 GroupBox 控件拖曳两个 Button 控件，text 属性分别设置为“写入文件”、“读出文件”；向第三个 GroupBox 控件拖曳一个 ComboBox 控件，text 属性设置为“文件磁盘操作选择：”，Items 属性中添加“文件创建”、“文件删除”、“文件复制”、“文件移动”；再向第三个 GroupBox 控件拖曳一个 Button 控件，text 属性设置为“文件磁盘操作”；向第四个 GroupBox 控件拖曳两个 CheckBox 控件，text 属性分别设置为“只读”、“隐藏”；再向第四个 GroupBox 控件拖曳一个 Button 控件，text 属性设置为“属性确认”；向第五个 GroupBox 控件拖曳一个 ComboBox 控件，text 属性设置为“文件目录操作选择：”，Items 属性中添加“创建文件夹”、“文件夹删除”、“文件夹移动”、“获取子文件信息”；再向第五个 GroupBox 控件拖曳一个 Button 控件，text 属性设置为“文件目录操作”。

（2）双击所有 Button 控件，进入.cs 文件编辑状态准备进行开发，代码如下：

```
//=========================第一部分：主界面功能设计==============================
using System;
using System.Collections.Generic;
using System.ComponentModel;
using System.Data;
using System.Drawing;
using System.Text;
using System.Windows.Forms;
using System.IO;

namespace FileOptionApplication
{
    public partial class Form6 : Form
    {
        public Form6()
        {
            InitializeComponent();
        }
        ///<summary>
        ///读写文件操作
        ///</summary>
        private void button3_Click(object sender, EventArgs e)
        {
            int p=comboBox1.SelectedIndex;
            if (p==-1)
            {
                MessageBox.Show("请您选择文件写入方式", "警告信息", MessageBoxButtons.OK,
                MessageBoxIcon.Information);
            }
            else
            {
                string filecontent=richTextBox1.Text.Trim();
                MyFileOption myoption=new MyFileOption();
                string filepath=@"c:\1.txt";
                bool i=myoption.WriteTextFile(filepath, filecontent, Convert.ToInt16
                (comboBox1.SelectedIndex));
                if (i==true)
                {
                    MessageBox.Show("保存成功", "保存信息", MessageBoxButtons.OK,
                    MessageBoxIcon.Information);
                }
                else
                {
                    MessageBox.Show("写入文件时出错", "错误", MessageBoxButtons.OK,
                    MessageBoxIcon.Warning);
```

```
            }
        }
    }
    ///<summary>
    ///文件磁盘操作
    ///</summary>
    private void button4_Click(object sender, EventArgs e)
    {
        Int16 p=Convert.ToInt16(comboBox2.SelectedIndex);
        if (p==-1)
        {
            MessageBox.Show("请您选择磁盘文件操作方式", "警告信息",
            MessageBoxButtons.OK, MessageBoxIcon.Information);
        }
        else
        {
            string sourcepath="c:\\1.txt";
            string targetpath="c:\\2.txt";
            MyFileOption myoption=new MyFileOption();
            bool i=myoption.DiskFileOption(sourcepath, targetpath, p);
            if (i==true)
            {
                MessageBox.Show("磁盘文件操作成功", "保存信息",
                MessageBoxButtons.OK, MessageBoxIcon.Information);
            }
            else
            {
                MessageBox.Show("磁盘文件操作时出错", "错误",
                MessageBoxButtons.OK, MessageBoxIcon.Warning);
            }
        }
    }
    private void button1_Click(object sender, EventArgs e)
    {
        richTextBox1.Text=null;
        richTextBox1.Focus();
    }
    ///<summary>
    ///读出文本文件内容
    ///</summary>
    private void button2_Click(object sender, EventArgs e)
    {
        MyFileOption myoption=new MyFileOption();
        string filepath=@"c:\1.txt";
        Int16 i=0;
        string filecontent="";
```

```
        myoption.ReadTextFile(filepath, out i, out filecontent);
        if (i==0)
        {
            MessageBox.Show(filecontent, "错误信息", MessageBoxButtons.OK,
            MessageBoxIcon.Information);
            richTextBox1.Text=filecontent;
        }
        else if (i==1)
        {
            richTextBox1.Text=filecontent;
            MessageBox.Show("读取文件成功", "成功", MessageBoxButtons.OK,
            MessageBoxIcon.Warning);
        }
        else if (i==2)
        {
            richTextBox1.Text=filecontent;
            MessageBox.Show(filecontent, "错误信息", MessageBoxButtons.OK,
            MessageBoxIcon.Warning);
        }
    }
    ///<summary>
    ///文件基本属性设置
    ///</summary>
    private void button5_Click(object sender, EventArgs e)
    {
        string filepath=@"c:\1.txt";
        if (checkBox1.Checked && checkBox2.Checked)
        {
            File.SetAttributes(filepath, FileAttributes.ReadOnly |
            FileAttributes.Hidden);
            MessageBox.Show("文件已经改为只读且隐藏", "提示",
            MessageBoxButtons.OK, MessageBoxIcon.Warning);
        }
        else
        {
            if (!checkBox1.Checked && !checkBox2.Checked)
            {
                File.SetAttributes(filepath, FileAttributes.Archive);
                MessageBox.Show("文件已经改为正常", "提示",
                MessageBoxButtons.OK, MessageBoxIcon.Warning);
            }
            else
            {
                if (checkBox2.Checked)
                {
                    File.SetAttributes(filepath, FileAttributes.ReadOnly);
```

```
                MessageBox.Show("文件已经改为只读", "提示",
                MessageBoxButtons.OK, MessageBoxIcon.Warning);
            }
            if (checkBox1.Checked)
            {
                File.SetAttributes(filepath, FileAttributes.Hidden);
                MessageBox.Show("文件已经改为隐藏", "提示",
                MessageBoxButtons.OK, MessageBoxIcon.Warning);
            }
        }
    }
}
///<summary>
///文件夹操作
///</summary>
private void button6_Click(object sender, EventArgs e)
{
    Int16 p=Convert.ToInt16(comboBox3.SelectedIndex);
    if (p==-1)
    {
        MessageBox.Show("请您选择文件夹操作方式", "警告信息",
        MessageBoxButtons.OK, MessageBoxIcon.Information);
    }
    else
    {
        string sourcepath=@"c:\1";
        string targetpath=@"c:\2";
        MyFileOption myoption=new MyFileOption();
        string[] filesname=null;
        bool i=myoption.DirectoryOption(sourcepath, targetpath, p, out
        filesname);
        if (i==true)
        {
            MessageBox.Show("磁盘文件夹操作成功", "保存信息",
            MessageBoxButtons.OK, MessageBoxIcon.Information);
            if (filesname != null)
            {
                foreach (string somestring in filesname)
                {
                    richTextBox1.Text+= somestring+"\r\n";
                }
            }
        }
        else
        {
            MessageBox.Show("磁盘文件夹操作时出错", "错误",
```

```
                MessageBoxButtons.OK, MessageBoxIcon.Warning);
            }
        }
    }
  }
}
```

（3）向项目中添加名为 FileOption.cs 的类文件，并准备填写关于文件操作的各种方法，如图 3-8 所示。

图 3-8　建立 FileOption.cs

（4）向 FileOption.cs 文件中添加代码如下：

```
//============================第二部分：类设计============================
using System;
using System.Collections.Generic;
using System.Text;
using System.IO;

namespace FileOptionApplication
{
    class MyFileOption
    {
        ///<summary>
        /*******************************************************
        **方法 名：WriteTextFile
        **输入参数：filepath:文件路径；
        **          filecontent：写入文件的内容；
        **          WriteMethord：写入方法（0：打开并创建文件；1：添加文本；2：新建文本）
        **输出参数：逻辑类型参数
        **返 回 值：bool
        **创 建 人：钱哨
        **创建日期：09-7-9
        **描    述：打开存放在某目录下的名称为 filepath 文件，并在该文件中写入 filecontent。
        *******************************************************/
        publicboolWriteTextFile(stringfilepath,stringfilecontent,Int16WriteMethord)
        {
            bool i=true;
            try
            {
                if (WriteMethord==0)
                {
```

```
            FileStream textfile=File.Open(filepath, FileMode.OpenOrCreate,
            FileAccess.Write);
                StreamWriter sw=new StreamWriter(textfile, Encoding.Default);
                sw.Write(filecontent);
                i=true;
                sw.Close();
                textfile.Close();
            }
            else if (WriteMethord==1)
            {
                FileStream textfile=File.Open(filepath, FileMode.Append,
                FileAccess.Write);
                StreamWriter sw=new StreamWriter(textfile, Encoding.Default);
                sw.Write(filecontent);
                i=true;
                sw.Close();
                textfile.Close();
            }
            else if (WriteMethord==2)
            {
                FileStream textfile=File.Open(filepath, FileMode.Create,
                FileAccess.Write);
                StreamWriter sw=new StreamWriter(textfile, Encoding.Default);
                sw.Write(filecontent);
                i=true;
                sw.Close();
                textfile.Close();
            }
            return i;
        }
        catch
        {
            i=false;
            return i;
        }
    }
    ///<summary>
    /*********************************************************
    **方 法 名：DiskFileOption
    **输入参数：SourcePath：源文件路径；
    **         TargetPath：目的文件路径；
    **         OptionMethord：操作类别；0：文件创建；1：文件删除；2：文件复制；
               3：文件移动
    **输出参数：逻辑类型参数
    **返 回 值：bool
    **创 建 人：钱哨
```

```
**创建日期：09-7-9
**描    述：对磁盘文件进行基本操作。
*******************************************************/
public bool DiskFileOption(string SourcePath, string TargetPath, Int16
OptionMethord)
{
    bool i=true;
    try
    {
        if (OptionMethord==0)
        {
          //文件创建
            FileStream textfile=File.Create(SourcePath);
            textfile.Close();
        }
        else if (OptionMethord==1)
        {
            //文件删除
            File.Delete(SourcePath);
        }
        else if (OptionMethord==2)
        {
            //文件复制
            File.Copy(SourcePath, TargetPath, true);
        }
        else if (OptionMethord==3)
        {
            //文件移动
            File.Move(SourcePath,TargetPath);
        }
        return i;
    }
    catch
    {
        i=false;
        return i;
    }
}
///<summary>
/*******************************************************
**方 法 名：ReadTextFile
**输入参数：filepath:文件路径;
**输出参数：i：读取类型（1：正常；2：文件读取错误；3：文件或路径无效）；
**          filecontent：返回内容
**返 回 值：逻辑类型参数
**创 建 人：钱哨
```

```
**创建日期：09-7-9
**描    述：读取存放在某目录下的名称为 filepath 的文件的内容。
*******************************************************/
public void ReadTextFile(string filepath, out Int16 i, out string filecontent)
{
    if (File.Exists(filepath))
    {
        try
        {
      StreamReader textreader=new StreamReader(filepath, System.Text.
      Encoding.Default);
            filecontent=textreader.ReadToEnd();
            textreader.Close();
            i=1;
        }
        catch
        {
            i=2;
            filecontent="文件读取错误！";
        }
    }
    else
    {
        i=0;
        filecontent="文件或路径无效！";
    }
}
///<summary>
/*******************************************************
**方 法 名：DirectoryOption
**输入参数：filepath:文件路径；
**输出参数：i：读取类型 （0：创建文件夹；1：文件夹删除；2：文件夹移动；3：获取文
  件夹下面所有的子文件信息）
filecontent：返回内容
**返 回 值：逻辑类型参数
**创 建 人：钱哨
**创建日期：09-7-9
**描    述：读取存放在某目录下的名称为 filepath 的文件的内容。
*******************************************************/
///<summary>
public bool DirectoryOption(string Directorypath, string
TargetDirectorypath, Int16 OptionMethord, out string[] filesname)
{
    bool k=true;
    filesname=null;
    if (Directory.Exists(Directorypath))
```

```
            {
                try
                {
                    if (OptionMethord==0)
                    {
                        //创建文件夹
                        Directory.CreateDirectory(Directorypath);
                    }
                    else if (OptionMethord==1)
                    {
                        //文件夹删除
                        Directory.Delete(Directorypath, true);
                    }
                    else if (OptionMethord==2)
                    {
                        //文件夹移动
                        Directory.Move(Directorypath, TargetDirectorypath);
                    }
                    else if (OptionMethord==3)
                    {
                        //获取文件夹下面所有的子文件信息
                        filesname=Directory.GetFiles(Directorypath);
                    }
                }
                catch
                {
                    k=false;
                }
            }
            else
            {
                Directory.CreateDirectory(Directorypath);
                k=true;
            }
            return k;
        }
    }
}
```

案例学习：文件流 FileStream 综合案例（二）

通过本案例，读者应用掌握以下内容：

- 如何通过用户选择文件夹获取文件夹信息
- 如何通过用户选择文件获取文件信息
- 如何通过文件流建立一个新的文本文件
- 如何打开文本文件后重新写文本信息流

- 如何在 C#中定义文件和文件夹
- 文件流的资源释放意义以及释放资源的基本顺序

（1）如图 3-9 所示，从工具箱中拖曳三个 GroupBox 控件到 Form 窗体上，text 属性分别设置为“添加物理路径”、“打开文本文件”、“文本编辑区”；向第一个 GroupBox 控件拖曳一个 TextBox 控件，再向第一个 GroupBox 控件拖曳一个 Button 控件，text 属性设置为“选定文件夹”；向第二个 GroupBox 控件拖曳一个 TextBox 控件，再向第二个 GroupBox 控件拖曳一个 Button 控件，text 属性设置为“选定文件”；向第三个 GroupBox 控件拖曳一个 richTextBox 控件，再向窗体上非 GroupBox 区域拖曳一个 Button 控件，text 属性设置为“保存文本文件”。

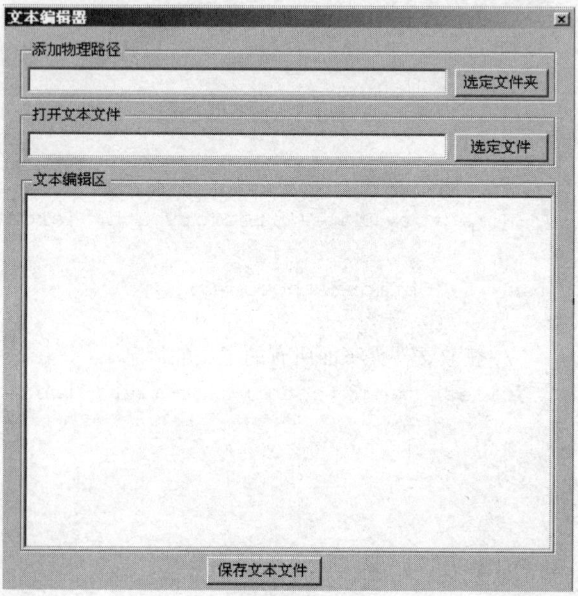

图 3-9　文件操作案例 2 界面

（2）在类 Form11 里添加一个 int 类型字段 TypeW，代表人为的操作类型；双击所有 Button 控件，进入.cs 文件编辑状态准备进行开发，代码如下：

```
//=================代码编辑==========================================
using System;
using System.Collections.Generic;
using System.ComponentModel;
using System.Data;
using System.Drawing;
using System.Text;
using System.Windows.Forms;
using System.IO;

namespace FileOptionApplication
{
    public partial class Form11 : Form
    {
        public Form11()
```

```
    {
        InitializeComponent();
    }
    //添加int类型变量TypeW，0为默认，1为打开文件夹并建立new.txt文件，2为打开文本文件
    int TypeW=0;
    ///<summary>
    ///选定某个文件夹
    ///</summary>
    private void button1_Click(object sender, EventArgs e)
    {
        //新建文件夹
        FolderBrowserDialog openfolder=new FolderBrowserDialog();
        if (openfolder.ShowDialog ()== DialogResult.OK)
        {
            textBox1.Text=Convert.ToString(openfolder.SelectedPath);
            TypeW=1;
        }
    }
    ///<summary>
    ///选定某个文件夹下面的文本文件
    ///</summary>
    private void button4_Click(object sender, EventArgs e)
    {
        OpenFileDialog openfile=new OpenFileDialog();
        openfile.Filter="文本文件|*.txt";
        if (openfile.ShowDialog()==DialogResult.OK)
        {
FileStream OpenFileStream=new FileStream(openfile.FileName, FileMode.Open,
FileAccess.Read);
            StreamReader sr=new StreamReader(OpenFileStream, Encoding.Default);
            richTextBox1.Text=sr.ReadToEnd();
            textBox2.Text=Convert.ToString(openfile.FileName);
            OpenFileStream.Close();
            sr.Close();
            TypeW=2;
        }
    }
    ///<summary>
    ///保存文本文件
    ///</summary>
    private void button2_Click(object sender, EventArgs e)
    {
        if (richTextBox1.Text==string.Empty)
        {
            MessageBox.Show("编辑文本文件内容禁止为空!", "提示信息");
            return;
```

```
            }
            else
            {
                if (TypeW==1)
                {
  FileStream fs=new FileStream(textBox1.Text+@"\\new.txt",FileMode.Create,
  FileAccess.ReadWrite);
                    StreamWriter sw=new StreamWriter(fs,Encoding.Default);
                    sw.Write(richTextBox1.Text);
                    TypeW=0;
        MessageBox.Show("已经成功地将文本文件写入"+textBox1.Text+"\\new.txt 之中",
        "提示信息");
        //注意：此处顺序绝不可调换，为什么？另外，为什么必须关闭线程资源
                    sw.Close();
                    fs.Close();
                }
                else if(TypeW==2)
                {
  FileStream fs=new FileStream(textBox2.Text, FileMode.OpenOrCreate, FileAccess.
  ReadWrite);
                    StreamWriter sw=new StreamWriter(fs, Encoding.Default);
                    sw.Write(richTextBox1.Text);
                    TypeW=0;
        MessageBox.Show("已经成功的将文本文件写入"+textBox2.Text+"之中", "提示信息");
                    //注意：此处顺序绝不可调换，为什么
                    sw.Close();
                    fs.Close();
                }
            }
        }
    }
}
```

3.4 读写二进制文件

学习目标

- 了解二进制文件读取器/编写器
- 学习建立 BinaryReader 类的一些主要方法
- 学习建立 BinaryWriter 类的一些主要方法
- 学习通过二进制读写操作进行图片的存储与复制
- 学习通过二进制读写操作实现图片文件与数据库 Image 类型数据的存储与读取

在前面两节，读写的文件都是文本文件，这一节重点讲述二进制文件的读写。什么是二进制文件呢？

小知识：二进制文件

二进制文件即 Binary files——包含在 ASCII 及扩展 ASCII 字符中编写的数据或程序指令的文件。计算机文件基本上分为两种：二进制文件和 ASCII（也称纯文本）文件，图形文件及文字处理程序等计算机程序都属于二进制文件。这些文件含有特殊的格式及计算机代码。ASCII 则是可以用任何文字处理程序阅读的简单文本文件。

从本质上来说二进制文件和 ASCII 文件之间没有什么区别，因为它们在硬盘上都以同样的的存放方式——二进制存放，但是如果要对它们有所区分，那可以这样理解：每个字符由一个或多个字节组成，每个字节都是用-128－127 之间的部分数值来表示的，也就是说，-128－127 之间还有一些数据没有对应任何字符的任何字节。如果一个文件中的每个字节的内容都是可以表示成字符的数据，就可以称这个文件为文本文件。可见，文本文件只是二进制文件中的一种特例，为了与文本文件相区别，人们又把除了文本文件以外的文件称为二进制文件。由于很难严格区分文本文件和二进制文件的概念，所以我们可以简单地认为，如果一个文件专门用于存储文本字符的数据，没有包含字符以外的其他数据，我们就称之为文本文件，除此之外的文件就是二进制文件。

3.4.1　二进制文件读取器/编写器介绍

在读写二进制文件时，需要研究的读取器/编写器组是 BinaryReader 和 BinaryWriter，它们都从 System.Object 直接派生。这些类型可以让我们从基层流中以简洁的二进制格式读取或写入离散数据类型。BinaryWriter 类型定义了一个多次重载的 Write()方法，用于把数据类型写入基层的流。除了 Write()方法，BinaryWriter 还提供了另外一些成员让我们能获取或设置从 Stream 派生的类型，并且提供了随机数据访问的支持。建立读取器/编写器（BinaryReader 和 BinaryWriter）需要注意的事项有两点：

- 要使用 BinaryReader 和 BinaryWriter 类
- 这两个对象都需要在 FileStream 上创建

小实验：建立一个 BinaryWriter 对象

```
FileStream filestream=new FileStream(Filename, FileMode.Create);
BinaryWriter objBinaryWriter=new BinaryWriter(filestream);
```

BinaryReader 类用特定的编码将基元数据类型读作二进制值。BinaryReader 类有几个常用的方法，如表 3-12 所示。

表 3-12　BinaryReader 类的常用方法

方法	说明
Close()	关闭当前阅读器及基础流
Read()	已重载。从基础流中读取字符，并提升流的当前位置
ReadDecimal()	从当前流中读取十进制数值，并将该流的当前位置提升 16 个字节
ReadByte()	从当前流中读取下一个字节，并使流的当前位置提升 1 个字节
ReadInt16()	从当前流中读取 2 字节有符号整数，并使流的当前位置提升 2 个字节
ReadInt32()	从当前流中读取 4 字节有符号整数，并使流的当前位置提升 4 个字节
ReadString()	从当前流中读取一个字符串。字符串有长度前缀，一次 7 位地被编码为整数

小实验：建立一个 BinaryReader 类的一些主要方法

```
using System;
```

```
using System.IO;

class BinaryRW
{
    static void Main()
    {
        int i=0;
        char[] invalidPathChars=Path.InvalidPathChars;
        MemoryStream memStream=new MemoryStream();
        BinaryWriter binWriter=new BinaryWriter(memStream);
        //写入内存
        binWriter.Write("Invalid file path characters are: ");
        for (i=0; i<invalidPathChars.Length; i++)
        {
            binWriter.Write(invalidPathChars[i]);
        }
        //用作生成编写器的内存流同样作为生成读取器的内存流
        BinaryReader binReader=new BinaryReader(memStream);
        //设置流的起点
        memStream.Position=0;
        //从内存中读取数据，并把数据写入控制台
        Console.Write(binReader.ReadString());
        char[] memoryData=new char[memStream.Length - memStream.Position];
        for (i=0; i<memoryData.Length; i++)
        {
            memoryData[i]=Convert.ToChar(binReader.Read());
        }
        Console.WriteLine(memoryData);
    }
}
```

BinaryWriter 类以二进制形式将基元类型写入流，并支持用特定的编码写入字符串。BinaryWriter 类有几个常用的方法，如表 3-13 所示。

表 3-13 BinaryWriter 类的常用方法

方法	说明
Close()	关闭当前的 BinaryWriter 和基础流
Flush()	清理当前编写器的所有缓冲区，使所有缓冲数据写入基础设备
Write()	已重载。将值写入当前流

小实验：建立一个 BinaryWriter 类的一些主要方法

```
using System;
using System.IO;

class BinaryRW
{
    static void Main()
    {
```

```
            using (BinaryWriter binWriter=new BinaryWriter(File.Open(fileName,
            FileMode.Create)))
            {
                binWriter.Write(aspectRatio);
                binWriter.Write(lookupDir);
                binWriter.Write(autoSaveTime);
                binWriter.Write(showStatusBar);
            }
        }
    }
```

3.4.2　写二进制文件

本节将介绍：

- 如何读取图片文件二进制流并显示在图像控件中
- 如何将图像控件图像读取到内存流并另外存储
- saveFileDialog 控件在另存文件中的作用

案例学习：写二进制文件——图片的存储与复制

（1）如图 3-10 所示，从工具箱中拖曳 MainMenu 控件、SaveFileDialog 控件、GroupBox 控件、PictureBox 控件各一个到 Form 窗体上；Form 窗体的 text 属性设置为“图片处理器”；GroupBox 控件的 text 属性设置为“图片显示区”；PictureBox 控件的 sizemode 属性设置为 zoom。MainMenu 控件添加菜单项及子项如表 3-14 所示。

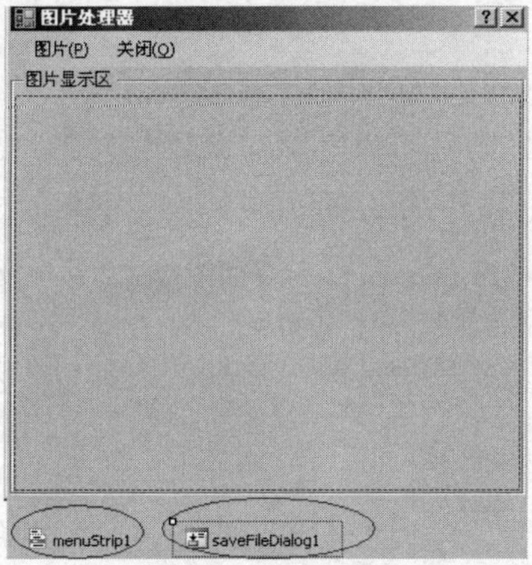

图 3-10　图片处理器界面

表 3-14　MainMenu 控件的菜单项及子项设置

菜单项	子项	其他属性
图片（&P）	打开图片（&O）	快捷键等其他属性由用户自行设定
	复制图片（&C）	同“打开图片”子项
关闭（&Q）	—	同“打开图片”子项

（2）双击主界面上菜单控件的所有菜单项，进入.cs 文件编辑状态准备进行开发，代码如下：

```
///===============================代码编辑===============================
using System;
using System.Collections.Generic;
using System.ComponentModel;
using System.Data;
using System.Drawing;
using System.Text;
using System.Windows.Forms;
using System.IO;

namespace FileOptionApplication
{
    public partial class Form12 : Form
    {
        public Form12()
        {
            InitializeComponent();
        }
        ///<summary>
        /*****************************************************************
        **方 法 名：GetFileBytes
        **输入参数：Filename:文件名称；
        **输出参数：比特流类型
        **返 回 值：byte[]二进制流
        **创 建 人：钱哨
        **创建日期：09-7-9
        **描    述：将读取的文件转化成为二进制流。
        *****************************************************************/
        ///<summary>
        ///</summary>
        ///<param name="Filename">打开的图片具体路径及文件名称</param>
        ///<returns>比特流类型</returns>
        public byte[] GetFileBytes(string Filename)
        {
            if (Filename=="")
                return null;
            try
            {
                FileStream fileStream=new FileStream(Filename, FileMode.Open,
                FileAccess.Read);
                BinaryReader binaryReader=new BinaryReader(fileStream);
                byte[] fileBytes=binaryReader.ReadBytes((int)fileStream.Length);
                binaryReader.Close();
                fileStream.Close();
                return fileBytes;
```

```
    }
    catch
    {
        return null;
    }
}
/*****************************************************
**方 法 名：WriteFileBytes
**输入参数：TargetFilename:目标文件名称；
**输出参数：布尔类型：是否写成功
**返 回 值：byte[]二进制流
**创 建 人：钱哨
**创建日期：09-7-9
**描　　述：将读取的文件转化成为二进制流。
*****************************************************/
///</summary>
///<param name="TargetFilename">目标文件</param>
///<param name="fileBytes">文件比特流</param>
///<returns>布尔类型：是否写成功</returns>
public bool WriteFileBytes(string TargetFilename, byte[] fileBytes)
{
    bool k=true;
    if (TargetFilename != "" && fileBytes.Length != 0)
    {
        try
        {
          FileStream fileStream=new FileStream(TargetFilename,
          FileMode.OpenOrCreate, FileAccess.Write);
            BinaryWriter binaryWriter=new BinaryWriter(fileStream);
            binaryWriter.Write(fileBytes);
            binaryWriter.Flush();
            binaryWriter.Close();
            fileStream.Close();
        }
        catch
        {
            k=false;
        }
    }
    else
    {
        k=false;
    }
    return k;
}
///<summary>
```

```
///菜单：打开图片
///</summary>
private void toolStripMenuItem3_Click(object sender, EventArgs e)
{
    try
    {
        OpenFileDialog openfile=new OpenFileDialog();
        openfile.Filter="jpg 类型图片(*.jpg)|*.jpg|BMP 类型图片(*.bmp)|*.bmp";
        if (openfile.ShowDialog()==DialogResult.OK)
        {
            byte[] picbinary=GetFileBytes(openfile.FileName);
           //第一步：打开图片文件，获得比特流
            MemoryStream mempicstream=new MemoryStream(picbinary);
           //第二步：将比特流储存在内存工作流中
            pictureBox1.Image=Image.FromStream(mempicstream);
           //第三步：加载内存流到图片控件
            mempicstream.Dispose();
            mempicstream.Close();
        }
    }
    catch (Exception m)
    {
        MessageBox.Show("读取图片出错，可能的问题是："+Convert.ToString(m),
        "错误提示");
    }
}
///<summary>
///将打开的图片进行复制
///</summary>
private void toolStripMenuItem4_Click(object sender, EventArgs e)
{
    try
    {
        if (pictureBox1.Image==null)
        {
            MessageBox.Show("禁止图片为空时候另存信息。", "错误提示");
        }
        else
        {
            saveFileDialog1.Filter="jpg 类型图片(*.jpg)|*.jpg";
            DialogResult result=saveFileDialog1.ShowDialog();
            if (result==DialogResult.OK)
            {
                MemoryStream ms=new MemoryStream();
                Bitmap bm=new Bitmap(pictureBox1.Image);
                bm.Save(ms, System.Drawing.Imaging.ImageFormat.Jpeg);
```

```
                    byte[] bytes=ms.ToArray();
                    WriteFileBytes(saveFileDialog1.FileName, bytes);
                    MessageBox.Show("另存图片成功", "提示");
                    ms.Dispose();
                    ms.Close();
                    bm.Dispose();
                }
            }
        }
        catch (Exception m)
        {
          MessageBox.Show("读取图片出错，可能的问题是："+Convert.ToString(m),
          "错误提示");
        }
    }
}
```

（3）调试、运行程序，得到效果如图 3-11 所示。

图 3-11　图片处理器效果图

3.5　读写内存流

学习目标

- 了解读写内存流 MemoryStream 的特点
- 学习如何建立内存流 MemoryStream
- 了解读写缓存流 BufferedStream
- 学习如何建立缓存流 BufferedStream

3.2 节介绍了文件流类 FileStream，本节将继续介绍其他流。什么是流？在.NET 程序中，涉及的输入和输出都是通过流来实现的。流是串行化设备的抽象表示，以读/写字节的方式从存储器读/写数据。存储器是存储媒介，磁盘或内存都是存储器。正如除磁盘外还存在着多种存储器，除文件流之外也存在多种流，例如网络流、内存流、缓存流等。Stream 类及其派生类组成流的家族，如图 3-12 所示。

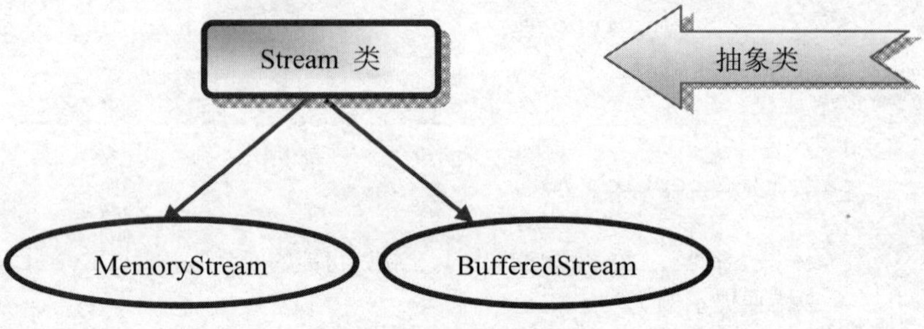

图 3-12 流家族类关系图

所有流的类都是从 Stream 类派生出来的。Stream 类是所有流的抽象基类，所以它不能被实例化为对象，只能通过变量引用派生类的对象。Stream 变量所引用对象具有以下一种或多种功能：

- 读：通过 Read()或 ReadByte()方法实现读数据；
- 写：通过 Write()或 WriteByte()方法实现写数据；
- 定位：通过 Position 属性和 Seek()方法实现定位。

注意

派生的流对象只能支持这些功能中的一部分，例 NetworkStream 不支持定位。可以利用从 Stream 派生出来的对象的 CanRead、CanWrite 和 CanSeek 属性判断流对象支持哪些操作。

另外，对于 MemoryStream 类，有两点需要说明

- 对内存而不是对磁盘进行数据读写
- 减少了对临时缓冲区和文件的需要。

而对于 BufferedStream 类，有四点需要说明：

- 对缓冲区进行数据读写
- 允许操作系统创建自己的缓冲区
- 输入/输出效率高且速度更快
- 在网络通讯的时候经常会使用到

3.5.1 读写内存流——MemoryStream 类

MemoryStream 类创建这样的流：该流以内存而不是磁盘或网络连接作为支持存储区。MemoryStream 类封装以无符号字节数组形式存储的数据，该数组在创建 MemoryStream 对象时被初始化，或者该数组可创建为空数组。可在内存中直接访问这些封装的数据。内存流可降低应用程序中对临时缓冲区和临时文件的需要。

FileStream 对象与 MemoryStream 对象有很大区别，主要体现在以下方面：

（1）FileStream 对象的数据来自文件，而 MemoryStream 对象的数据来自内存缓冲区；这两个类都继承自 Stream 类。

（2）MemoryStream 的数据来自内存中的一块连续区域，这块区域称为“缓冲区(Buffer)”。可以把缓冲区看成一个数组，每个数组元素可以存放一个字节的数据。

（3）在创建 MemoryStream 对象时，可以指定缓冲区的大小，并且可以在需要的时候更改。

MemoryStream 类的构造函数有 7 种，我们这里重点介绍 3 种，如表 3-15 所示。

表 3-15　MemoryStream 类的常用构造函数

名称	说明
MemoryStream ()	使用初始化为零的可扩展容量初始化 MemoryStream 类的新实例
MemoryStream (byte[])	基于指定的字节数组初始化 MemoryStream 类的无法调整大小的新实例
MemoryStream (byte[], Boolean)	使用按指定要求设置的 CanWrite 属性，基于指定的字节数组初始化 MemoryStream 类的无法调整大小的新实例

内存流对象还有一些重要的属性。其中 Length 属性代表了内存流对象存放的数据的真实长度，而 Capacity 属性则代表了分配给内存流的内存空间大小。可以使用字节数组创建一个固定大小的 MemoryStream。

小实验 1

```
MemoryStream mem=new MemoryStream(buffer);
//这时，无法再设置 Capacity 属性的大小
```

小实验 2

```
MemoryStream mem=new MemoryStream(buffer, false);
//这时，CanWrite 属性就被设置为 false
```

这样，在内存流对象被实例化时，一些属性就被影响了。

3.5.2 MemoryStream 类案例学习

案例学习：MemoryStream 类的实际操作

通过本案例，读者将掌握如何通过使用内存流的属性、方法来获取内存流的占用空间信息及改变内存流空间大小。

（1）如图 3-13 所示，从工具箱中拖曳五个 Label 控件和一个 Button 控件到 Form 窗体上。

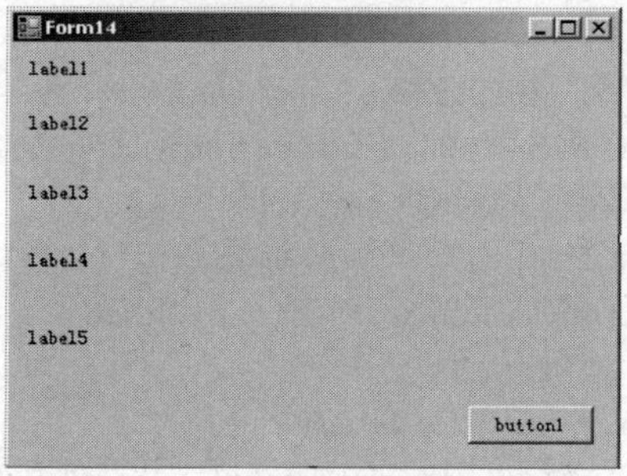

图 3-13　MemoryStream 类案例界面

（2）双击所有 Button 控件，进入.cs 文件编辑状态准备进行开发，代码如下：

```
using System;
using System.Collections.Generic;
using System.ComponentModel;
using System.Data;
using System.Drawing;
using System.Text;
using System.Windows.Forms;
using System.IO;

namespace FileOptionApplication
{
    public partial class Form14 : Form
    {
        public Form14()
        {
            InitializeComponent();
        }
        //建立字节数组
        byte[] buffer=new byte[600];
        ///<summary>
        ///获取测试性数据
        ///</summary>
        private void GetTestData()
        {
            for (int i=0; i<600; i++)
            {
                buffer[i]=(byte)(i % 256);
                //byte 类型的数最大不能超过 255，用 256 取模实现
            }
        }
        ///<summary>
        ///button1 按钮的鼠标单击 Click 事件
        ///</summary>
        private void button1_Click(object sender, EventArgs e)
        {
            //创建测试数据
            GetTestData();
            //创建内存流对象，初始分配 50 字节的缓冲区
            MemoryStream mem=new MemoryStream(50);
            //向内存流中写入字节数组的所有数据
            mem.Write(buffer,0,buffer.GetLength(0));
            //使用从缓冲区读取的数据将字节块写入当前流
            //参数：
            //1. buffer 从中写入数据的缓冲区
            //2. offset buffer 中的字节偏移量，从此处开始写入
```

```
            //3. count 最多写入的字节数
            //GetLength(0) 为 GetLength 的一个示例，它返回 Array 的第一维中的元素个数
            label1.Text="写入数据后的内存流长度是："+mem.Length.ToString();
            label2.Text="分配给内存流的缓冲区大小："+mem.Capacity.ToString();
            mem.SetLength(500);
            label3.Text="调用 SetLength 方法后的内存流的长度："+mem.Length.ToString();
            mem.Capacity=620;//注意：此值不能小于 Length 属性
            label4.Text="调用 Capacity 方法后缓冲区的大小："+mem.Capacity.ToString();
            //将读写指针移到距流开头 10 个字节的位置
            mem.Seek(45, SeekOrigin.Begin);
            label5.Text="内存中的信息是："+mem.ReadByte().ToString();
        }
    }
}
```

调试、运行程序，得到效果如图 3-14 所示。

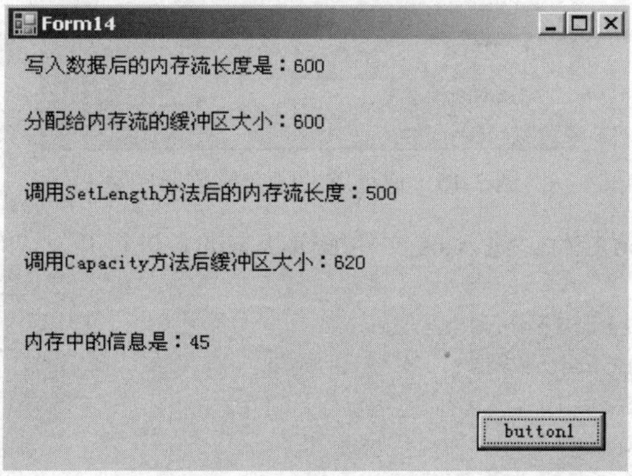

图 3-14　MemoryStream 类案例运行效果图

3.5.3　读写缓存流——BufferedStream 类

BufferedStream 类用于为另一流上的读写操作添加一个缓冲区。缓冲区是内存中的字节块，用于缓存数据，从而减少对操作系统的调用次数。因此，缓冲区可提高读取和写入性能。使用缓冲区可进行读取或写入，但不能同时进行这两种操作。BufferedStream 的Read和Write方法自动维护缓冲区的读写过程。

BufferedStream 可写在某些类型的流周围。它提供从基础数据源或储存库读取字节以及将字节写入基础数据源或储存库的实现。使用BinaryReader和BinaryWriter读取和写入其他数据类型。BufferedStream 用于在不需要缓冲区时防止缓冲区降低输入和输出速度。如果读取和写入的数据大小始终大于内部缓冲区，那么 BufferedStream 甚至可能无法分配内部缓冲区。

BufferedStream 也在共享缓冲区中缓冲读取和写入（假设用户几乎始终执行一系列读取或写入操作，而很少在读取和写入之间切换）。BufferedStream 类的构造函数有两种，如表 3-16 所示。

表 3-16 BufferedStream 类的常用构造函数

名称	说明
BufferedStream (Stream)	使用默认的缓冲区大小（4096 字节）初始化 BufferedStream 类的新实例
BufferedStream (Stream, Int32)	使用指定的缓冲区大小初始化 BufferedStream 类的新实例

案例学习：通过缓冲区交换数据

本案例将介绍如何通过使用缓存流来读写文件。

（1）如图 3-15 所示，从工具箱中拖曳一个 GroupBox 控件，text 属性设置为“打开文件”；拖曳两个 Label 控件到 GroupBox 上，text 属性分别设置为“请选择源文件名：”、“请填写备份文件名：”；拖曳两个 TextBox 控件到 GroupBox 上，其中第一个 TextBox 控件的 Enabled 属性为 false；拖曳两个 Button 控件到 GroupBox 上，text 属性分别设置为“打开文件”、“备份文件”。

图 3-15 通过缓冲区交换数据界面

（2）双击所有 Button 控件，进入.cs 文件编辑状态准备进行开发，代码如下：

```
using System;
using System.Collections.Generic;
using System.ComponentModel;
using System.Data;
using System.Drawing;
using System.Text;
using System.Windows.Forms;
using System.IO;

namespace FileOptionApplication
{
    public partial class Form16 : Form
    {
        public Form16()
        {
            InitializeComponent();
        }
        ///<summary>
        ///打开原始文件
        ///</summary>
        private void button1_Click(object sender, EventArgs e)
        {
            OpenFileDialog openfile=new OpenFileDialog();
            openfile.Filter="文本文件（*.txt）|*.txt";
```

```
        if (openfile.ShowDialog()==DialogResult.OK)
        {
            textBox1.Text=openfile.FileName.ToString();
        }
    }
    ///<summary>
    ///备份目标文件;Stream 和 BufferedStream 的实例
    ///</summary>
    private void button2_Click(object sender, EventArgs e)
    {
        string targetpath=@"c:\"+textBox2.Text+".txt";
        FileStream fs =File.Create(targetpath);
        fs.Dispose();
        fs.Close();
        string sourcepath=textBox1.Text;
        Stream outputStream= File.OpenWrite(targetpath);
        Stream inputStream=File.OpenRead(sourcepath);
        BufferedStream bufferedInput=new BufferedStream(inputStream);
        BufferedStream bufferedOutput=new BufferedStream(outputStream);
        byte[] buffer=new Byte[4096];
        int bytesRead;
        while ((bytesRead =bufferedInput.Read(buffer, 0,4096)) > 0)
        {
            bufferedOutput.Write(buffer, 0, bytesRead);
        }
        //通过缓冲区进行读写
        MessageBox.Show("给定备份的文件已创建", "提示");
        bufferedOutput.Flush();
        bufferedInput.Close();
        bufferedOutput.Close();
        //刷新并关闭 BufferStream
    }
  }
}
```

本章小结

- File 是静态对象，提供对文件的创建、复制、移动和删除等一系列操作。
- File.Create(文件名)可以创建新的文件，并结合 FileStream 对象来进行读写操作。
- FileStream 和 BinaryReader、BinaryWriter 对象结合起来可对二进制数据进行操作。
- 在 C#中指明文件名的时候，要使用转义字符“\\”。
- 内存流提供无法调整大小的数据流视图，而且只能向其写入。
- BufferedStream 对象对缓冲区进行读写。

课后练习

1．FileInfo 类和 File 类的设计差别是什么？

2．文本文件的操作和图像文件的操作在本质上有何差异？

3．编写代码，在一个 WinForm 窗体中建立一个菜单，命名为“文件夹”，其子菜单包括“创建文件夹”、“删除文件夹”和“移动文件夹”，通过单击这 3 个文件夹分别实现在“C:\”下面相应的功能。

4．在本章课后练习 3 的基础上再创建一个菜单，命名为“文件”，其子菜单包括“创建文本文件”和“删除文本文件”，分别用于创建和删除练习 3 文件夹中的相关文本文件。

5．模拟 Windows 操作系统，完整开发一个文本文件编辑器软件。

第 4 章 ADO.NET 数据库访问技术

本章内容

- ADO.NET 简介
- ADO.NET－插入、删除、修改、检索数据
- DataGridView 控件 — 显示和操作数据
- 本章小结

本章重点介绍 Windows 应用程序中数据访问涉及的 System.Data.SqlClient、System.Data.OleDb、System.Data.OracleClient、System.Data.Odbc 命名空间和 Connection、Command、DataReader、DataAdapter、DataSet、DataGridView 等类和控件，以及常用的方法、参数、属性、事件、枚举等。

学习目标

- 了解 ADO.NET 的结构
- 了解 ADO.NET 的组件
- 学习使用 ADO.NET 的五大基本对象
- 使用 ADO.NET 进行事务处理
- 学习针对数据库信息的插入、删除、修改、查询操作
- 学习如何通过 C#程序调用数据库存储过程
- 学习并掌握 DataGridView 控件的主要操作

4.1 ADO.NET 简介

学习目标

- 引入 ADO.NET 的原因
- ADO.NET 的特点
- ADO.NET 的五大基本对象
- ADO.NET 的组成结构

- ADO.NET 数据库访问的连线式连接方式和断线式连接方式
- 掌握 Connection 对象
- 掌握 Command 对象
- 学习并实践 ADO.NET 的事务处理原理

第 3 章以大篇幅介绍如何以流的形式从文件中读取数据，但这种情况只适用于数据量少的应用程序，面对着大数据量的访问就会显得纷乱复杂，如图 4-1 所示。

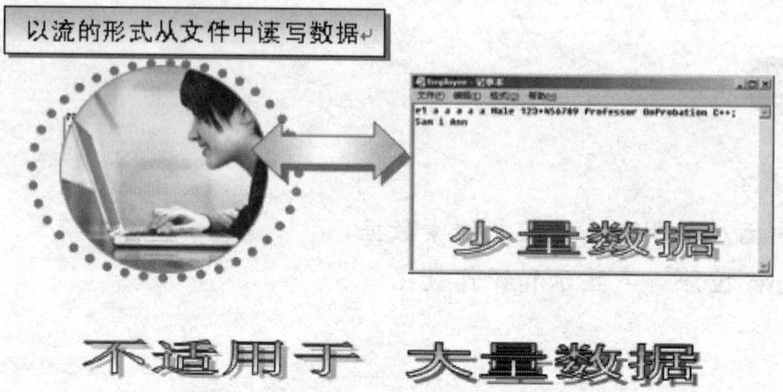

图 4-1 文件流数据访问的局限图

事实上，对于大数据量的存储，一般都是通过数据库实现的。数据库需要管理，并且是通过专门的应用程序完成的。例如，一个软件系统有大量的数据需要处理，这些数据可以存储在中央数据库，而中央数据库一定是某一种数据库应用程序，软件系统就是通过数据库应用程序来访问这些数据的。数据库应用程序被称作 RDBMS，即“关系型数据库管理系统”。常用的数据库应用程序有 Oracle、SQL Server、Access 等，如图 4-2 所示。

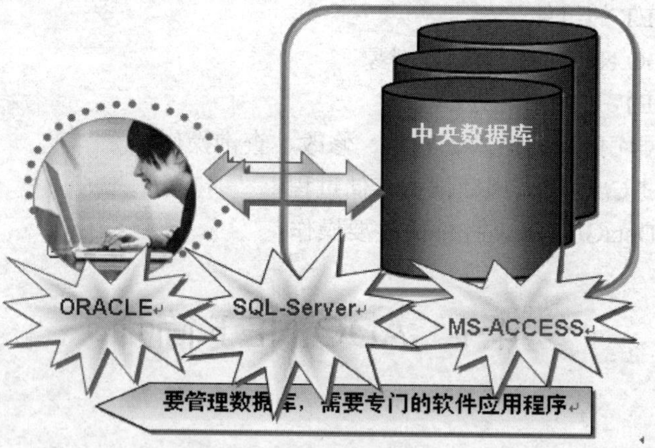

图 4-2 数据库应用程序

当用户需要数据时，用户所在的客户端可以随时访问中央数据库存储的数据。这是以用户计算机向数据库服务器发送请求的形式实现的，由数据库应用程序接受请求，在中央数据库做相应的处理，然后把结果反馈给客户端，如图 4-3 所示。

数据库访问的方法和技术很多，本章重点介绍 ADO.NET 技术。ADO.NET 是一组向.NET 程序员公开数据访问服务的类，为创建分布式数据共享应用程序提供了一组丰富的组件。它提供了对关系数据、XML 和应用程序数据的访问，因此是.NET Framework 中不可缺少的一部分。ADO.NET 支持多种开发需求，包括创建由应用程序、工具、语言或 Internet 浏览器使用的前端数据库客户端和中间层业务对象。ADO.NET 是以 ActiveX 数据对象（ADO）为基础，以 XML（扩展标记语言）为格式传送和接收数据的。

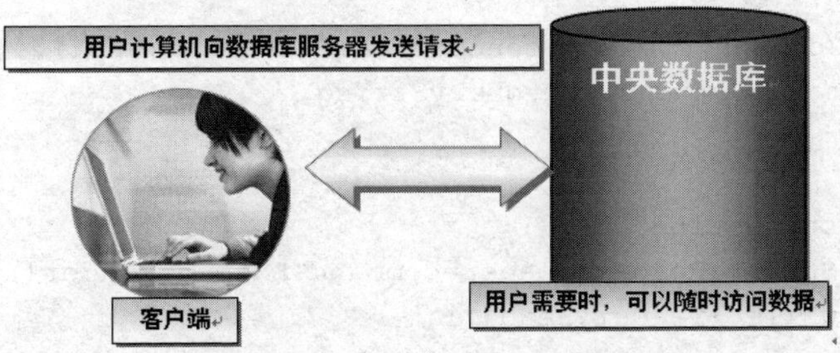

图 4-3　数据库的访问

小知识：ADO.NET 的名称起源

ADO.NET 的名称起源于 ADO（ActiveX Data Objects），这是一个广泛的类组，用于在以往的 Microsoft 技术中访问数据。之所以使用 ADO.NET 名称，是因为 Microsoft 希望表明这是在.NET 编程环境中优先使用的数据访问接口。

如果读者以前用过 VB6 和 Access 进行开发，就会发现 ADO.NET 实际是 ADO 的一个升级版本，它针对.NET Framework 公共语言运行库（CLR）进行了专门的设计和优化。

随着.NET Framework 的问世，Microsoft 决定更新其原有的数据库访问模型 ADO，建立新一代的 ADO.NET。ADO.NET 对原始的 ADO 构架进行了几处增强，提供了更优秀的互操作性。假如读者已经熟悉了 ADO，就会发现 ADO.NET 的对象模型稍有不同。至少 RecordSet 类型不复存在——Microsoft 创建了 DataAdapter 和 DataSet 类来支持断开式数据访问和操作，从而提供更强的扩展性，因为不再需要一直保持与数据库的连接（ADO 虽然提供了断开式的 RecordSet，但程序员平常很少用到它们）。因此，应用程序可以消耗更少的资源。使用 ADO.NET 的连接池机制，数据库连接可以供不同的应用程序重用，因而不需要持续连接和断开数据库（这是一种浪费时间的操作）。

尽管 ADO.NET 从 ADO 导出其名称，但是二者实际上差别很大。按其体系结构来说，ADO.NET 实际上更类似于 OLE DB。虽然 ADO.NET 的作用与 ADO 相同，但是 ADO.NET 中的类、属性和方法与 ADO 中的类属性和方法却有很大的不同。

ADO.NET 类在 System.Data.dll 中，并且与 System.Xml.dll 中的 XML 类集成。当编译使用 System.Data 命名空间的代码时，请引用 System.Data.dll 和 System.Xml.dll。

小实验：学习引用 System.Data.dll

新建一个控制台项目，注意在代码开头利用“using System.Data;”引用 System.Data.dll。在代码文件 Program.cs 中添加如下代码：

```
using System;
using System.Collections.Generic;
using System.Data;
using System.Data.SqlClient;

class Program
{
```

```
    static void Main()
    {
        string connectionString=GetConnectionString();
        string queryString="SELECT CategoryID, CategoryName FROM dbo.Categories;";
        using (SqlConnection connection=new SqlConnection(connectionString))
        {
            SqlCommand command=connection.CreateCommand();
            command.CommandText=queryString;
            try
            {
                connection.Open();
                SqlDataReader reader=command.ExecuteReader();
                while (reader.Read())
                {
                    Console.WriteLine("\t{0}\t{1}",reader[0], reader[1]);
                }
                Console.ReadKey();
                reader.Close();
            }
            catch (Exception ex)
            {
                Console.WriteLine(ex.Message);
            }
        }
    }

    static private string GetConnectionString()
    {
        //To avoid storing the connection string in your code,
        //you can retrieve it from a configuration file.
        return "Data Source=(local);Initial Catalog=Northwind;"+"Integrated
        Security=SSPI";
    }
}
```

通过上面的小实验，可以看出 ADO.NET 是应用程序和数据库系统之间的一座桥梁，如图 4-4 所示。通过这座桥梁，应用程序可以方便地访问数据库中的大量数据。

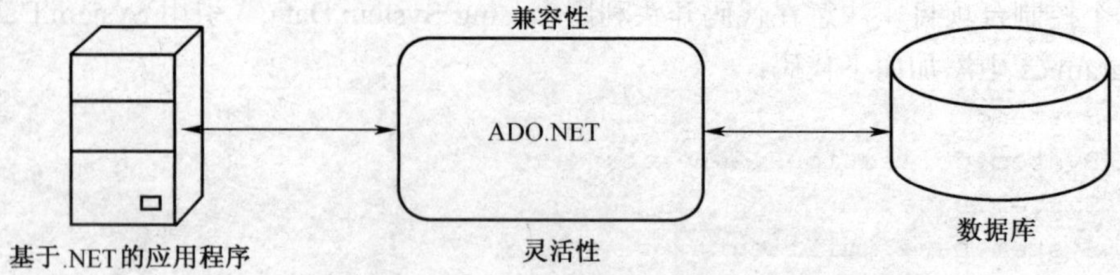

图 4-4 ADO.NET 的基本作用

4.1.1 ADO.NET 的优点及主要对象

1. ADO.NET 的优点

与 ADO 的早期版本和其他数据访问组件相比，ADO.NET 具有互操作性、可维护性、可编程性、性能优化、可伸缩性等优点。

（1）互操作性。

ADO.NET 应用程序可以利用 XML 的灵活性和广泛接受性。由于 XML 是在网络中传输数据集的格式，因此任何可以读取 XML 格式的组件都可以处理数据。实际上，接收组件根本不必是 ADO.NET 组件：传输组件可以只是将数据集传输给其目标，而不考虑接收组件的实现方式。目标组件可以是 Visual Studio 应用程序或无论用什么工具实现的其他任何应用程序。唯一的要求是接收组件能够读取 XML。作为一项工业标准，XML 正是在考虑了这种互操作性的情况下设计的。

（2）可维护性。

在已部署系统的生存期中，适度的更改是可能的，但由于十分困难，所以很少尝试进行实质的结构更改。这是很遗憾的，因为在事件的自然过程中，这种实质上的更改会变得很有必要。例如，当已部署的应用程序越来越受用户欢迎时，增加的性能负荷可能需要进行结构更改。随着已部署的应用程序服务器上的性能负荷的增长，系统资源会变得不足，并且响应时间或吞吐量会受到影响。面对该问题，软件设计者可以选择将服务器的业务逻辑处理和用户界面处理划分到单独计算机上的单独层上。实际上，应用程序服务器层将替换为两层，这就缓解了系统资源的缺乏。

该问题并不是要设计三层应用程序。相反，它是要在应用程序部署以后再增加层数。如果原始应用程序使用数据集以 ADO.NET 方式实现，则该转换很容易进行。请记住，当用两层替换单个层时，将安排这两层交换信息。由于这些层可以通过 XML 格式的数据集传输数据，所以通信相对较容易。

（3）可编程性。

Visual Studio 中的 ADO.NET 数据组件以不同方式封装数据访问功能，帮助用户加快编程速度并减少犯错几率。例如，数据命令提取生成、执行 SQL 语句或存储过程的任务等。

（4）性能优化。

对于不连接的应用程序，ADO.NET 数据库提供的性能优于 ADO 不连接的记录集。当使用 COM 封送在层间传输不连接的记录集时，会因将记录集内的值转换为 COM 可识别的数据类型而导致显著的处理开销。在 ADO.NET 中，这种数据类型转换则没有必要。

（5）可伸缩性。

因为 Web 可以极大增加对数据的需求，所以可伸缩性变得很关键。Internet 应用程序具有无限的潜在用户。尽管应用程序可以很好地为十几个用户服务，但它可能不能向成百上千个（或成千上万个）用户提供同样好的服务。使用数据库锁和数据库连接之类资源的应用程序不能很好地为大量用户服务，因为用户对这些有限资源的需求最终将超出其供应。

ADO.NET 通过鼓励程序员节省有限资源来实现可伸缩性。由于所有 ADO.NET 应用程序都使用对数据的不连接访问，因此它不会在较长持续时间内保留数据库锁或活动数据库连接。

2. ADO.NET 的主要对象

ADO.NET 对象模型中有五个主要的组件，分别是 Connection 对象、Command 对象、

DataAdapter 对象、DataSet 对象以及 DataReader 对象。这些组件中负责建立联机和数据操作的部分称为数据操作组件（Managed Providers），由 Connection 对象、Command 对象、DataAdapter 对象以及 DataReader 对象组成。数据操作组件最主要的作用是作为 DataSet 对象以及数据源之间的桥梁，负责将数据源中的数据取出后植入 DataSet 对象中，以及将数据存回数据源的工作。下分别对 ADO.NET 的五大基本对象模型进行说明。

（1）Connection 对象。

Connection 对象主要用于开启程序和数据库之间的连接。如果没有利用连接对象将数据库打开，是无法从数据库中取得数据的。这个对象处于ADO.NET的最底层，用户可以自己产生这个对象，或是由其他的对象自动产生。

（2）Command 对象。

Command 对象主要可以用来对数据库发出一些指令，例如可以对数据库下达查询、新增、修改、删除数据等指令，以及呼叫存在数据库中的预存程序等。这个对象架构在 Connection 对象上，也就是通过连接到数据源。

（3）DataAdapter 对象。

DataAdapter 对象主要用户在数据源以及 DataSet 之间执行数据传输的工作，它可以通过 Command 对象下达命令，并将取得的数据放入 DataSet 对象中。这个对象架构在 Command 对象上，并提供了许多配合 DataSet 使用的功能。

（4）DataSet 对象。

DataSet 这个对象可以视为一个暂存区（Cache），可以把从数据库中所查询到的数据保留起来，甚至可以将整个数据库显示出来。DataSet 的能力不只是可以储存多个 Table 而已，还可以通过 DataAdapter 对象取得一些例如主键等的数据表结构，并可以记录数据表间的关联。DataSet 对象可以说是ADO.NET中重量级的对象，这个对象架构在 DataAdapter 对象上，本身不具备和数据源沟通的能力；也就是说可以将 DataAdapter 对象当作 DataSet 对象以及数据源间传输数据的桥梁。

（5）DataReader 对象。

当我们只需要循序地读取数据而不需要其他操作时，可以使用 DataReader 对象。DataReader 对象只是一次一笔向下循序地读取数据源中的数据，而且这些数据是只读的，并不允许作其他的操作。因为 DataReader 在读取数据的时候限制了每次只读取一笔，而且只能只读，所以使用起来不但节省资源，而且效率很高。使用 DataReader 对象时，因为不用把数据全部传回，故可以降低网络的负载。

4.1.2 ADO.NET 的结构

ADO.NET 如何承接客户端的数据请求，又如何完成数据源的访问？可以通过图 4-5 来说明。这里提到的数据源是个更大的概念，数据库是数据源中的一种，Excel 文件也可以是数据源。

ADO.NET 通过 Connection 对象与数据源相连接，架设线路。Command 和 DataAdapter 对象利用这个 Connection 对象发送命令信号给数据源，这个命令信号可能是 SQL 语句，也可能是存储过程的名字，由数据源执行完成。如果命令信号要求返回数据，客户端就可以利用 DataReader 或者 DataSet 对象访问得到的数据。如果命令信号是其他操作，客户端就可以直接通过 Command 甚至 Connection 对象完成操作。

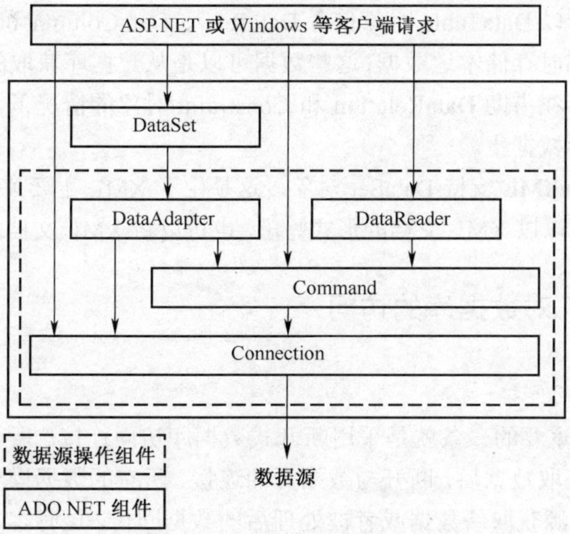

图 4-5　ADO.NET 的承上启下作用

前面提到了 ADO.NET 中的几个对象。那么完整的 ADO.NET 数据对象模型应该是什么样的呢？我们通过图 4-6 来详细了解。

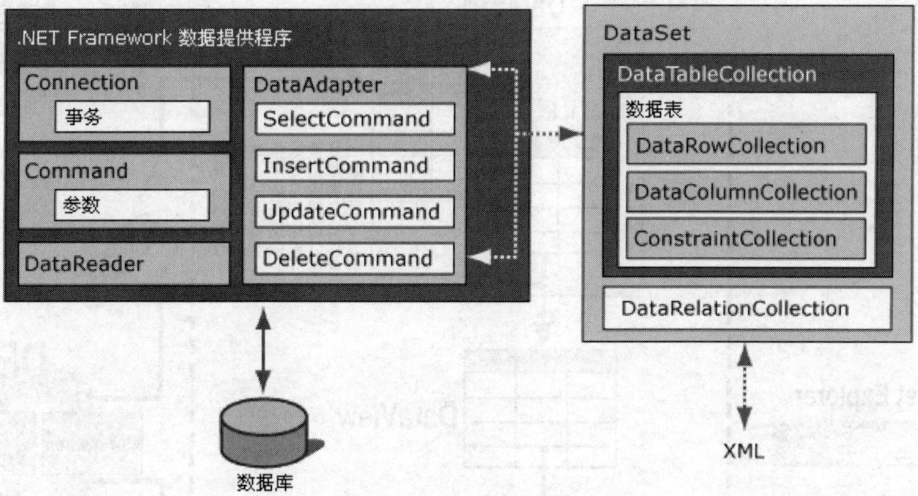

图 4-6　ADO.NET 数据对象模型图

整个对象模型分为两大部分。第一部分是.NET Framework 数据提供程序，第二部分是作为客户端本地缓存的数据集。

.NET Framework 数据提供程序部分包括的对象之一是 Connection 对象，Connection 对象又可以产生事务对象——Command 对象，与 Command 对象伴生的参数对象有 DataReader 对象、DataAdapter 对象，与 DataAdapter 对象伴生的有 SelectCommand、InsertCommand、UpdateCommand、DeleteCommand 对象。数据提供程序部分负责建立连接、发布命令、传输数据等功能。

本地缓存数据集部分包括 DataSet 对象，DataSet 对象在本地相当于一个小型数据库，由数据表及表关系组成，所以 DataSet 对象包含 DataTable 对象和 DataRelation 对象；而数据表又包含行和列以及约束等结构，所以 DataTable 对象包含 DataRow、DataColumn 和 Constraint 对象。本地缓存数据集部分可以用来临时存储本地数据，这些数据可以是从数据库获取的，也可以是本地产生的，还可以是被修改的数据。在借助 DataRelation 和 Constraint 对象的情况下，客户端可以像访问关系型数据那样访问本地缓存数据集。

在 ADO.NET 中应用 XML 支持 DataSet 对象，这是由于 XML 主要关注的是关系和分层的结构化数据。DataSet 的内容可以以 XML 文档的形式写出，也可以将 XML 文档的内容读入到 DataSet 中。

4.1.3 ADO.NET 对数据库的访问

1. 断开式数据库访问连接

ADO.NET 技术中最重要的一条就是采用断开式数据库访问连接。所谓断开式数据库访问连接就是指客户端从数据源获取数据后，断开与数据源的连接，所有的数据操作都是针对本地数据缓存里的数据，当需要从数据源获取新数据或者被处理后的数据回传，这时客户端再与数据源相连接来完成相应的操作。断开式数据库访问连接最为核心的对象是 DataSet 对象，一旦通过数据适配器将数据填充至 DataSet 对象后，则今后的数据访问将直接针对 DataSet 对象展开。具体过程可以参照图 4-7 来理解。

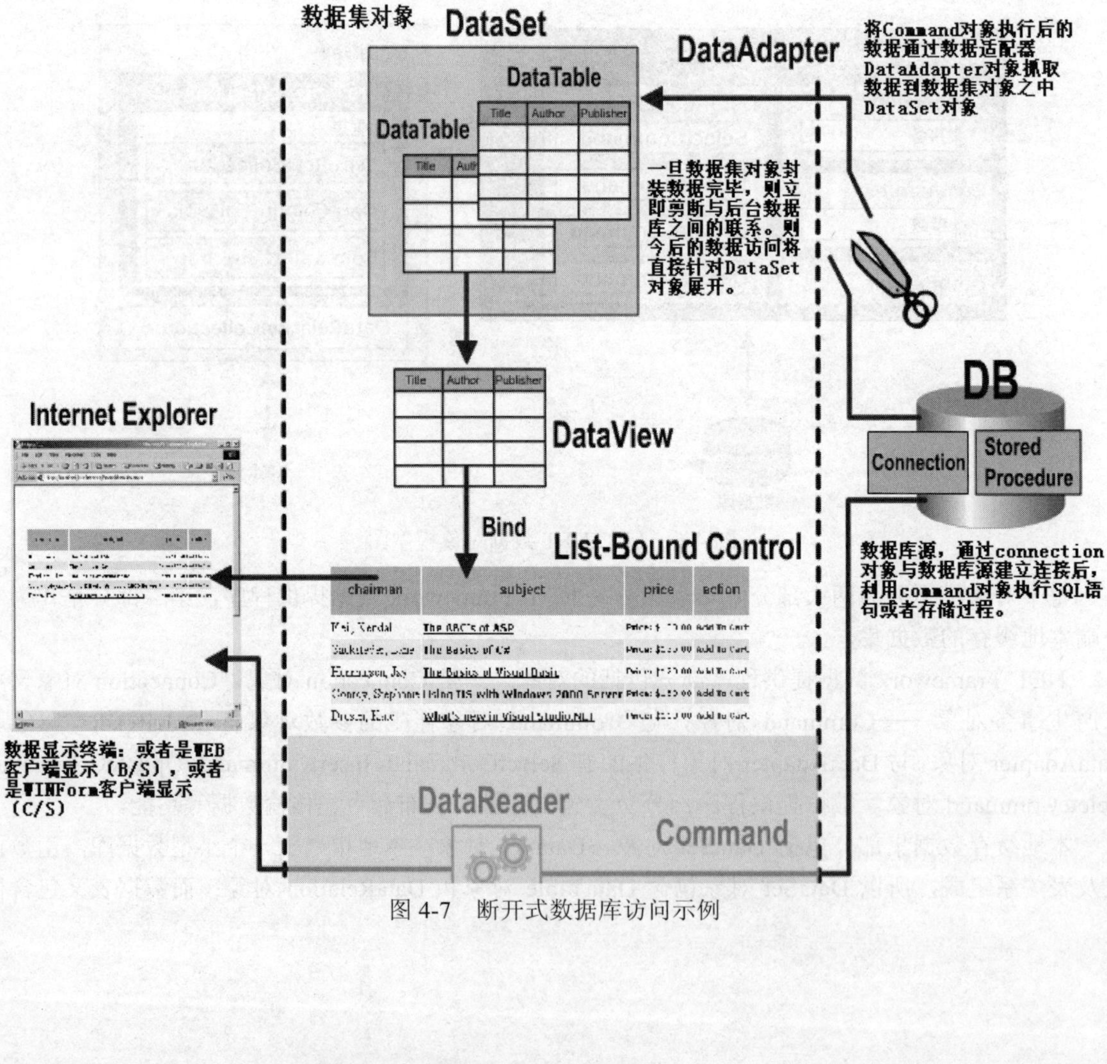

图 4-7 断开式数据库访问示例

首先，数据适配器（DataAdapter 对象）选择连接和命令从数据库获取数据（Connection 对象），通过填充操作将数据装载到数据集（DataSet 对象）；然后，数据集作为 WinForm 程序控件的“数据源”，通过数据绑定控件使数据集中的数据与 WinForm 程序控件中的数据保持一致。这时客户端使用的数据在填充的那一刻就已经被缓存了。用户通过 WinForm 应用程序操作的数据都是针对本地缓存里的数据进行的。当数据被修改后需要回传，再通过数据适配器重新连接数据库，将数据保存在数据库内。这里需要注意的是：将数据传递到用户界面时，ADO.NET 采用 XML 格式。

2. 连线式数据库访问连接

ADO.NET 技术中的另一种数据库访问连接方式就是连线式数据库访问连接。所谓连线式数据库访问连接就是指客户端从数据源获取数据后，通过 DataReader 对象，一条一条地从数据源中将访问到的数据行读取到客户端的过程。在这种只读前进式的数据访问读取过程中，DataReader 对象必须时刻与数据源保持连接，因此这种方式访问数据库的特点是：在前进只读方式访问数据表时的效率较高。具体过程可以参照图 4-8 来理解。

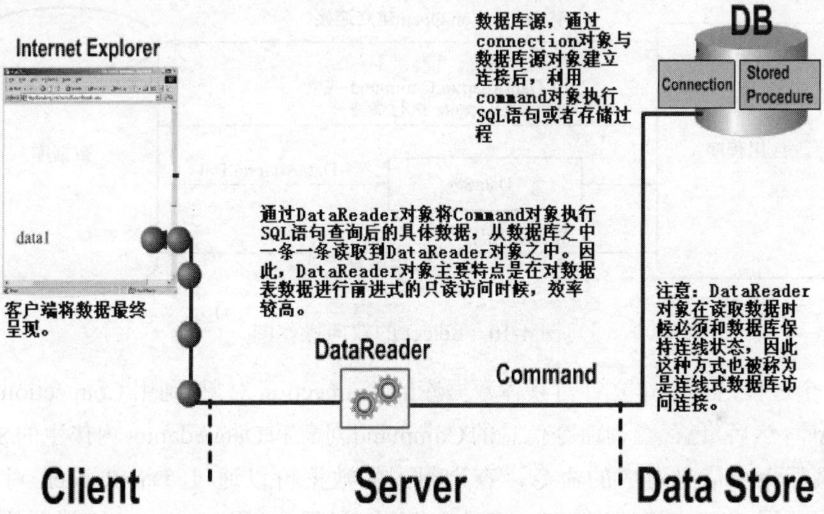

图 4-8　连线式数据库访问示意图

3. 插入、删除、修改等单向操作

对于插入、删除、修改等操作，由于是客户端应用程序向数据库提出的请求，不需要返回源数据，因此是单向操作。单向操作的具体过程如图 4-9 所示。

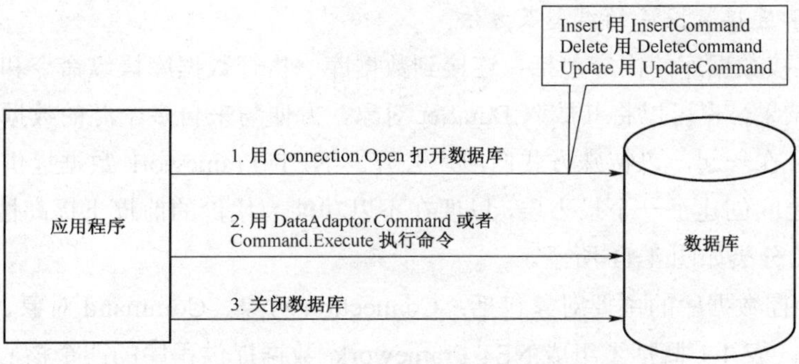

图 4-9　插入、删除、修改单向操作图

主要有三个过程：首先，建立针对具体数据库的 Connection 对象，利用 Connection 对象的 Open() 方法打开数据库；然后，包含插入、删除、修改等命令信息的 Command 对象和 DataAdapter 内伴生的 Command 对象都可以利用 Execute 系列方法执行命令信息对应的命令；最后，利用 Connection 对象的 Close()方法关闭数据库。

这里有一点要强调，DataAdapter 内伴生的 Command 对象有 4 个：SelectCommand、InsertCommand、DeleteCommand、UpdateCommand。命令信息中要求执行的是 Select 命令，则由 SelectCommand 调用相应方法实现，Insert 用 InsertCommand，Delete 用 DeleteCommand，Update 用 UpdateCommand。

4. 对于 Select 的双向操作

对于查询操作而言，由于是客户端应用程序向数据库提出的请求，需要返回源数据，因此该过程是双向操作。双向操作的具体过程如图 4-10 所示。

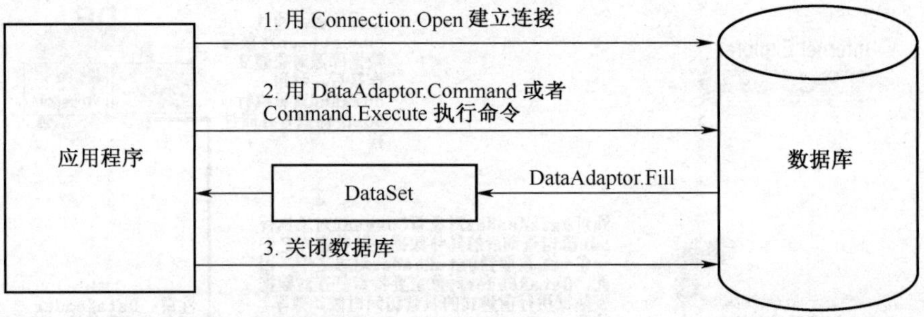

图 4-10　Select 的双向操作图

主要有 3 个过程：首先，建立针对具体数据库的 Connection 对象，利用 Connection 对象的 Open() 方法打开数据库；然后，包含查询命令信息的 Command 对象和 DataAdapter 内伴生的 SelectCommand 对象都可以执行命令信息对应的命令，查询得到的数据可以通过 DataReader 对象获取或者被 DataAdapter 对象用 Fill()方法填充在 DataSet 对象中；最后，利用 Connection 对象的 Close()方法关闭数据库。

4.1.4 ADO.NET 连接数据库管理系统

1. ADO.NET 连接数据库的类型及方法

ADO.NET 连接数据库的内容包括：连接到数据库、执行数据库操纵命令和检索结果。可以直接处理检索到的结果，也可以将其放入 DataSet 对象，方便与来自多个源的数据和在层之间进行远程处理的数据组合在一起，以特殊方式向用户公开。.NET Framework 数据提供程序是轻量的，它在数据源和代码之间创建了一个最小层，以便在不以功能为代价的前提下提高性能。数据提供程序在 ADO.NET 中的分类如图 4-11 所示。

ADO.NET 操控数据库的主要对象包括：Connection 对象、Command 对象、DataReader 对象、DataAdapter 对象。表 4-1 概括了组成.NET Framework 数据提供程序的四个核心对象。

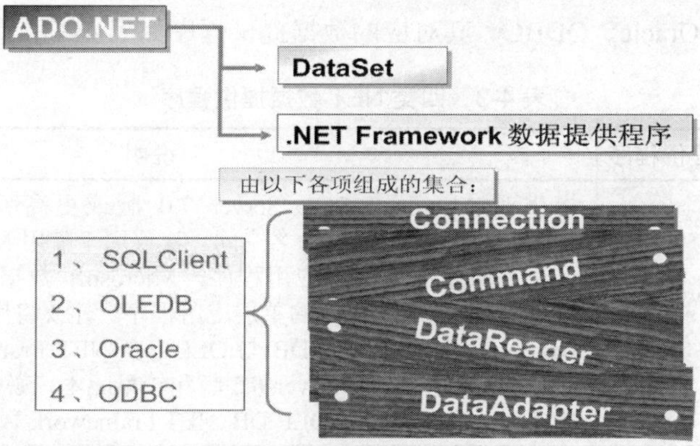

图 4-11　数据提供程序在 ADO.NET 中的分类

表 4-1　.NET 数据提供程序的四个核心对象

对象	说明
Connection	建立与特定数据源的连接。所有 Connection 对象的基类均为 DbConnection 类
Command	对数据源执行命令。公开 Parameters，并且可以通过 Connection 在 Transaction 的范围内执行。所有 Command 对象的基类均为 DbCommand 类
DataReader	从数据源中读取只读的数据流。所有 DataReader 对象的基类均为 DbDataReader 类
DataAdapter	用数据源填充 DataSet 并解析更新。所有 DataAdapter 对象的基类均为 DbDataAdapter 类

除表 4-1 列出的 ADO.NET 核心对象之外，.NET Framework 数据提供程序还包含表 4-2 列出的其他重要对象。

表 4-2　.NET 数据提供程序的其他对象

对象	说明
Transaction	使用户能够在数据源的事务中登记命令。所有 Transaction 对象的基类均为 DbTransaction 类
CommandBuilder	帮助器对象将自动生成 DataAdapter 的命令属性或将从存储过程派生参数信息并填充 Command 对象的 Parameters 集合。所有 CommandBuilder 对象的基类均为 DbCommandBuilder 类
ConnectionStringBuilder	帮助器对象为创建和管理 Connection 对象所使用的连接字符串的内容提供了一种简单的方法。所有 ConnectionStringBuilder 对象的基类均为 DbConnectionStringBuilder 类
Exception	在数据源中遇到错误时返回。对于在客户端遇到的错误，.NET Framework 数据提供程序会引发.NET Framework 异常。所有 Exception 对象的基类均为 DbException 类
Error	公开数据源返回的警告或错误中的信息
ClientPermission	为.NET Framework 数据提供程序代码访问安全属性。所有 ClientPermission 对象的基类均为 DBDataPermission 类

另外，.NET 数据提供程序的命名空间有四类，前面提到的这些对象在每类数据提供程序的命名空间里都有一套，并且某个对象在不同的命名空间内名称是不同的。四类命名空间分别是

SQLClient、OLE DB、Oracle、ODBC，其对应的数据提供程序如表 4-3 所示。

表 4-3 四类.NET 数据提供程序

.NET Framework 数据提供程序	说明
SQL Server .NET Framework 数据提供程序	提供对 Microsoft SQL Server 7.0 版或更高版本的数据访问。使用 System.Data.SqlClient 命名空间。建议用于使用 Microsoft SQL Server 7.0 或更高版本的中间层应用程序，Microsoft 数据库引擎(MSDE)或 SQL Server 7.0 或更高版本的单层应用程序。建议将用于 SQL Server 的 OLE DB 提供程序(SQLOLEDB)与 OLE DB .NET Framework 数据提供程序一起使用。对于 SQL Server 6.5 版和较早版本，必须将用于 SQL Server 的 OLE DB 提供程序与 OLE DB .NET Framework 数据提供程序一起使用
OLE DB .NET Framework 数据提供程序	适合于使用 OLE DB 公开的数据源。使用 System.Data.OleDb 命名空间。 建议用于使用 SQL Server 6.5 或较早版本的中间层应用程序。 对于 SQL Server 7.0 或更高版本，建议使用 SQL Server .NET Framework 数据提供程序。还建议用于使用 Microsoft Access 数据库的单层应用程序。不建议将 Access 数据库用于中间层应用程序
ODBC .NET Framework 数据提供程序	适合于使用 ODBC 公开的数据源。使用 System.Data.Odbc 命名空间。建议用于使用 ODBC 数据源的中间层和单层应用程序
Oracle .NET Framework 数据提供程序	适用于 Oracle 数据源。Oracle .NET Framework 数据提供程序支持 Oracle 客户端软件 8.1.7 版和更高版本，使用 System.Data.OracleClient 命名空间。建议用于使用 Oracle 数据源的中间层和单层应用程序

每一类数据提供程序的命名空间里都有一套对象，它们是通过前缀名进行区别的，例如，SQLClient 命名空间包含的对象有SqlConnection、SqlCommand、SqlDataReader、SqlDataAdapter等；OLE DB 命名空间包含的对象有OleDbConnection、OleDbCommand、OleDbDataReader、OleDbDataAdapter等。

2. ADO.NET 操控数据库的工作过程

.NET 数据提供程序的工作过程如图 4-12 所示。

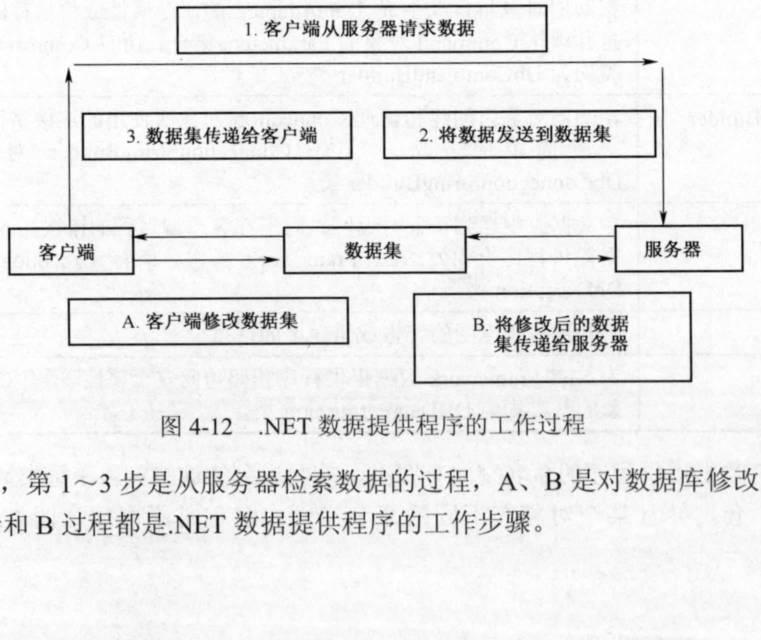

图 4-12 .NET 数据提供程序的工作过程

在图 4-12 中，第 1～3 步是从服务器检索数据的过程，A、B 是对数据库修改的过程。在这个过程中第 1、2 步和 B 过程都是.NET 数据提供程序的工作步骤。

3. ADO.NET 与 MS SQL Server 的关联

由于架构在.NET Framework 2.0 基础上的 VS2005 软件开发系统平台与 SQL Server 数据库管理信息系统都是微软公司旗下产品，所以 VS2005 与 SQL Server 的数据通信本身就已经经过了优化，可以直接访问 SQL Server 而不用添加 OLE DB 或开放式数据库连接(ODBC)层，并具有良好的性能。

以下代码示例显示如何在应用程序中包含 System.Data.SqlClient 命名空间。

```
using System.Data.SqlClient;
```

注意

ODBC .NET Framework 数据提供程序的结构与 OLE DB .NET Framework 数据提供程序的结构相似；例如，它调入 ODBC 服务组件。

4. ADO.NET 与 OLE DB 的关联

OLE DB 是 Microsoft 的一个战略性系统级编程接口，用于管理整个组织内的数据。OLE DB 是建立在 ODBC 功能之上的一个开放规范，主要用于访问非关系型数据库。表 4-4 显示了已经用 ADO.NET 进行测试的提供程序。

表 4-4 OLEDB 数据提供程序所对应的数据源驱动程序

驱动程序	提供程序
SQLOLEDB	用于 SQL Server 的 Microsoft OLE DB 提供程序
MSDAORA	用于 Oracle 的 Microsoft OLE DB 提供程序
Microsoft.Jet.OLEDB 4.0	用于 Microsoft Jet 的 OLE DB 提供程序

OLE DB .NET Framework 数据提供程序类位于 System.Data.OleDb 命名空间中。以下代码示例显示如何在应用程序中包含 System.Data.OleDb 命名空间。

```
using System.Data.OleDb;
```

注意

不推荐将 Access (Jet)数据库用作多线程应用程序（如 ASP.NET 应用程序）的数据源。如果必须将 Access 数据库用作 ASP.NET 应用程序的数据源，而且不能使用其他数据库（如 SQL Server 或 MSDE），那么请注意，连接到 Access 数据库的 ASP.NET 应用程序可能会遇到连接问题，这些问题通常与安全权限有关。

5. ADO.NET 与 ODBC 的关联

DSN（数据源）是在 ODBC 里设置的,用于连接数据库，ODBC 只能用于关系型数据库。DSN 的数据库连接可分为以下三种:

（1）用户 DSN：数据源对计算机来说是本地的，并且只能被当前用户访问，所以只有建立该数据源的用户才能访问该数据源，而且不能从网络上访问该数据源。

（2）系统 DSN：数据源对于计算机来说也是本地的，但并不是用户专用的，任何具有权限的用户都可以访问“系统 DSN”，但是它还是不能从网络上来访问。

（3）文件 DSN：则与前两者不同，它们可以在所有安装了相同驱动程序的用户中共享，这些数据源对于计算机说都是本地的。也就是说可以通过网络上来访问。

表 4-5 显示了用 ADO.NET 测试的 ODBC 驱动程序。

表 4-5 ODBC 数据提供程序所对应的数据源驱动程序

驱动程序
SQL Server
Microsoft ODBC for Oracle
Microsoft Access 驱动程序（*.mdb）

ODBC .NET Framework 数据提供程序类位于 System.Data.Odbc 命名空间中。以下代码示例显示了如何在应用程序中包含 System.Data.Odbc 命名空间。

```
using System.Data.Odbc;
```

6. ADO.NET 与 Oracle 的关联

ADO.NET 提供程序通过 Oracle 客户端连接软件启用对 Oracle 数据源的数据访问，该数据提供程序支持 Oracle 客户端软件 8.1.7 版或更高版本。

ADO.NET 与 Oracle 数据库关联提供程序类位于 System.Data.OracleClient 命名空间中，并包含在 System.Data.OracleClient.dll 程序集中。在编译使用该数据提供程序的应用程序时，需要同时引用 System.Data.dll 和 System.Data.OracleClient.dll。

以下代码示例显示了如何在应用程序中包含 System.Data.OracleClient 命名空间。

```
using System.Data;
using System.Data.OracleClient;
```

4.1.5 Connection 对象

1. Connection 对象概述

要开发数据库应用程序，首先需要建立与数据库的连接。在 ADO.NET 中，数据库连接是通过 Connection 对象管理的。此外，事务管理也通过 Connection 对象进行。不同的数据提供程序对应着不同的 Connection 对象，如表 4-6 所示。

表 4-6 各个命名空间中的 Connection 对象表

提供程序	Connection 对象
SQL 数据提供程序	SqlConnection
OLE DB 数据提供程序	OleDbConnection
Oracle 数据提供程序	OracleConnection
ODBC 数据提供程序	OdbcConnection

在后面的内容中，主要以 SqlConnection 对象为例进行介绍。

2. Connection 对象的使用

（1）Connection 对象的属性和方法。

Connection 对象最常用的属性有 ConnectionString 和 Database。其中 ConnectionString 属性用来获取或设置用于打开 SQL Server 数据库的字符串；Database 属性用来获取当前数据库或连接打开后要使用的数据库的名称。ConnectionString 属性要使用连接字符串，关于连接字符串部分，在后面将用大篇幅介绍。

Connection 对象最常用的方法有 Open()和 Close()。其中 Open()方法使用ConnectionString所指定的属性设置打开数据库连接。如果 SqlConnection 超出范围，则不会将其关闭。因此，必须通过调用Close显式关闭该连接。Close()方法用来关闭与数据库的连接。这是关闭任何打开连接的首选方法。请看下面的示例：

```
private static void OpenSqlConnection(string connectionString)
{
    using (SqlConnection connection=new SqlConnection(connectionString))
    {
        connection.Open();
        Console.WriteLine("ServerVersion: {0}", connection.ServerVersion);
        Console.WriteLine("State: {0}", connection.State);
    }
}
```

（2）Connection 对象组件。

.NET 开发平台将一部分对象做成可视化的对象组件，程序员在编程的时候可以不用编写大量代码去定义和使用，只需要在工具箱中拖曳一个组件到窗体上就可以进行配置使用。这种方式大幅地提高了编程效率，降低了出错率，但是在实际项目开发中不建议采取这种拖曳的形式进行ADO.NET 开发。

案例学习：以拖曳形式建立 Connection 对象的数据库连接

（1）右击工具箱弹出菜单,在弹出菜单中单击“选择项”,在出现的选择工具箱中选中要使用的SqlConnection 等一系列 ADO.NET 对象组件，最后单击“确定”按钮，SqlConnection 等组件就出现在工具箱中，如图 4-13 所示。

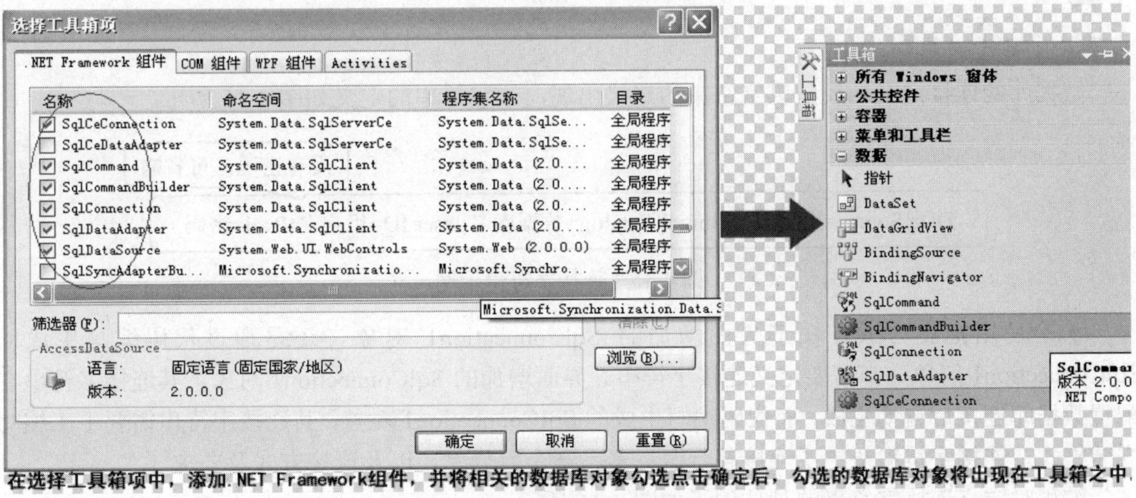

图 4-13　向工具箱添加组件

（2）在工具箱中选择“数据”选项卡，找到刚刚添加的 SqlConnection 对象组件，向窗体拖放，使设计窗口下的组件栏出现 SqlConnection1 对象。选中 SqlConnection1 对象，在属性窗口找到ConnectionString 属性，选择右侧下拉框中的“新建连接”，设计窗口会弹出一个“添加连接”窗口

（如图 4-14 所示）。这个窗口是配置 SqlConnection1 对象的连接属性的专用窗口。在“添加连接”窗口中，首先要在列表中选择 SQL Server 服务器，然后要指定用户和密码，最后选择要连接的数据库。单击“测试连接”，如果连接成功，则会显示一则成功消息。这时，就可以看到 SqlConnection1 对象的 ConnectionString 属性右侧栏中出现一长串字符，这就是连接字符串。在后续的代码编写过程中，就可以使用 SqlConnection1 对象对数据库进行访问了。

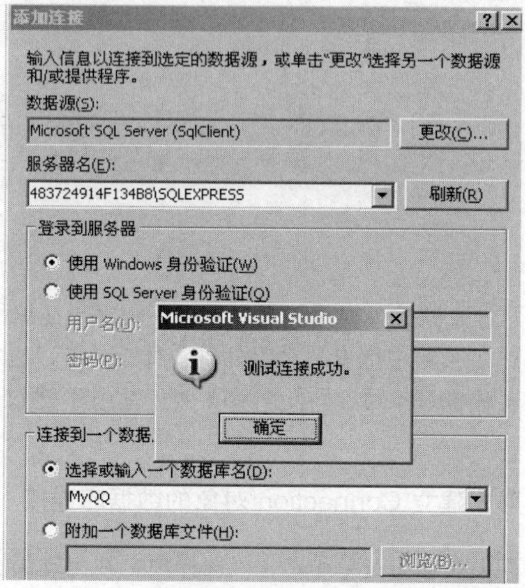

图 4-14　添加数据库连接图

案例学习：通过编写代码来连接数据库

（1）定义连接字符串。

数据库的连接定义一般是以字符串的形式出现，该字符串的定义如图 4-15 所示。

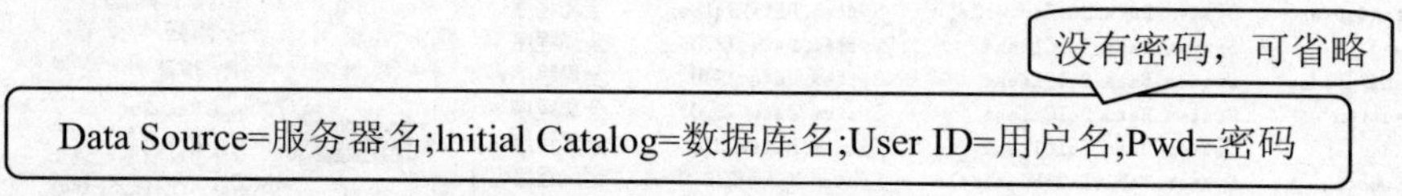

图 4-15　连接字符串示例

不论是用拖曳方式在图形界面增加的 SqlConnection1 对象，还是通过代码编写生成的 SqlConnection1 对象，都需要定义连接字符串。界面增加的 SqlConnection1 对象，其连接字符串在配置数据库连接后自动生成，而代码编写生成的 SqlConnection1 对象，其连接字符串需要手工编写安装格式。连接字符串决定了连接某台服务器、某个数据库，以及连接方式及要求。

编程时定义连接字符串的具体例子如图 4-16 所示。

图 4-16 中，SqlConnection1 为 sqlconnection 对象，通过 sqlconnection 对象加载数据库连接字符串与 MSSQL 进行连接。在连接字符串中，“server=SQLDB;”表示存储 pubs 数据库的服务器名称为 SQLDB，也可以写成 IP 地址形式，如 123.101.220.1。如果是本地数据库服务器，可以有以下几种写法：

- “(local)”或者“.”
- “127.0.0.1”
- 本地机子名称

使用代码编辑器

```
SqlConnection SqlConnection1 =
      new SqlConnection ("server = SQLDB;
    uid = sa; pwd = password; database = pubs");
  SqlConnection1.Open ();
```

图 4-16　定义连接字符串具体示例

在连接字符串中，“uid=sa; pwd=password”表示登录数据库服务器的用户名称和密码，使用这种用户身份登录方式必须使用户同样可以使用 SQL Server 身份认证方式登录数据库服务器，否则连接仍然会失败。最后的“database=pubs”表示登录服务器是 pubs 数据库。

小知识：连接字符串

所有的连接字符串都有相同的格式，它们由一组关键字和值组成，中间用分号隔开，两端加上单引号或双引号。关键字不区分大小写，但是值可能会根据数据源的情况区分大小写。

假设 SQL Server 2005 数据库服务器为本机，要访问的数据库名为 MyDB，采用 Windows 集成安全性认证方式。

（1）SQL Client 方式的连接字符串如下：

Data Source=127.0.0.1;Persist Security Info=False;

Initial Catalog=MyDB;Integrated Security=SSPI;

Data Source 是关键字，这里与 server 可以互换，都用来表示数据库服务器，等号后面就要对应具体的数据库服务器的 IP 或者名称。如果将 Persist Security Info，关键字设置为 true 或 yes，将允许在打开连接后，从连接中获得涉及安全性的信息（包括用户标识和密码）。如果在建立连接时必须提供用户标识和密码，最安全的方法是在使用信息打开连接后丢弃这些信息，在 Persist Security Info 设置为 false 或 no 时会发生这种情况。当用户向不可信的源提供打开的连接，或将连接信息永久保存到磁盘时，这点尤其重要。如果将 Persist Security Info 保持为 false，可帮助确保不可信的源无法访问连接中涉及安全性的信息，并帮助确保任何涉及安全性的信息都不会随连接字符串信息在磁盘上持久化。Initial Catalog 关键字可以与 database 关键字互换，用来指定需要连接的数据库服务器中具体某一数据库，等号后面要对应具体的数据库，本例中就是 MyDB。Integrated Security 关键字表示是否使用 Windows 身份验证（通常称为集成安全性）连接到服务器数据库上。如果键值为 true 或者 SSPI，表示指定 Windows 身份验证，如果键值为 false 表示不指定 Windows 身份验证。但是，只有键值 SSPI 将适用于 OLEDB.NET Framework 数据提供程序。对于 ODBC .NET Framework 数据提供程序，必须使用键值“Trusted_Connection=yes;”指定 Windows 身份验证。如果不使用 Windows 身份验证而使用 SQL Server 身份验证，则使用“User ID=*****;Password=*****;”替换 Integrated Security 关键字及其键值，来指定用户名和密码。

（2）OLE DB 方式的连接字符串如下：

Provider=SQLOLEDB;Data Source=127.0.0.1;Persist Security Info=False;

Initial Catalog=MyDB;Integrated Security=SSPI

Provider 关键字用于指定哪一类数据源，其键值取值可以参见表 4-4，其他关键字用法与 SQL Client 方式相同。

（3）ODBC 方式的连接字符串如下：

Driver={SQL Server};Server=127.0.0.1;Database=MyDB;

```
Trusted_Connection=Yes;UID=Administrator
```

Driver 关键字用来指定哪一类数据源，其键值取值可以参见表 4-5，其他关键字用法与 SQL Client 方式相似。区别就是 Trusted_Connection、UID 与 Integrated Security、User ID，关键字虽然不同，但是用法相同。

（2）创建 Connection 对象。

在代码编辑器中通过编写代码的方式创建 Connection 对象的过程如图 4-17 所示。

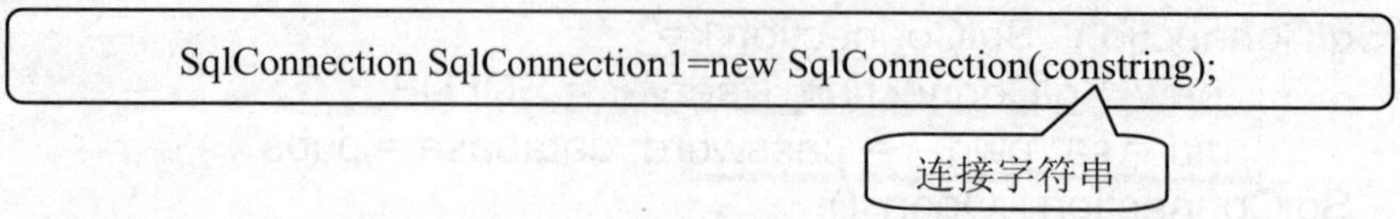

图 4-17　创建连接对象

在对象创建过程中将连接字符串作为参数传递给 SqlConnection 类的构造函数，这样连接对象 SqlConnection1 就可以用来访问数据了。构造函数还有一个重载，就是参数为空的构造函数。在实例化时不将连接字符串作为参数传给构造函数，实例化之后，给对象 SqlConnection1 的属性 ConnectionString 赋值，完成对象 SqlConnection1 的设置。示例如下：

```
SqlConnection SqlConnection1=new SqlConnection();
SqlConnection1.ConnectionString="Data Source=10.5.0.30;Initial Catalog=TTDB;
                                User ID=TrainingDeveloper  Pwd=Password";
```

（3）实验步骤：打开与数据库的连接。

用 Connection 对象的 Open()方法就可以打开数据库连接。示例如下：

```
SqlConnection1.Open( );
```

4.1.6　Command 对象

1. Command 对象概述

数据库连接建立好以后，要操作数据库就得向数据库发送命令信息。所谓命令信息就是指 SQL 语句或者存储过程名称。除了增删查改数据外，命令信息还可以对数据源执行一些不返回结果集的查询，以及改变数据源结构的数据定义命令信息，如 DDL 语言。

在 ADO.NET 中，命令信息是通过 Command 对象管理的。与数据库建立连接之后，可以使用 Command 对象执行命令并从数据源返回结果。Command 对象工作的示意图如图 4-18 所示。

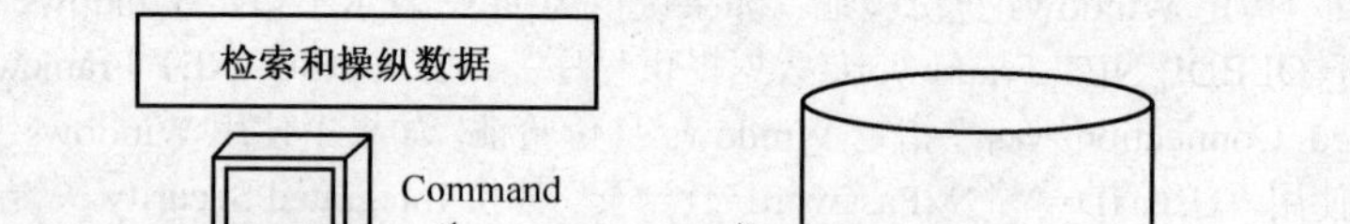

图 4-18　Command 对象工作示意图

不同的数据提供程序对应不同的 Command 对象，如表 4-7 所示。在后面的内容中，主要以 SqlCommand 对象为例进行介绍。

表 4-7　各个命名空间中的 Command 对象表

提供程序	Command 类
SQL 数据提供程序	SqlCommand
OLE DB 数据提供程序	OleDbCommand
Oracle 数据提供程序	OracleCommand
ODBC 数据提供程序	OdbcCommand

2. Command 对象的使用

Command 对象最常用的属性有 CommandText、CommandType 和 Connection。其中 CommandText 属性用来获取或设置欲执行的内容，可以是 SQL 语句或者存储过程名称。CommandType 属性用来获取或设置命令类型，指示当前命令是 SQL 语句还是存储过程名称。当将 CommandType 属性设置为 StoredProcedure 时，应将 CommandText 属性设置为存储过程的名称；CommandType 属性设置为 Text 时，应将 CommandText 属性设置为 SQL 语句。Connection 属性用来获取或设置 Command 对象使用的 Connection 对象。

Command 对象最常用的方法有 ExecuteNonQuery()、ExecuteReader()和 ExecuteScalar()。其中 ExecuteNonQuery()方法对连接执行 Transact-SQL 语句并返回受影响的行数，可以使用该方法来执行目录操作(例如查询数据库的结构或创建诸如表等的数据库对象)，或通过执行 UPDATE、INSERT 或 DELETE 语句，在不使用 DataSet 的情况下更改数据库中的数据。虽然 ExecuteNonQuery()方法不返回任何行，但映射到参数的任何输出参数或返回值都会用数据进行填充。对于 UPDATE、INSERT 和 DELETE 语句，返回值为该命令所影响的行数。对于所有其他类型的语句，返回值为-1。如果发生回滚，返回值也为-1。ExecuteReader()方法将CommandText所设置的命令信息发送到数据库，并生成一个SqlDataReader对象。ExecuteScalar()方法执行查询，并返回查询所返回的结果集中第一行的第一列，忽略其他列或行。可以使用 ExecuteScalar()方法从数据库中检索单个值（例如一个聚合值）。与使用ExecuteReader()方法，然后使用SqlDataReader()返回的数据执行生成单个值所需的操作相比，此操作需要的代码较少。请看下面的示例：

```
private static void CreateCommand(string queryString,string connectionString)
{
    using (SqlConnection connection=new SqlConnection(connectionString))
    {
        SqlCommand command=new SqlCommand();
        command.Connection=connection;
        command.CommandTimeout=15;
        command.CommandType=CommandType.Text;
        command.CommandText=queryString;
        connection.Open();
        SqlDataReader reader=command.ExecuteReader();
        while (reader.Read())
        {
            Console.WriteLine(String.Format("{0}, {1}",reader[0], reader[1]));
        }
    }
}
```

案例学习：向窗体添加 Command 对象组件并配置

（1）添加 SqlCommand 组件。

Sqlconnection、SqlCommand、oledbconnection、oledbcommand 对象组件（如图 4-19 所示）在默认的工具箱中是没有的，需要手动添加。首先右击工具箱弹出菜单；在弹出菜单中单击“选择项”命令，出现选择工具箱；选中要使用的 Sqlconnection、SqlCommand、oledbconnection、oledbcommand 对象组件；最后单击“确定”按钮，上述组件就出现在工具箱中，如图 4-20 所示。

图 4-19 向窗体添加四个基本的数据对象组件

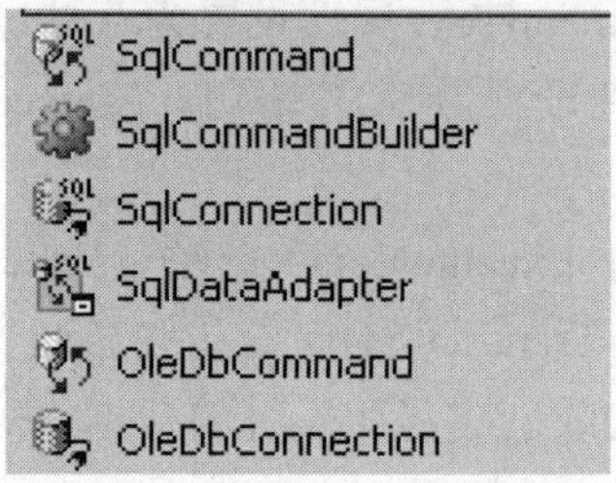

图 4-20 添加后的四个基本的数据对象组件

（2）配置 SqlCommand 组件 SQL 命令。

单击 sqlconnection 对象，命名为 sqlConnection1，在其 connectionstring 属性中键入字符串“Data Source=(local);Initial Catalog=school;User ID=sa;”。其中需要用户提前配置 MS SQL 数据库：可以以用户身份登录，登录名为 sa，密码为空；另外有数据库为 school。

单击 SqlCommand 对象，配置其 Connection 属性为 sqlConnection1 对象，commandtext 属性为用户自定义的 SQL 语句，如“select * from student;”。

（3）配置 oledbCommand 组件 SQL 命令。

单击 oledbconnection 对象，命名为 oledbconnection1，在其 connectionstring 属性中单击下拉列表框，在弹出的“添加连接”对话框中单击数据源的更改按钮，在弹出的“更改数据源”对话框中，选择数据源为“Microsoft Access 数据库文件”，单击“确定”按钮后浏览本机 Access 数据库文件即可。

单击 oledbCommand 对象，配置其 Connection 属性为 oleDbConnection1 对象，commandtext 属性为用户自定义的 SQL 语句，如“select * from teacher;”。

案例学习：通过编写代码来设置 Command 对象

在代码编辑器中，通过编写代码的方式创建 Command 对象的过程如图 4-21 所示。

上述代码的含义是：SqlCommand1 对象为 SqlCommand 类的实例化，表示为创建的 Command 对象名称。其中的 strSQL 是字符串类型，可以被赋予任何有效的 SQL 语句。

在对象创建过程中，将 SQL 语句作为参数传递给 SqlCommand 类的构造函数，这样命令对象 SqlCommand1 就可以用来访问数据了。构造函数还有 3 种类型的重载，如表 4-8 所示。

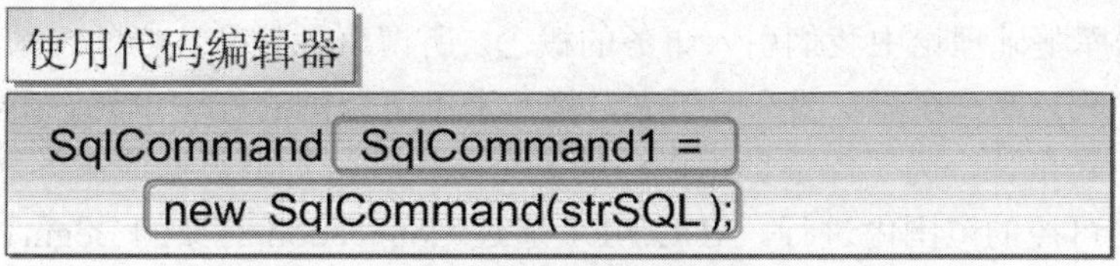

图 4-21　创建 Command 对象过程示意

表 4-8　SqlCommand 类的构造函数表

名称	说明
SqlCommand()	初始化 SqlCommand 类的新实例
SqlCommand(String)	用查询文本初始化 SqlCommand 类的新实例
SqlCommand(String, SqlConnection)	初始化具有查询文本和SqlConnection的 SqlCommand 类的新实例
SqlCommand(String, SqlConnection, SqlTransaction)	使用查询文本、一个 SqlConnection 以及SqlTransaction来初始化 SqlCommand 类的新实例

（1）新建窗体。

建立窗体文件 Form2，从工具箱之中拖曳一个 Button 按钮到窗体上，双击 Button 按钮，开始进行下面代码的编辑工作。

（2）编写代码。

该部分代码如下所示。单击 Button 按钮后，向 school 数据库的 student 表中插入一条数据。

```
private void button1_Click(object sender, EventArgs e)
{
    SqlConnection conn=new SqlConnection();
    conn.ConnectionString="Data Source=(local);Initial Catalog=school;User ID=sa";
    conn.Open();
    SqlTransaction sqltran=conn.BeginTransaction();
    string sqlstring="insert into student(sno,sname) values(3390220,'张三')";
    SqlCommand comm=new SqlCommand(sqlstring, conn);
    comm.Transaction=sqltran;
    int p=comm.ExecuteNonQuery();
    sqltran.Commit();
    comm.Dispose();
    comm.Clone();
    conn.Dispose();
    conn.Close();
}
```

4.1.7　.NET 中的事务处理

在应用程序的数据处理过程中，经常会遇到一种情况：当某一数据发生变化后，相关的数据不能及时被更新，造成数据不一致，以致发生严重错误。例如在一个销售系统里，通过账单处理模块完成对销售表的数据处理，客户端销售人员已经将库存货品销售出去，但与销售表相关的库存表尚未及时更新，结果其她销售人员再读取库存数据时就会出现数据不一致的现象。

为此，在数据库基础理论中我们引入事务的概念。所谓事务就是这样的一系列操作，这些操作被视为一个操作序列，要么全做，要么全不做，是一个不可分割的程序单元。在数据库数据处理中经常会发生数据更新事件，为了保证数据操作的安全与一致，大型数据库服务器都支持事务处理，以保证数据更新在可控的范围内进行。ADO.NET 通过 Connection 对象的 BeginTransaction()方法实现对事务处理的支持，该方法返回一个实现 IDbTransaction 接口的对象，而该对象是在 System.Data 中被定义的。

1. 事务处理命令

调用 Connection 对象的 BeginTransaction()方法，返回的是一个 DbTransaction 对象。DbTransaction 对象常用的事务处理命令包括以下 3 个：

（1）Begin：在执行事务处理中的任何操作前，必须使用 Begin 命令来开始事务处理。

（2）Commit：在成功将所有修改都存储于数据库时，才算是提交了事务处理。

（3）Rollback：由于在事务处理期间某个操作失败，而取消事务处理已做的所有修改，这时将发生回滚。

不同命名空间里的 DbTransaction 类名称不同，表示也不同，如表 4-9 所示。

表 4-9 DbTransaction 类在不同命名空间里的表

类	说明
OdbcTransaction	表示对 ODBC 数据源进行的 SQL 事务处理
OleDbTransaction	表示对 OLEDB 数据源进行的 SQL 事务处理
OracleTransaction	表示对 Oracle 数据库进行的事务处理
SqlTransaction	表示对 SQL Server 数据库进行的 Transact-SQL 事务处理

在后面的内容中，主要讨论 SqlTransaction 对象。

2. SqlTransaction 对象的使用

SqlTransaction 对象表示要对数据源进行的事务处理，其常用的属性是 Connection。Connection 属性用来获取与该事务关联的SqlConnection对象，或者如果该事务不再有效，则为空引用。SqlTransaction 对象常用的方法有 Save()、Commit()和 Rollback()，其中 Save()方法在事务中创建保存点（它可用于回滚事务的一部分），并指定保存点名称；Commit()方法用来提交数据库事务，Rollback()方法从挂起状态回滚事务。

案例学习：ADO.NET 实现事务处理实验

（1）新建窗体。

在窗体文件 Form2 上，从工具箱中再拖曳一个 Button 按钮到窗体上，命名为 button2，双击 button2 按钮，开始进行下面代码的编辑工作。

（2）编写代码。

该部分代码完成实现事务处理的基本功能。

```
private void button1_Click(object sender, EventArgs e)
{
    SqlConnection conn=new SqlConnection();
    conn.ConnectionString="Data Source=(local);Initial Catalog=school;User ID=sa";
```

```
        conn.Open();
        //注意此处为一个事务开始之处
        SqlTransaction sqltran=conn.BeginTransaction();
        string sqlstring="insert into student(sno,sname) values(3390220,'张三')";
        SqlCommand comm=new SqlCommand(sqlstring, conn);
        comm.Transaction=sqltran;
        int p=comm.ExecuteNonQuery();
        sqltran.Commit();
        //此处为一个事务正常结束之处
        comm.Dispose();
        comm.Clone();
        conn.Dispose();
        conn.Close();
    }
```

通过上面的案例我们可以看出，在 ADO.NET 的应用程序中引入事务处理的过程大致分四步：

1）通过连接对象产生事务对象 sqltran。

2）将事务对象 sqltran 绑定到命令对象的 Transaction 属性。

3）执行命令对象。

4）通过事务对象 sqltran 的 Commit()方法提交事务，或者通过事务对象 sqltran 的 Rollback()方法回滚事务。

4.2　ADO.NET——查询和检索数据

在上一节中，我们介绍了 ADO.NET 的基本组成结构和特点，详细阐述了 ADO.NET 的五大基本对象，重点论述了 ADO.NET 数据库访问的连线式连接方式和断线式连接方式，详细阐述了 Connection 对象和 Command 对象，介绍了 ADO.NET 的事务处理原理与实践。

学习目标

- 掌握 DataSet 对象的概念、结构、常用属性和方法
- 掌握 DataTable、DataColumn 和 DataRow 对象的属性、常用方法以及具体应用
- 掌握 DataAdapter 对象的基本工作原理、属性和常用方法以及具体应用
- 掌握 DataReader 对象的基本工作原理和实际应用

4.2.1　DataSet 对象

1．数据集 DataSet 概述

数据集 DataSet 是断开与数据源的连接时，可以被使用的数据记录在内存中的缓存。前面在 4.1.3 节断开式数据库访问连接部分提到，可以把数据集 DataSet 看作是内存中的数据库。它在应用程序中对数据的支持功能十分强大。DataSet 一经创建，就能在应用程序中充当数据库的位置，为应用程序提供数据支持。

数据集 DataSet 的数据结构可以在.NET 开发环境中通过向导完成，也可以通过代码来增加表、数据列、约束以及表之间的关系。数据集 DataSet 中的数据既可以来自数据源，也可以通过代码直接向表中增加。由此可见，数据集 DataSet 类似于一个客户端内存中的数据库，可以在这个数据库中增加、删除数据表，可以定义数据表结构和表之间的关系，可以增加、删除表中的行。

数据集 DataSet 不考虑其中的表结构和数据是来自数据库、XML 文件还是程序代码，因此数据集 DataSet 不维护到数据源的连接。这缓解了数据库服务器和网络的压力。数据集 DataSet 的特点可以总结为四点：

（1）使用数据集对象 DataSet 无需与数据库直接交互。

（2）DataSet 对象存储从数据库检索到的数据的对象。

（3）DataSet 对象是零个或多个表对象的集合，这些表对象由数据行和列、约束和有关表中数据关系的信息组成。

（4）DataSet 对象既可容纳数据库的数据，也可以容纳非数据库的数据源。

2．DataSet 的结构、常用属性及方法

数据集 DataSet 是以 DataSet 对象形式存在的。DataSet 对象是一种用户对象，此对象表示一组相关表，在应用程序中这些表作为一个单元来引用。DataSet 对象的常用属性是 Tables、Relations 等。DataSet 对象的层次结构如图 4-22 所示。

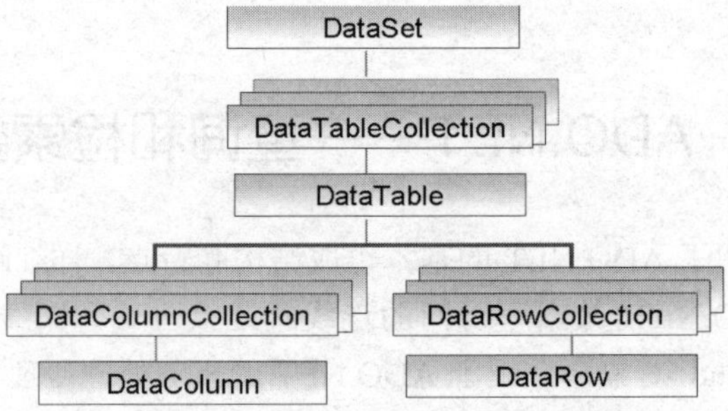

图 4-22　DataSet 对象的层次结构

DataSet 对象由数据表及表关系组成，所以 DataSet 对象包含 DataTable 对象集合 Tables 和 DataRelation 对象集合 Relations。而每个数据表又包含行和列以及约束等结构，所以 DataTable 对象包含 DataRow 对象集合 Rows、DataColumn 对象集合 Columns 和 Constraint 对象集合 Constraints。DataSet 层次结构中的类如表 4-10 所示。

表 4-10　DataSet 层次结构中的类

类	说明
DataTableCollection	包含特定数据集的所有 DataTable 对象
DataTable	表示数据集中的一个表
DataColumnCollection	表示 DataTable 对象的结构
DataRowCollection	表示 DataTable 对象中的实际数据行
DataColumn	表示 DataTable 对象中列的结构
DataRow	表示 DataTable 对象中的一个数据行

DataSet 层次结构中各个类的关系如图 4-23 所示。

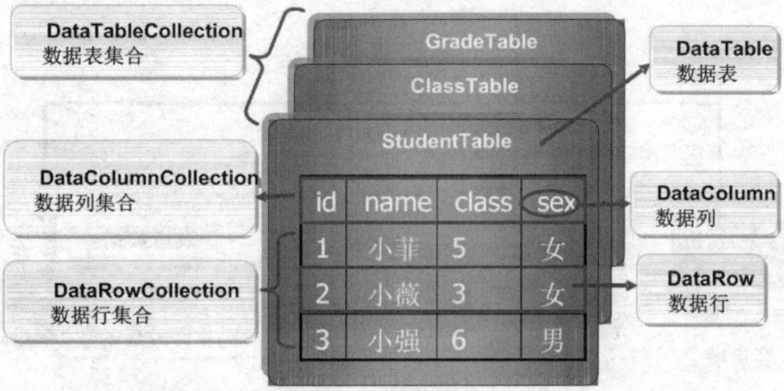

图 4-23　DataSet 层次结构中类之间的关系

图 4-23 所示的是用一个具体实例来描述的 DataSet 层次结构中各个类之间的关系。整个图表示的是一个 DataSet 对象，用来描述一个学生成绩管理系统的客户端数据库。DataSet 对象中的 DataTableCollection 数据表集合包含 3 个 DataTable 对象，分别是 StudentTable 代表学生表、ClassTable 代表班级表和 GradeTable 代表成绩表。其中在 StudentTable 对象中的 DataColumnCollection 数据列集合中包含 4 个 DataColumn 对象，分别是 id 代表学生号、name 代表学生姓名、class 代表学生班级号和 sex 代表学生性别。StudentTable 对象还包含了按数据列定义结构的 DataRow 数据行集合 DataRowCollection。DataRowCollection 数据行集合中的每个 DataRow 数据行表示一个学生的数据信息。例如第一条，学号为“1”、姓名为“小菲”、班级为“5”、性别为“女”。DataSet 对象常用的方法和属性如表 4-11 和表 4-12 所示。

表 4-11　DataSet 对象常用属性

属性	说明
DataSetName	用于获取或设置当前数据集的名称
Tables	用于检索数据集中包含的表集合

表 4-12　DataSet 对象常用方法

方法	说明
Clear()	清除数据集中包含的所有表的所有行
HasChanges()	返回一个布尔值，指示数据集是否更改了

3. 数据集的工作原理

数据集 DataSet 的工作原理如图 4-24 所示。

图 4-24 所示的过程就是数据集 DataSet 的工作原理。首先，客户端与数据库服务器端建立连接。然后，由客户端应用程序向数据库服务器发送数据请求。数据库服务器接到数据请求后，经检索选择出符合条件的数据，发送给客户端的数据集，这时连接可以断开。接下来，数据集以数据绑定控件或直接引用等形式将数据传递给客户端应用程序。如果客户端应用程序在运行过程中有数据发生变化，它会修改数据集里的数据。当应用程序运行到某一阶段时，比如应用程序需要保存数据，就

可以再次建立客户端到数据库服务器端的连接，将数据集里的被修改数据提交给服务器，最后再次断开连接。

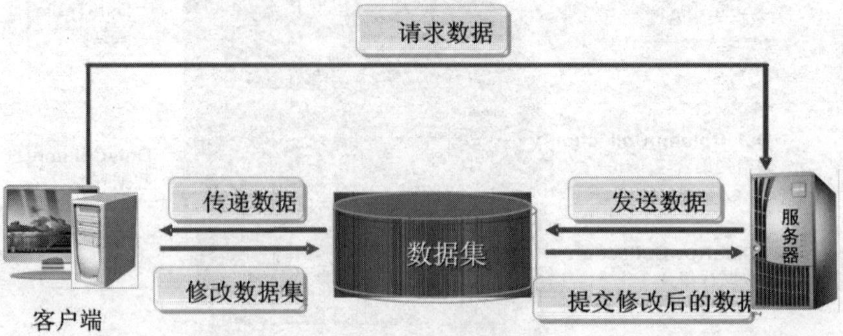

图 4-24　数据集的工作原理图

这种不需要实时连接数据库的工作过程称为面向非连接的数据访问。在 DataSet 对象中处理数据时，客户端应用程序仅仅是在本地机器上的内存中使用数据的副本。这缓解了数据库服务器和网络的压力，因为只有在首次获取数据和编辑完数据并将其回传到数据库时，才能连接到数据库服务器。

虽然这种面向非连接的数据结构有优点，但还是存在问题。当处于断开环境时，客户端应用程序并不知道其他客户端应用程序对数据库中原数据所做的改动，很有可能得到的是过时的信息。

案例学习：通过编码创建 DataSet 对象

新建窗体命名为 Form5.cs，双击 Form5 的窗体界面，进入后台编码区域，在其窗体加载初始化事件中键入如下代码：

```
private void Form5_Load(object sender, EventArgs e)
       {
           //建立 SQL Server 数据库连接
           string connstring="Data Source=(local);Initial Catalog=school;User ID=sa";
           SqlConnection connection=new SqlConnection(connstring);
           connection.Open();
           string sqlstring="select * from student";
           SqlCommand mycom=new SqlCommand(sqlstring, connection);
           SqlDataAdapter adapter=new SqlDataAdapter();
           adapter.SelectCommand=mycom;
           //创建 DataSet 对象
           DataSet SQLds=new DataSet();
           adapter.Fill(SQLds);//通过 SqlDataAdapter 对象填充 DataSet 对象
           //释放数据库连接资源。应养成良好的编程习惯，操作完数据后打扫垃圾
           connection.Dispose();
           connection.Close();
           connection=null;
}
```

4. 数据集的类型

数据集分为类型化数据集和非类型化数据集，对它们的描述如图 4-25 所示。

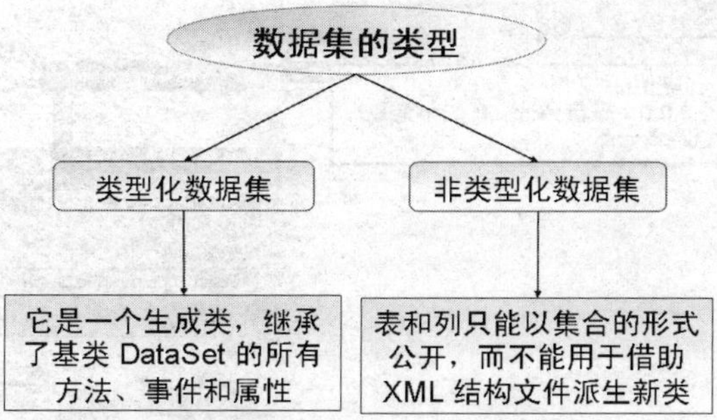

图 4-25　数据集的分类图

使用类型化数据集访问列，代码如下：

```
string employeeName;
employeeName=dsEmployees.Emp[0].EmpName;
```

从 dsEmployees 数据集的 Emp 表中第一个记录返回 EmpName 列，然后将其存储在 employeeName 字符串变量中。使用非类型化数据集访问列，代码如下：

```
string employeeName;
employeeName=dsEmployees.Tables["Emp"].Rows[0]["EmpName"];
```

使用 Tables 集合返回 EmpName 列。

小知识：typed DataSet 和 untyped DataSet

typed DataSet 是从 DataSet 派生的，它根据事先定义的 Data Schema 生成数据集，对数据集中的字段实行强类型约束。用户可以通过它产生的 cs 文件看到许多方法对 DataTable 的操作进行了封装，这样就可以通过 MyDataSet.MyTable.Field 对字段进行访问，而不是像 DataSet 那样用“MyDataSet.Tables["TableName"]["Field"];”简化了编程，同时不容易出错。想象一下：如果在 Field 中拼错了字段名，那么编译器也不会检查出来。对于 typed DataSet，如果 Field 写错，那么马上就可以知道。

另外，如果 Typed DataSet 包含多数据集，同时在 XSD 中对这些数据集建立关系和约束，那么 Type DataSet 会生成相应的方法来反映这些关系和约束。如果使用 untyped DataSet，则需要用户自己进行这些工作。

对于性能的考虑，虽然 Typed DataSet 创建对象实例的时候比 unTypede DataSet 要多一些开销（时间和空间），但是填充数据要比 untyped DataSet 快，这是因为 DataAdapter 已经知道怎么 fill 一个 Typed DataSet。相比之下，DataSet 需要两次读取数据库，第一次取得数据库中表的结构信息，第二次才 fill 数据。

Typed DataSet 相对于 DataSet 的缺陷，除了创建的开销之外，Typed DataSet 也不如 DataSet 灵活，因为 Typed DataSet 一旦确定，数据表的结构就固定了，如果需要修改，必须重新生成。而 DataSet 可以随时根据需要进行操作（比如添加字段、删除字段等）。

案例学习：数据集的类型——通过图形化界面生成类型化数据集

通过图形化界面生成类型化数据集的过程大致分为以下 3 步：

（1）创建数据库连接对象，如图 4-26 所示。

从工具箱中选中 SqlConnection，拖曳到窗体上，窗体设计器的组件栏出现 sqlConnection1 对象，右击 sqlConnection1 对象，选择“属性”。在“属性”窗口找到 ConnectionString 属性，在右侧下拉列表里选择“新建连接”项，弹出“添加连接”窗口。在“添加连接”窗口的“服务器名”处填写“(local)”，选择“使用 SQL Server 身份验证”单选按钮，用户名为“sa”，“选择或输入一个数据库名”处选择“school”。最后单击“确定”按钮关闭“添加连接”窗口。ConnectionString 属性右侧栏中出现字符串“Data Source=(local);Initial Catalog=school;User ID=sa;”。

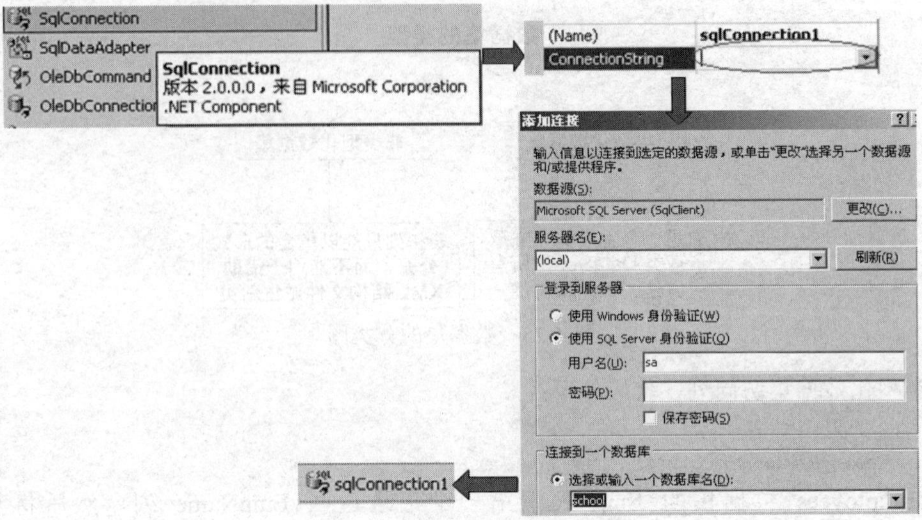

图 4-26 创建数据库连接对象

这个过程可能因不同服务器、不同数据库、不同账号而不同，这里只是举个例子，希望读者根据具体情况来完成这一步。

（2）添加新数据源，如图 4-27 所示。

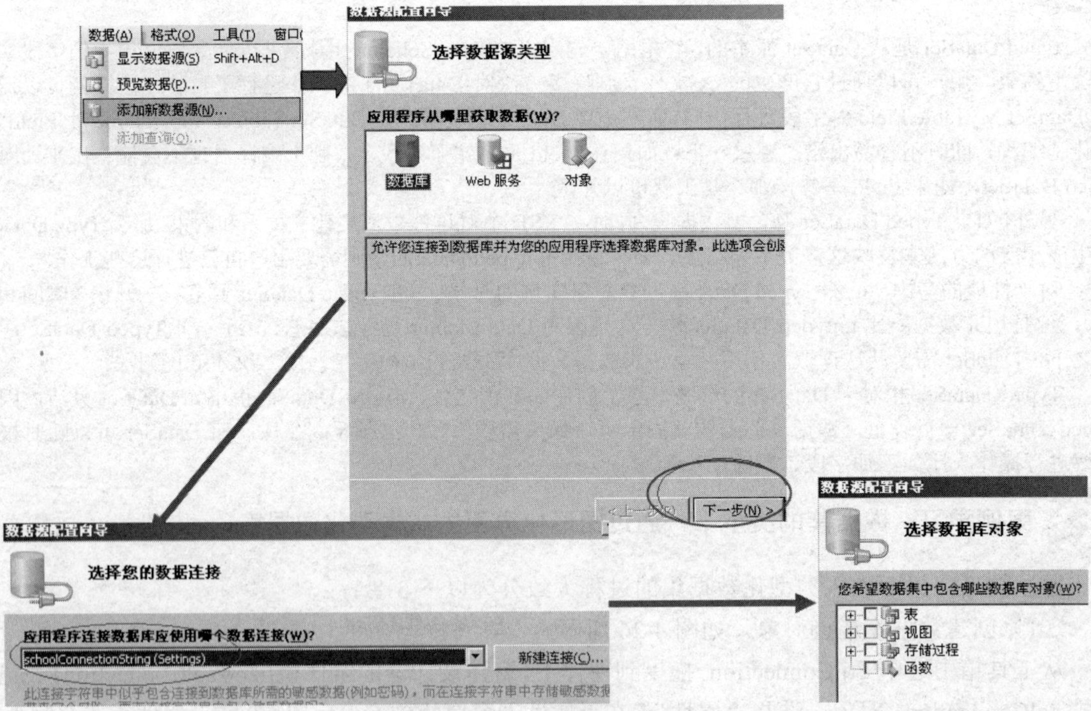

图 4-27 添加新数据源

在.NET 开发环境的工具栏里选择“数据”菜单中的“添加新数据源”命令，弹出“数据源配置向导”窗口。在这个窗口中单击“数据库”图标，单击“下一步”按钮，然后选择 schoolConnectionString（Settings）项。再连续单击两次“下一步”按钮，接下来选择窗体中的表、视图、存储过程或者函数。最后单击“完成”按钮关闭窗口。

（3）建立类型化数据集，如图 4-28 所示。

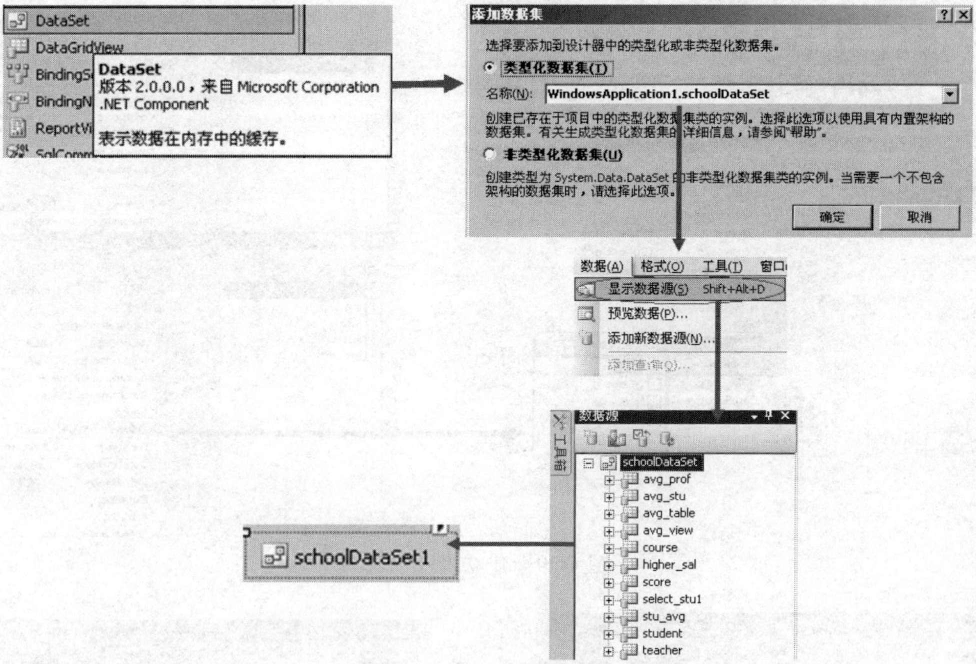

图 4-28　建立类型化数据集

在工具箱中选择 DataSet，拖曳到窗体上，弹出“添加数据集”窗口，默认选择“类型化数据集”，名称为 WindowsApplication1.schoolDataSet。这个名称源于数据源中的 schoolDataSet。单击“确定”按钮关闭“添加数据集”窗口，窗体设计器的组件栏出现 schoolDataSet1 对象。

经过上述三步，在图形化界面中就生成了类型化数据集。

案例学习：数据集的类型——通过图形化界面生成非类型化数据集

通过图形化界面生成非类型化数据集的过程大致也分为以下 3 步：

（1）建立表及主键，如图 4-29 所示。

在工具箱中选择 DataSet，拖曳到窗体上，弹出“添加数据集”窗口，选择“非类型化数据集”。单击“确定”按钮关闭“添加数据集”窗口，窗体设计器的组件栏出现 dataSet1 对象。右击 dataSet1 对象，选择“属性”。在“属性”窗口找到 Tables 属性，在右侧栏里选择“...”按钮，弹出“表集合编辑器”窗口。在“表集合编辑器”窗口中单击“添加”按钮，左侧列表框中出现一个表名为 Table1 的项，这是添加的第一个表。“表集合编辑器”窗口的右侧列表是表 Table1 的属性。找到 TableName 属性，将其设置为 student。找到 Columns 属性，在右侧栏里选择“...”按钮，弹出“列集合编辑器”窗口。“列集合编辑器”窗口与“表集合编辑器”窗口基本一样。用类似的办法连续单击五次“添加”按钮，左侧列表框中出现五项。在右侧属性栏将其 ColumnName 属性分别设置为 sno、sname、ssex、sclass、birthday，同时也修改 DataType 属性为相应的值。最后单击“关闭”按钮关闭“列集合编辑器”窗口。

（2）建立表的主键唯一性约束，如图 4-30 所示。

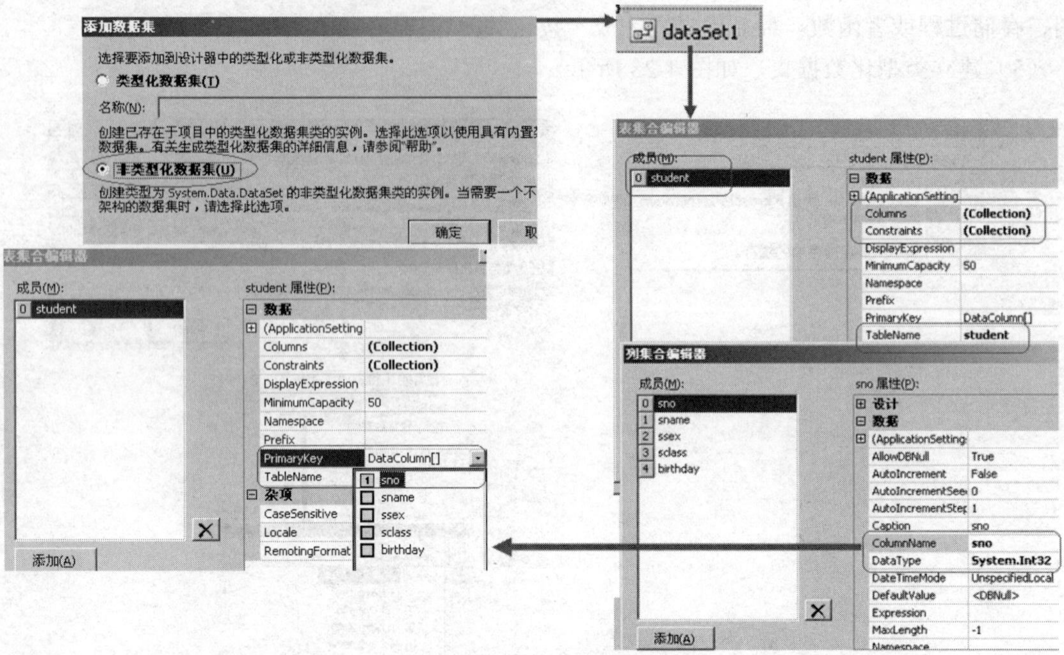

图 4-29 建立表及主键

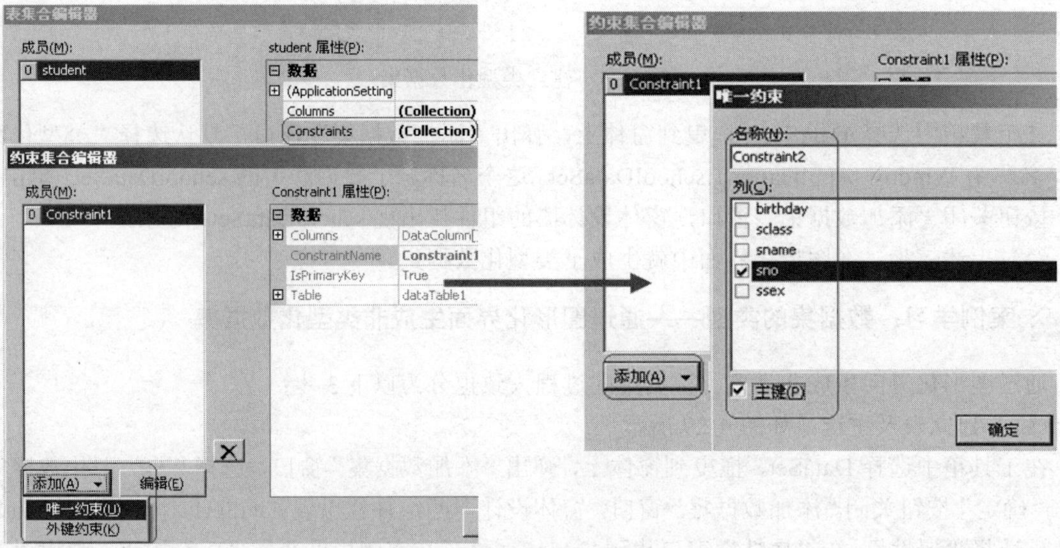

图 4-30 建立表的主键唯一性约束

找到表 student 的 Constraints 属性，在右侧栏里选择“...”按钮，弹出“约束集合编辑器”窗口。“约束集合编辑器”窗口与“表集合编辑器”窗口基本一样。单击“添加”按钮时要选择“唯一约束”或“外键约束”。选择“唯一约束”后，弹出“唯一约束”窗口，接下来就要填写约束名称。选择主键列“sno”，下面的“主键”复选框也要勾选。单击“确定”按钮关闭“唯一约束”窗口。这时“约束集合编辑器”窗口中左侧列表框出现一个项，这是添加的第一个主键唯一性约束。

（3）建立表的外键约束，如图 4-31 所示。

在“约束集合编辑器”窗口单击“添加”按钮时要选择“外键约束”，弹出“外键约束”窗口。

在“外键约束”窗口填写约束名称，选择外键约束的父表（即被引用的表），以及父表被引用的键列和当前表的外键列。同时还要选择“更新规则”、“删除规则”和“接受/拒绝规则”。单击“确定”按钮关闭“唯一约束”窗口。这时“约束集合编辑器”窗口中左侧列表框出现另一个项，这是添加的第一个外键约束。再连续单击两次“关闭”按钮，关闭“约束集合编辑器”窗口和“表集合编辑器”窗口。经过上述 3 步，在图形化界面中就生成了非类型化数据集。

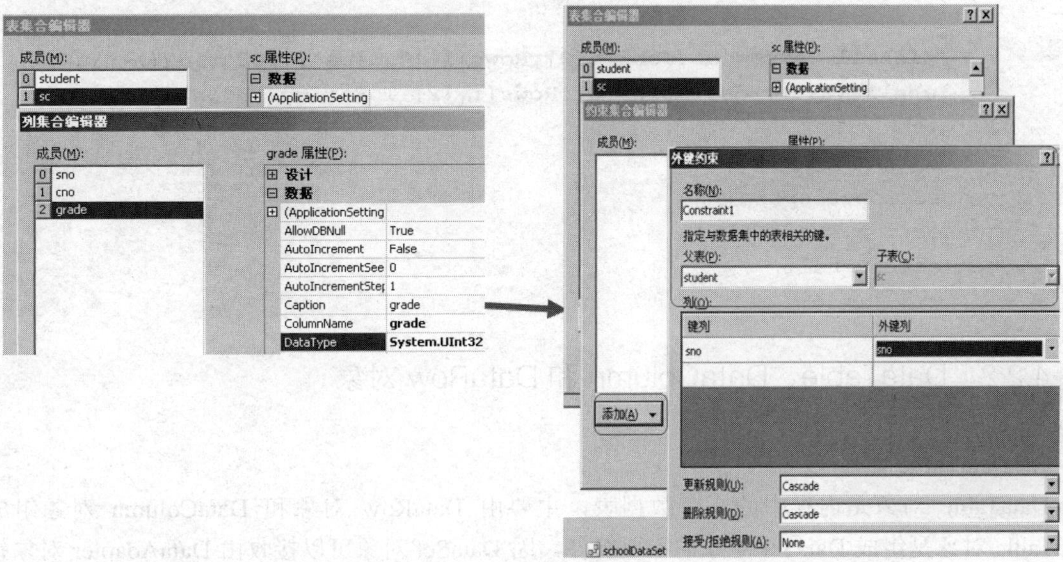

图 4-31 建立表的外键约束

小知识：更新、删除规则的选择

更新、删除以及接受/拒绝规则中的四种有可选项：Cascade、None、SetNull、SetDefault。

其中 Cascade 表示级联操作，当父表键列发生更新、删除以及接受/拒绝操作时，子表的外键列也发生相应的操作。None 表示无操作，当父表键列发生更新、删除以及接受/拒绝操作时，子表的外键列不采取任何操作。SetNull 表示置空操作，当父表键列发生更新、删除操作时，子表的外键列相关行中的值置空。SetDefault 表示置默认值操作，当父表键列发生更新、删除操作时，子表的外键列相关行中的值置 DefaultValue 属性中默认的值。

案例学习：数据集的类型——编码实现非类型化数据集

在对“通过编码创建 DataSet 对象”案例的学习中，我们建立了窗体 Form5，本案例在 Form5 窗体中添加一个 Label 标签控件，命名为 Label1，用以显示从数据库表之中读取的相关数据信息，最终实现通过编码实现非类型化数据集的实验目的。

```
private void Form5_Load(object sender, EventArgs e)
{
    string connstring="Data Source=(local);Initial Catalog=school;User ID=sa";
    SqlConnection connection=new SqlConnection(connstring);
    connection.Open();
    string sqlstring="select * from student";
    SqlCommand mycom=new SqlCommand(sqlstring, connection);
```

```
    SqlDataAdapter adapter=new SqlDataAdapter();
    adapter.SelectCommand=mycom;
    //设置 DataSet 对象
    DataSet ds=new DataSet();
    adapter.Fill(ds);
    //开始循环读取 DataSet 中的数据表信息
    for (int i=0; i<ds.Tables[0].Rows.Count; i++)
    {
        //label1.Text+= ds.Tables[0].Rows[i]["sname"].ToString()+"\n";
        label1.Text+= ds.Tables[0].Rows[i][2].ToString()+"\n";
    }
    //释放数据库连接资源
    connection.Dispose();
    connection.Close();
    connection=null;
}
```

4.2.2 DataTable、DataColumn 和 DataRow 对象

1. DataTable 对象

DataTable 对象是内存中的一个数据表，主要由 DataRow 对象和 DataColumn 对象组成。DataTable 对象是组成 DataSet 对象的主要组件，因 DataSet 对象可以接收由 DataAdapter 对象执行 SQL 指令后所取得的数据，这些数据是 DataTable 对象的格式，所以 DataSet 对象也需要许多 DataTable 对象来储存数据，并可利用 DataRows 集合对象中的 Add 方法加入新的数据。DataTable 类属于 System.Data 命名空间，因此要想使用 DataTable 对象，必须引用 System.Data 命名空间。DataTable 对象常用的属性如表 4-13 所示。

表 4-13　DataTable 对象的常用属性

属性	说明
Columns	表示列的集合或 DataTable 包含的 DataColumn
Constraints	表示特定 DataTable 的约束集合
DataSet	表示 DataTable 所属的数据集
PrimaryKey	表示作为 DataTable 主键的字段或 DataColumn
Rows	表示行的集合或 DataTable 包含的 DataRow
HasChanges	返回一个布尔值，指示数据集是否更改

DataTable 对象常用的方法如表 4-14 所示。

表 4-14　DataTable 对象的常用方法

方法	说明
AcceptChanges()	提交对该表所做的所有修改
NewRow()	添加新的 DataRow

DataTable 对象常用的事件如表 4-15 所示。

表 4-15　DataTable 对象常用事件表

事件	说明
ColumnChanged	修改该列中的值时激发该事件
RowChanged	成功编辑行后激发该事件
RowDeleted	成功删除行时激发该事件

根据类 DataTable 构造函数的多种重载，类 DataTable 的实例化有两种常用方法。

第一种方法的示例代码如下：

```
DataTable objStudentTable=new DataTable("Students");
```

创建 DataTable 对象的实例，以表名字符串作为参数。

第二种方法是创建 DataTable 对象的实例，无参数。创建后，再修改 TableName 属性，给表设定表名。

代码示例如下：

```
DataSet studentDS=new DataSet();
DataTable objStudentTable=studentDS.Tables.Add("Students");
```

创建 DataTable 的实例，然后将其添加到数据集的 Tables 集合中。实际编程中常用这种办法，用一条代码完成多个任务。

2. DataColumn 对象

DataColumn 对象即数据表的字段，表示 DataTable 中列的结构，所组成的集合即为 DataTable 对象中的 Columns 属性，是组成数据表的最基本单位，其中 DataTable 的 Columns 属性含有对 DataColumn 对象的引用。DataColumn 对象常用的属性如表 4-16 所示。

表 4-16　DataColumn 对象的常用属性

属性	说明
AllowDBNull	表示一个值，指示对于该表中的行，此列是否允许 null 值
ColumnName	表示指定 DataColumn 的名称
DataType	表示指定 DataColumn 对象中存储的数据类型
DefaultValue	表示新建行时该列的默认值
Table	表示 DataColumn 所属的 DataTable 的名称
Unique	表示 DataColumn 的值是否必须是唯一的

请看下面的使用示例代码：

```
DataTable objStudentTable=new DataTable("Students");
DataColumn objStudentNumber=objStudentTable.Columns.Add("StudentNo ", typeof(Int32));
objStudentNumber.AllowDBNull=false;
objStudentNumber.DefaultValue=25;
objStudentTable.Columns.Add("StudentName", typeof(Int32));
objStudentTable.Columns.Add("StudentMarks", typeof(Double));
```

代码中使用多个 DataColumn 对象创建 DataTable 对象的数据结构。

3. DataRow 对象

DataRow 对象即数据表的元组行，DataRow 对象表示 DataTable 中的一行数据。DataRow 对象常用的属性如表 4-17 所示。

表 4-17 DataRow 对象的常用属性

属性	说明
Item	表示 DataRow 的指定列中存储的值
RowState	表示行的当前状态
Table	表示用于创建 DataRow 的 DataTable 的名称

DataRow 对象常用的方法如表 4-18 所示。

表 4-18 DataRow 对象的常用方法

方法	说明
AcceptChanges()	用于提交自上次调用了 AcceptChanges()之后对该行所做的所有修改
Delete()	用于删除 DataRow
RejectChanges()	用于拒绝自上次调用了 AcceptChanges()之后对 DataRow 所做的所有修改

请看下面的使用示例代码：

```
//定义表结构，为 Students 表添加属性列
DataTable studt=new DataTable("student");
DataColumn sno=new DataColumn();
sno=studt.Columns.Add("sno", typeof(int));
sno.AllowDBNull=false;
sno.Unique=true;
DataColumn sname=new DataColumn();
sname=studt.Columns.Add("sname", typeof(string));
sname.AllowDBNull=false;
sname.Unique=false;
DataColumn ssex=new DataColumn();
ssex=studt.Columns.Add("ssex", typeof(string));
ssex.AllowDBNull=false;
ssex.Unique=false;
ssex.DefaultValue="男";
DataColumn sbirthday=new DataColumn();
sbirthday=studt.Columns.Add("sbirthday", typeof(string));
sbirthday.DefaultValue=DateTime.Now.ToLongDateString();
studt.Columns.Add("sclass", typeof(string));
DataRow dr=studt.NewRow();
dr["sno"]=1001;
dr["sname"]="张三";
dr["ssex"]="男";
dr["sbirthday"]="1980-2-1";
dr["sclass"]="98002";
```

```
studt.Rows.Add(dr);
for (int i=0; i<studt.Rows.Count; i++)
{
   label1.Text="编号："+dr["sno"].ToString()+"；姓名："+dr["sno"].ToString()+
   "；性别："+dr["ssex"].ToString()+"；生日："+dr["sbirthday"].ToString()+
   "；班级："+dr["sclass"].ToString();
}
```

从代码中可以看出，是在 DataTable 对象中新建 DataRow 对象的，利用的是 DataTable 对象的 NewRow()方法。

4. 如何定义 Datatable 的主键

根据数据库基本理论，所谓表中的主键是用于对记录行进行唯一标识的属性或者属性集合的统称。同样，DataTable 的主键属性接受含有一个或多个 DataColumn 对象的数组。

设置单个列为 DataTable 的主键，请看下面的使用示例代码：

```
objStudentTable.PrimaryKey = new DataColumn[]{objStudentTable.Columns["StudentNo"]}
```

代码中将表 objStudentTable 的 StudentNo 列作为表的主键。

注意

上面的代码示例中"objStudentTable"是 DataTable 对象的引用名，DataTable 对象还有一个表名，如 Student。前面在讲 DataTable 实例化时，提到将表名字符串作为参数传给构造函数，这个字符串传给 DataTable 对象的 TableName 属性，而 TableName 属性就是前面所指的表名。DataTable 对象引用名和表名不能混为一谈，DataTable 对象引用名是以对象角度去考虑数据表，编程中用的较多，而表名是从数据库角度考虑，设计中用得较多。

同样道理，DataColumn 对象、DataSet 对象也存在同样的情况，请读者使用时留意。

为 DataTable 对象设置复合主键，请看下面的使用示例代码：

```
objStudentTable.PrimaryKey=new
DataColumn[]{objStudentTable.Columns["StudentNo"],
objStudentTable.Columns["StudentName"]};
```

代码中将表 objStudentTable 的 StudentNo 列和 StudentName 列的组合作为表的主键。

5. taTable 的约束

所谓关系型数据库的约束，实质是数据库理论中 3 个参照完整性的规定：实体完整性（主属性非空唯一性），参照完整性（外键可以为空，一旦添加数据则必须受制于主表的主键约束）和用户定义完整性（用户自行规定的属性规则）。DataTable 对象的属性 Constraints 就是用来进行对关系型数据表进行约束的，它可以包含若干 Constraint 对象，每个 Constraint 对象是这个 DataTable 对象的一个约束。约束的作用是用于维护数据的正确性和有效性。主要体现在两个方面，如图 4-32 所示。

图 4-32　应用程序中约束的作用体现

在 ADO.NET 中，DataTable 对象使用的约束主要分为外键约束和唯一性约束，如图 4-33 所示。

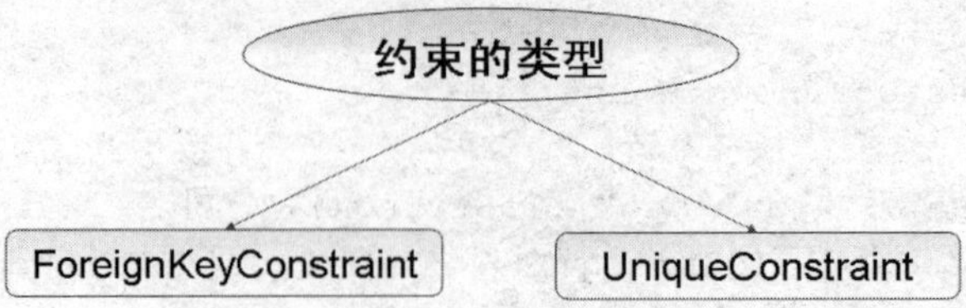

图 4-33　约束的分类

其中 ForeignKeyConstraint 表示删除或更新某个值或行时，对主键/外键关系中一组列强制进行的操作限制。UniqueConstraint 表示对一组列的限制，列中的所有值必须是唯一的。

6. DataView 对象

我们首先引入数据绑定的概念。数据绑定是为了在控件上显示数据库表中存储的数据，而将应用程序的控件与数据表的行进行绑定的过程。

DataView 对象表示用于排序、筛选、搜索、编辑和导航的DataTable的可绑定数据的自定义视图。DataView 对象的作用主要体现在四个方面，如图 4-34 所示。

图 4-34　DataView 对象的作用体现图

DataView 对象常用的方法和属性如表 4-19 和表 4-20 所示。

表 4-19　DataView 对象的常用属性

属性	说明
Item	用于从指定的表中获取一行数据
RowFilter	用于获取或设置表达式，该表达式用于筛选可以在 DataView 中查看的行
RowStateFilter	用于获取 DataView 的行状态筛选器
Table	用于表示源 DataTable

表 4-20　DataView 对象的常用方法

方法	说明
AddNew()	向 DataView 添加新行
Delete()	用于删除指定索引处的行

请看下面的使用示例代码：

```
DataView objStudentView=new DataView(objStudentTable);
        objStudentView.RowFilter="StudentMarks > 60";
        for (int ctr=0; ctr<objStudentView.Count; ctr++)
        {
```

```
        MessageBox.Show(objStudentView[ctr]["StudentNo"].ToString());
    }
```

上面的代码创建了 DataView 对象并对该视图应用了某种筛选器，得到的 DataView 对象可能是 objStudentTable 表的一个子集，范围是 StudentMarks 字段值大于 60 的所有学生信息记录。后续代码可以对这个 DataView 对象里的数据进行访问或者数据绑定。

DataView 对象的创建是通过构造函数实例化的。DataView 类的构造函数有 3 个重载，如表 4-21 所示。

表 4-21　DataView 类的构造函数重载表

名称	说明
DataView()	初始化 DataView 类的新实例
DataView(DataTable)	用指定的DataTable初始化 DataView 类的新实例
DataView(DataTable, String, String, DataViewRowState)	用指定的 DataTable、RowFilter、Sort和DataViewRowState初始化 DataView 类的新实例

请看下面的使用示例代码：

```
private void MakeDataView()
{
        DataView view=new DataView();
        view.Table=DataSet1.Tables["Suppliers"];
        view.AllowDelete=true;
        view.AllowEdit=true;
        view.AllowNew=true;
        view.RowFilter="City='Berlin'";
        view.RowStateFilter=DataViewRowState.ModifiedCurrent;
        view.Sort="CompanyName DESC";
        //简单绑定到一个 TextBox 控件上
        Text1.DataBindings.Add("Text", view, "CompanyName");
}
```

代码中使用第一种构造函数实例化一个 DataView 对象，实例化后仍然需要为 DataView 对象指定数据表和RowFilter、Sort和 RowStateFilter 等属性。但如果用第二种构造函数实例化，在后续代码中就不需要设置上述属性。

DataView 的一个主要功能是允许在 Windows 窗体和 Web 窗体上进行数据绑定。

另外，可自定义 DataView 来表示 DataTable 中数据的子集。此功能让用户拥有绑定到同一 DataTable、但显示不同数据版本的两个控件。例如，一个控件可能绑定到显示表中所有行的 DataView，而另一个控件可能配置为只显示已从 DataTable 删除的行。DataTable 也具有DefaultView 属性。它返回表的默认 DataView。例如，如果希望在表上创建自定义视图，请在 DefaultView 返回的 DataView 上设置RowFilter。

若要创建数据的筛选和排序视图，请设置 RowFilter 和Sort属性。然后，使用Item属性返回单个DataRowView。还可使用AddNew()和Delete()方法从行的集合中进行添加和删除，而在使用这些方法时，可设置RowStateFilter属性，以便指定只有已被删除的行或新行才可由 DataView 显示。

4.2.3 DataAdapter 对象

前面的章节提到客户端应用程序去访问 DataSet 对象中的数据。那么，如何将数据库的数据放在 DataSet 中？这里就需要利用 DataAdapter 对象来实现这个功能，如图 4-35 所示。

图 4-35　DataAdapter 对象的作用

从图 4-35 中可以看出 DataAdapter 对象起到一个在数据库和 DataSet 数据集之间运输数据的作用。可以用生活案例进行类比，如图 4-36 所示。

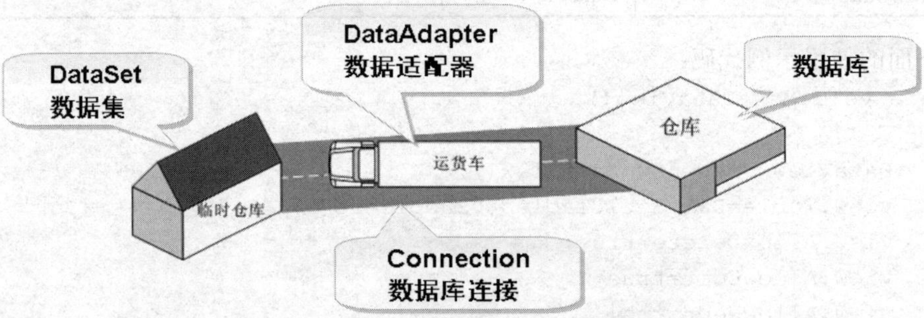

图 4-36　DataAdapter 对象的生活案例类比

类比关系如下：

- 仓库——数据库
- 临时仓库——数据集
- 仓库与临时仓库之间的路——数据库连接
- 运货车——数据适配器

从类比关系中可以看出，DataAdapter 数据适配器就像大货车一样，可以将数据从数据库这个大仓库运输到 DataSet 数据集这个临时仓库，也可以把数据从 DataSet 数据集这个临时仓库运输到数据库这个大仓库。不过有一点要说明：生活中的仓库里面的货物被运走就没有了，但数据库里的数据被传输到客户端时，数据不会消失。这是信息世界与物质世界的不同。

1. DataAdapter 对象概述

DataAdapter 数据适配器用于在数据源和数据集之间交换数据。在许多应用程序中，这意味着从数据库将数据读入数据集，然后从数据集将已更改的数据写回数据库。通常 DataAdapter 数据适配器是可以配置的，允许指定哪些数据移入或移出数据集。这经常采用的形式是对 SQL 语句或存储过程的引用，这些语句或存储过程被调用时即可实现对数据库进行读写。

每个数据适配器 DataAdapter 都将在单个数据源表和数据集内的单个 DataTable 对象之间交换数据。如果数据集包含多个数据表，通常的策略是令多个数据适配器向数据集提供数据，并将其数据写回各个数据源表。

DataAdapter 对象表示一组数据命令和一个数据库连接，用于填充 DataSet 对象和更新数据源。作为 DataSet 对象和数据源之间的桥接器，通过映射 Fill()方法向 DataSet 填充数据，通过 Update()方法向数据库更新 DataSet 对象中的变化。这些操作实际上是由 DataAdapter 对象包含的 Select、Update、Insert、Delete 四种 Command 命名对象实现的。也可以直接结合 Command 对象的使用来完成数据的操作。DataAdapter 对象的工作原理如图 4-37 所示。

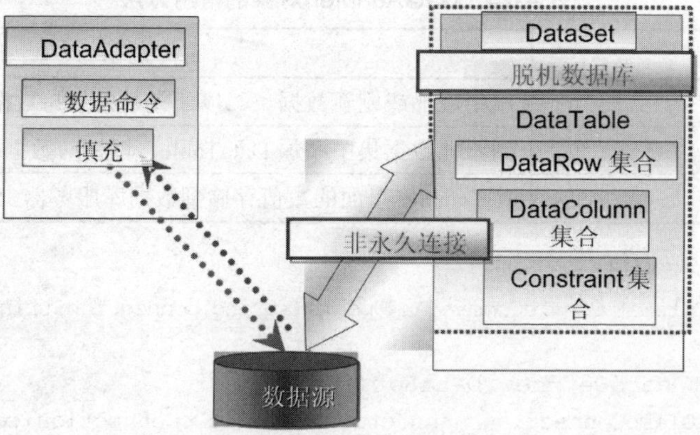

图 4-37 DataAdapter 对象的工作原理

在客户端应用程序需要处理数据源的数据时，客户端应用程序与数据源之间建立连接。引用数据命令的 DataAdapter 对象向数据源发送数据命令请求，这个请求是执行 DataAdapter 对象的 Fill()方法来完成“填充”操作时发送并被数据源执行的。数据源的数据会填充到客户端的 DataSet 对象，在 DataSet 对象内部形成具有跟数据源数据结构一致的数据表 DataTable 对象，而 DataTable 对象内部有包含表示数据结构的 DataColumn 对象集合和表示数据约束的 Constraint 对象集合，还含有表示数据记录的 DataRow 对象的集合。数据以及数据结构填充到 DataSet 对象后，DataSet 数据集相当于一个脱机数据库，客户端应用程序操作的数据完全从 DataSet 数据集中获取。这时客户端 DataSet 数据集与数据源之间可以断开连接，也就是说它们之间是非永久连接关系。只有客户端完成数据操作，需要将数据回传给数据源时，再次建立连接。由 DataAdapter 对象再次向数据源发送数据命令请求，这个请求是执行 DataAdapter 对象的 Update()方法来完成“更新”操作时发送并被数据源执行的。执行后，连接再次断开。.NET 提供程序及其 DataAdapter 类，如表 4-22 所示。

表 4-22 各个命名空间中的 DataAdapter 对象

提供程序	DataAdapter 类
SQL 数据提供程序	SqlDataAdapter
OLE DB 数据提供程序	OleDbDataAdapter
Oracle 数据提供程序	OracleDataAdapter
ODBC 数据提供程序	OdbcDataAdapter

在后面的内容中，主要以 SqlDataAdapter 对象为例进行介绍。

2. DataAdapter 对象的使用

（1）DataAdapter 对象的属性和方法。

DataAdapter 对象常用的方法和属性如表 4-23 和表 4-24 所示。

表 4-23 DataAdapter 对象的常用属性

属性	说明
AcceptChangesDuringFill	决定在把行复制到 DataTable 中时对行所做的修改是否可以接受
TableMappings	容纳一个集合，该集合提供返回行和数据集之间的主映射

表 4-24 DataAdapter 对象的常用方法

方法	说明
Fill()	用于添加或刷新数据集，以便使数据集与数据源匹配
FillSchema()	用于在数据集中添加 DataTable，以便与数据源的结构匹配
Update()	将 DataSet 里面的数值存储到数据库服务器上

请看下面的使用示例代码：

```
static private DataSet CreateCommandAndUpdate(string connectionString,string queryString)
{
        DataSet dataSet=new DataSet();
        using (OleDbConnection connection=new OleDbConnection(connectionString))
        {
            connection.Open();
            OleDbDataAdapter dataAdapter=new OleDbDataAdapter();
            dataAdapter.SelectCommand=new OleDbCommand(queryString, connection);
            OleDbCommandBuilder commandBuilder=new OleDbCommandBuilder(dataAdapter);
            dataAdapter.Fill(dataSet);
            //这里填写修改数据集 dataSet 的代码
            //如果没有使用 OleDbCommandBuilder，这行会报错
            dataAdapter.Update(dataSet);
        }
        return dataSet;
}
```

代码示例中，首先利用 dataAdapter.Fill()将数据从数据源填充到数据集 DataSet；然后又利用 dataAdapter.Update()将数据集 dataSet 中的数据回传至数据源。

（2）如何填充数据集。

在前面的章节中，我们已经知道，可以通过 DataAdapter 对象填充数据集对象 DataSet，其基本工作原理过程前面章节多次提到，这里不再过多叙述，如图 4-38 所示。

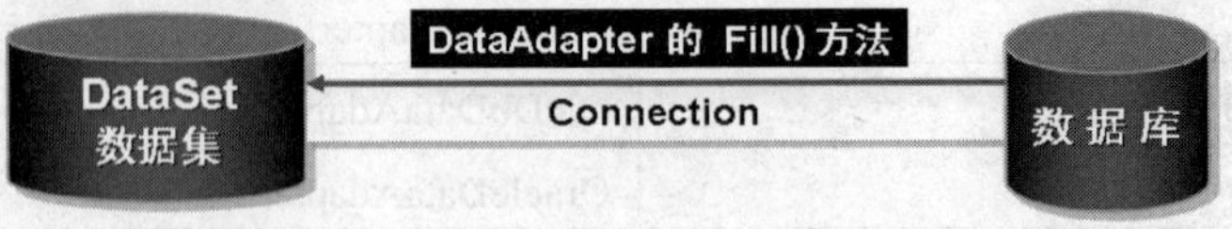

图 4-38 使用 DataAdapter 对象填充数据集

使用 DataAdapter 对象填充数据集分为两步：

1）使用 Connection 连接数据源。

2）使用 Fill()方法填充 DataSet 中的表。

填充数据集的代码语法如图 4-39 所示。

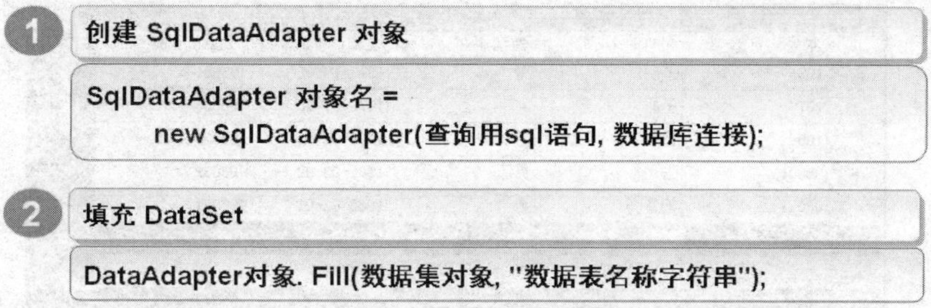

图 4-39　使用 DataAdapter 对象填充数据集的代码语法

（3）如何保存 DataSet 中的数据。

把数据集中修改过的数据再提交给数据源，这个过程前面的章节多次提到，这里不再过多叙述，如图 4-40 所示。

图 4-40　把数据集中修改过的数据提交到数据源

保存 DataSet 中数据变化的代码语法如图 4-41 所示。

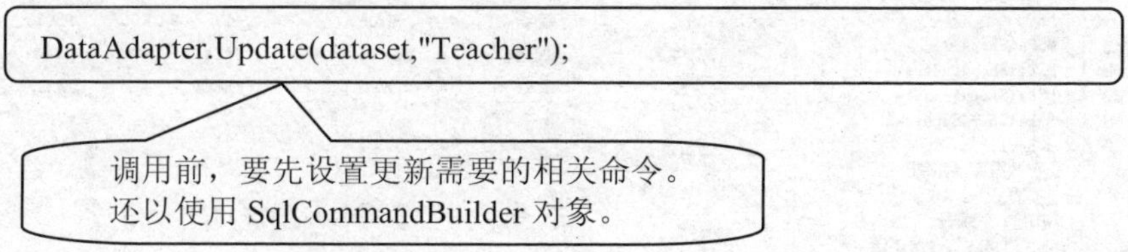

图 4-41　使用 DataAdapter 对象保存 DataSet 中的数据的代码语法

这里只是应用最简单的 Update()一个表，通过 SqlCommandBuilder 对象来自动生成更新需要的相关命令，不用手动一个一个地写，简化操作。

案例学习：使用 SqlDataAdapter 完成对数据库的删除、修改和插入

本实验要求编写一个应用程序，利用 SqlDataAdapter 对象实现添加、修改、删除学生基本信息的功能。用户界面如图 4-42 所示。

（1）在 VS.NET 2005 中新建一个名为示例 2 的基于 Windows 的项目。将默认窗体重命名为 form9.cs。

（2）从工具箱中拖曳一个 dataGridView 控件到 Form 窗体，将 ColumnHeadersHeightSizeMode 属性设置为 AutoSize；另外还要向 Form 窗体下侧添加两个 Button 控件，text 属性分别设置为“更改”、“删除”。

（3）数据库的设计如图 4-43 所示。

数据库为 school，共有 6 个表，该应用程序中只使用了表 student。具体字段设计情况如图 4-60 所示。数据表 student 中可以先存放一部分数据，便于后面处理。数据库环境是 SQL Server 2005。

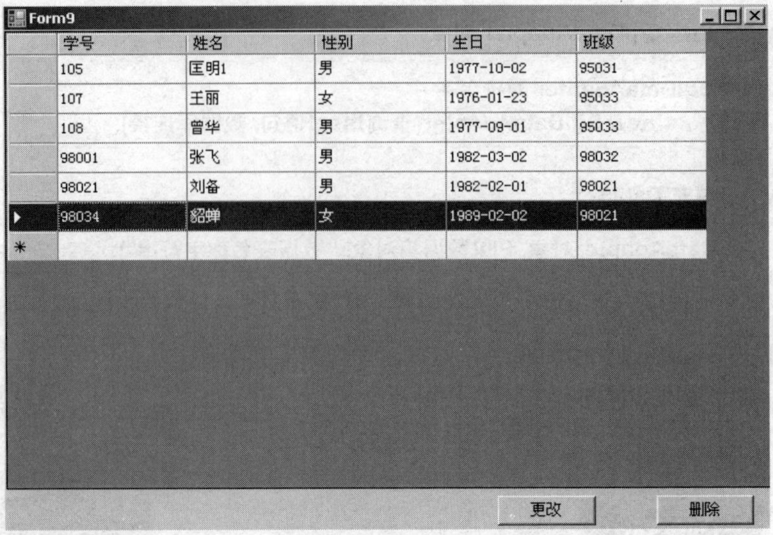

图 4-42　学生基本信息应用程序界面

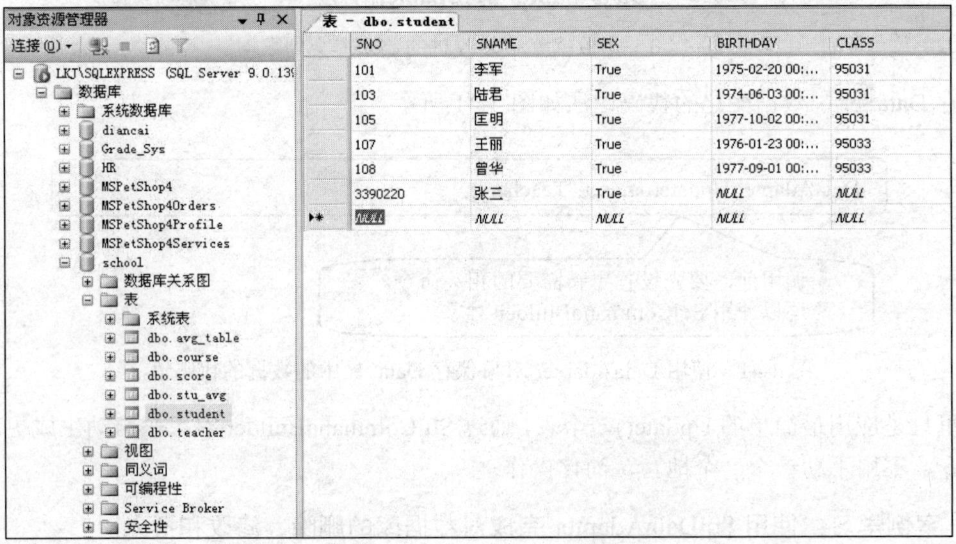

图 4-43　数据库设计图

（4）双击各个 Button 控件，进入.cs 文件编辑状态准备进行开发，代码如下：

```
//==========动态程序部分================
using System;
using System.Collections.Generic;
using System.ComponentModel;
using System.Data;
using System.Data.SqlClient;
using System.Drawing;
using System.Text;
using System.Windows.Forms;

namespace WindowsApplication1
```

```
{
    public partial class Form9 : Form
    {
        private SqlConnection mycon;
        private SqlDataAdapter myada;
        private SqlCommand mycomd;
        private SqlCommandBuilder mycbd;
        private DataSet myset;
        public Form9()
        {
            InitializeComponent();
            mycon=new SqlConnection("Data Source=LKJ\\SQLEXPRESS;Initial
            Catalog=school;Integrated Security=True");
            mycomd=new SqlCommand("select * from student",mycon);
            myada=new SqlDataAdapter();
            myada.SelectCommand=mycomd;
            mycbd=new SqlCommandBuilder(myada);
            myset=new DataSet();
            myada.TableMappings.Add("student","student");
            myada.TableMappings[0].ColumnMappings.Add("SNO", "学号");
            myada.TableMappings[0].ColumnMappings.Add("SNAME", "姓名");
            myada.TableMappings[0].ColumnMappings.Add("SEX", "性别");
            myada.TableMappings[0].ColumnMappings.Add("BIRTHDAY", "生日");
            myada.TableMappings[0].ColumnMappings.Add("CLASS", "班级");
        }
        ///<summary>
        ///数据修改
        ///</summary>
        private void button1_Click(object sender, EventArgs e)
        {
            try
            {
                //将更改的数据更新到数据表里
                myada.Update(myset.Tables["student"].GetChanges());
                MessageBox.Show("数据库修改成功","成功信息");
                //DataTable 接受更改，以便为下一次更改做准备
                myset.Tables["student"].AcceptChanges();
            }
            catch (SqlException ex)
            {
                MessageBox.Show(ex.ToString());
            }
        }
        ///<summary>
        ///初始化数据
        ///</summary>
```

```
    private void Form9_Load(object sender, EventArgs e)
    {
        try
        {
            myada.Fill(myset, "student");
        }
        catch (SqlException ex)
        {
            MessageBox.Show(ex.ToString());
        }
        finally
        {
            mycon.Close();
        }
        dataGridView1.DataSource=myset.Tables["student"].DefaultView;
    }
    ///<summary>
    ///数据删除
    ///</summary>
    private void button2_Click(object sender, EventArgs e)
    {
      if (MessageBox.Show("确定要删除当前行数据？", "",
      MessageBoxButtons.OKCancel)==DialogResult.OK)
        {
            try
            {
                //从 DataTable 中删除当前选中的行
                myset.Tables[0].Rows[dataGridView1.CurrentRow.Index].Delete();
                //将更改的数据更新到数据表里
                myada.Update(myset.Tables[0].GetChanges());
                MessageBox.Show("数据删除成功！");
                //DataTable 接受更改，以便为下一次更改做准备
                myset.Tables[0].AcceptChanges();
            }
            catch (SqlException ex)
            {
                MessageBox.Show(ex.ToString());
            }
        }
        else
        {
            //取消对 DataTable 的更改
            myset.Tables[0].RejectChanges();
        }
    }
}
```

```
}
```

3. SqlCommandBuilder 对象

前面的示例代码中多次出现 SqlCommandBuilder 对象。那么 SqlCommandBuilder 对象的用途是什么呢？SqlCommandBuilder 对象自动生成针对单个表的命令，用于将对DataSet所做的更改与关联的 SQL Server 数据库的更改相协调。基于适配器 SqlDataAdapter 的 SELECT 语句使用 SqlCommandBuilder 对象自动在数据适配器 SqlDataAdapter 中创建其他命令。

利用 SqlCommandBuilder 对象能够自动生成 INSERT 命令、UPDATE 命令和 DELETE 命令。应用 SqlCommandBuilder 对象的代码语法如图 4-44 所示，这里只是让读者了解 SqlCommandBuilder 对象的作用，没有深入探讨。

```
SqlCommandBuilder builder =
        new SqlCommandBuilder(已创建的DataAdapter对象);
```

图 4-44　应用 SqlCommandBuilder 对象的代码语法

4.2.4 DataReader 对象

4.2.3 节详细叙述了 DataAdapter 对象的应用，这里需要思考一个问题：DataAdapter 对象怎样来读取数据库的数据？如果应用程序想直接获得数据源的数据，又该怎样操作呢？

直接获得数据源的数据与 DataAdapter 对象读取数据库的数据是一样的机制：在客户端应用程序与数据源保持连接的状态下使用 DataReader 对象获得数据，如图 4-45 所示。

图 4-45　DataReader 对象的工作示意

从图 4-63 中可以看出 DataReader 对象在数据传输过程中起到一个传送带的作用。它沿着一个方向，源源不断地将数据从数据库传送给客户端应用程序，客户端应用程序每次接到的是一条记录。

1. DataReader 对象概述

DataReader 对象提供一种方法，可以读取通过在数据源执行命令获得的结果集，并且是只读的、只向前递进的行数据流。这个对象在读取数据方面的性能最好。

Command 对象可以对数据源的数据直接操作，但是如果执行的是要求返回数据结果集的查询命令或存储过程，需要先获取数据结果集的内容，然后再进行处理或输出，这就需要 DataReader 对象来配合。DataReader 对象提供一个只读的、单向的游标，用于访问结果集的行数据。因为内存中每次仅有一个数据行，所以 DataReader 对象需要的开销很小，效率很高。

这里还要注意 Command 对象对数据源的数据直接操作而不要求返回数据结果集的情况，这时就不需要使用 DataReader 对象，而是使用 ExecuteNonQuery()方法完成对数据源数据的直接操作，如图 4-46 所示。

图 4-46 不使用 DataReader 对象而直接操作数据库数据

从图 4-46 中可以看出，客户端应用程序要向数据库中插入学生数据信息。将数据值写在 SQL 命令中或者传递给存储过程的参数，然后调用 Command 对象的 ExecuteNonQuery()方法，学生数据就插入到数据库了。ExecuteNonQuery()方法可以返回受影响的行数，如果插入一个学生记录成功了，返回的行数就应该是 1，不成功就返回-1。通过返回的受影响行数，可以判断是否成功。这个应用程序就没有使用 DataReader 对象。

DataReader 对象不能直接使用构造函数实例化，必须通过 Command 对象的 ExecuteReader()方法来生成。DataReader 对象最主要的方法是 Read()方法，用来检索行，然后用下标来访问行中的字段。在 DataReader 对象遍历数据记录时，数据连接必须保持打开状态，直到 DataReader 对象被关闭。其工作原理如图 4-47 所示。

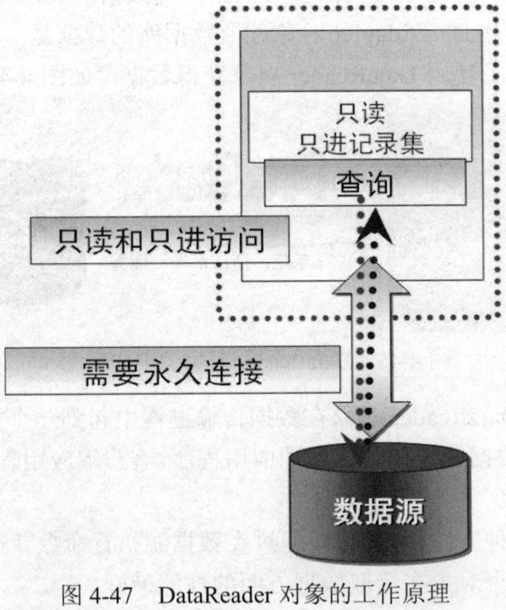

图 4-47 DataReader 对象的工作原理

从图 4-47 中可以看出，客户端应用程序需要数据源提供数据时，发送查询命令到数据源，由数据源进行查询处理，返回给客户端一个只读、只进的记录集。对这个记录集的操作就是利用 DataReader 对象只读和只进访问方式进行的。每读一个数据就向下一条记录转移，直至记录集末尾，并且得到的数据是只读的，不能修改。整个获取数据过程需要客户端应用程序与数据源之间保持永久连接。.NET 提供程序及其 DataReader 类，如表 4-25 所示。

表 4-25　各个命名空间中的 DataReader 对象

提供程序	DataReader 类
SQL 数据提供程序	SqlDataReader
OLE DB 数据提供程序	OleDbDataReader
Oracle 数据提供程序	OracleDataReader
ODBC 数据提供程序	OdbcDataReader

在后面的内容中，主要以 SqlDataReader 对象为例进行介绍。

2. DataReader 对象的使用

DataReader 对象常用的方法和属性如表 4-26 和表 4-27 所示。

表 4-26　DataReader 对象的常用属性

属性	说明
HasRows	是否返回了结果

表 4-27　DataReader 对象的常用方法

方法	说明
Read	前进到下一行记录
Close	关闭 DataReader 对象

请看如下代码：

```
private static void ReadOrderData(string connectionString)
{
    string queryString="SELECT OrderID, CustomerID FROM dbo.Orders;";
    using (SqlConnection connection=new SqlConnection(connectionString))
    {
        SqlCommand command=new SqlCommand(queryString, connection);
        connection.Open();
        SqlDataReader reader=command.ExecuteReader();
        //访问数据前，调用 Read()方法
        while (reader.Read())
        {
            Console.WriteLine(String.Format("{0}, {1}",reader[0], reader[1]));
        }
       //读取数据后，调用 Close()方法
        reader.Close();
    }
}
```

案例学习：实现添加、修改、删除、查询数据库中的学生基本信息

本实验要求编写一个应用程序，实现添加、修改、删除、查询数据库中的学生基本信息的功能。用户界面如图 4-48 所示。

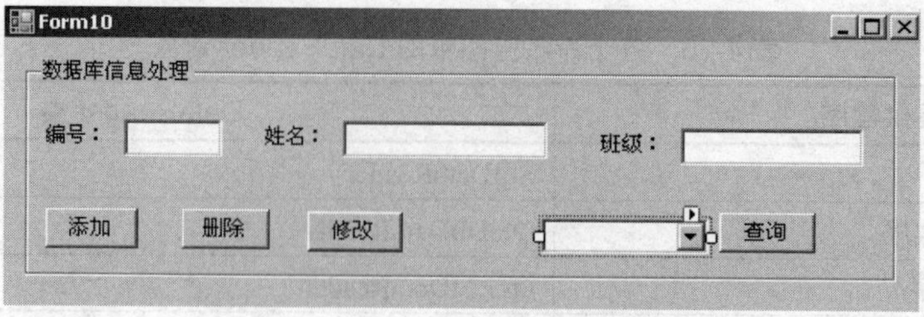

图 4-48　学生基本信息应用程序界面

本案例面临的主要问题是如何向组合框 comboBox 中添加学号信息。解决的方法是在窗体初始化 Load 事件中将全部学生的学号信息加载到 comboBox 中，读取学号信息数据的对象就是通过 DataReader 对象读取。

（1）在 VS.NET 2005 中新建一个名为 Form10 的基于 Windows 的项目，将默认窗体重命名为 form10.cs。

（2）从工具箱中拖曳一个 GroupBox 控件到 Form 窗体，text 属性设置为“数据库信息处理”；向这个 GroupBox 控件拖曳 3 个 Lable 控件，text 属性分别设置为“编号：”、“姓名：”、“班级：”；3 个 TextBox 控件；一个 ComboBox 控件；另外还要为 GroupBox 控件添加 4 个 Button 控件，text 属性分别设置为“添加”、“修改”、“删除”、“查询”。

（3）数据库的设计如图 4-49 所示。

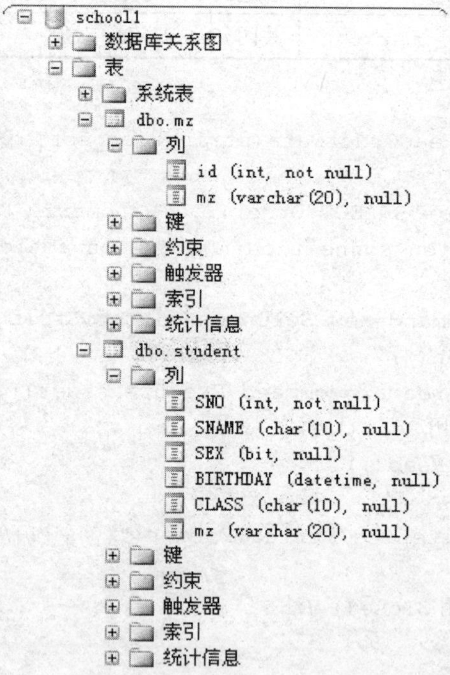

图 4-49　数据库设计图

数据库为 school1，仅用了两个表，mz 是表示民族的表，student 是表示学生的表。具体字段设计情况图 4-49。数据库环境是 SQL Server 2005。

（4）右击项目，在弹出的菜单中选择“添加”→“新建项”命令，在弹出的“添加新项”窗口中选择“代码文件”，名称改为 DataBase.cs，单击“添加”按钮，完成添加。

需要注意的是，DataBase.cs 文件是数据库操作的主要方法集合，可以认为是数据库访问层所处文件，在后面很多地方都会应用到，今后代码不会再出现对于 DataBase.cs 的具体解释，请读者自行对照阅读。DataBase.cs 文件主要代码如下：

```
//===============建立数据库类文件 DataBase.cs====================
using System;
using System.Collections.Generic;
using System.Collections;
using System.Text;
using System.Data;
using System.Data.SqlClient;

namespace WindowsApplication1
{
    class Mydatabase
    {
        public SqlConnection connection;
        ///<summary>
        ///打开数据库
        ///</summary>
        public void open()
        {
            string connstring="Data Source=LKJ\\SQLEXPRESS;Initial Catalog=Grade_sys;
            Integrated Security=True";
            connection=new SqlConnection(connstring);
            connection.Open();
        }
        ///<summary>
        ///关闭数据库
        ///</summary>
        public void close()
        {
            connection.Dispose();
            connection.Close();
            connection=null;
        }
        ///<summary>
        ///输入 SQL 命令，得到 DataReader 对象
        ///</summary>
        public SqlDataReader GetDataReader(string sqlstring)
        {
            open();
            SqlCommand mycom=new SqlCommand(sqlstring, connection);
            SqlDataReader Dr=mycom.ExecuteReader();
            return Dr;
        }
```

```
///<summary>
///输入 SQL 命令，得到 DataSet 对象
///</summary>
public DataSet GetDataSet(string sqlstring)
{
    open();
    SqlCommand mycom=new SqlCommand(sqlstring, connection);
    SqlDataAdapter adapter=new SqlDataAdapter();
    adapter.SelectCommand=mycom;
    DataSet dataset=new DataSet();
    adapter.Fill(dataset);
    close();
    return dataset;
}
///<summary>
///执行非查询命令 SQL 命令
///</summary>
public int ExecuteSQL(string sqlstring)
{
    int count=-1;
    open();
    try
    {
       SqlCommand cmd=new SqlCommand(sqlstring, connection);
       count=cmd.ExecuteNonQuery();
    }
    catch
    {
       count=-1;
    }
    finally
    {
       close();
    }
    return count;
}
///<summary>
///输入 SQL 命令，检查数据表中是否有该数据信息
///</summary>
public int GetdataRow(string sqlstring)
{
    int CountRow=0;
    open();
    SqlCommand mycom=new SqlCommand(sqlstring, connection);
    SqlDataAdapter da=new SqlDataAdapter();
    da.SelectCommand=mycom;
```

```
        DataSet ds=new DataSet();
        da.Fill(ds);
        ds.CaseSensitive=false;
        CountRow=ds.Tables[0].Rows.Count;//取行集合中的元素的总数
        close();
        return CountRow;
    }
    ///<summary>
    ///输入 SQL 命令，得到 DataTable 对象
    ///</summary>
    public DataTable GetDataTable(string sqlstring)
    {
        DataSet ds=GetDataSet(sqlstring);
        DataTable dt=new DataTable();
        dt=ds.Tables[0];
        return dt;
    }
    ///<summary>
    ///获取单个值
    ///</summary>
    public object GetScalar(string sqlstring)
    {
        open();
        SqlCommand mycom=new SqlCommand(sqlstring, connection);
        object result=mycom.ExecuteScalar();
        close();
        return result;
    }
    ///<summary>
    ///对整体数据集实施批量更新；一般用于列表这样的对象
    ///</summary>
    ///<param name="ds">DataSet</param>
    ///<param name="sql">sql 语句</param>
    ///<param name="tableName">表名</param>
    ///<returns>bool 类型数据，表示是否修改成功</returns>
    public bool doUpdate(DataSet ds, String sql, String tableName)
    {
        bool flag=false;
        open();
      //强制资源清理；清理非托管资源、不受 GC 控制的资源。Using 结束后会隐式地调用
      //Disposable 方法。
        using (SqlDataAdapter da=new SqlDataAdapter(sql, connection))
        {
            //数据库表一定要有主键列,否则此处无法通过
            SqlCommandBuilder builder=new SqlCommandBuilder(da);
            try
```

```
                {
                    lock (this)
                    {
                        da.Update(ds, tableName);
                        flag=true;
                    }
                }
                catch (SqlException e)
                {
                    throw new Exception(e.Message);
                }
            }
            close();
            return flag;
        }
        ///<summary>
        ///查询某个表的某列属性的数据，并形成列表
        ///</summary>
        ///<param name="sqlstring">查询 SQL 字串</param>
        ///<param name="m">第 m 列的属性，整数类型</param>
        ///<returns> ArrayList 类型数据，存储在 ArrayList 中的一组数据</returns>
        public ArrayList GetListArray(string sqlstring, int m)
        {
            ArrayList array=new ArrayList();//创建 ArrayList 对象
            SqlDataReader dr=GetDataReader(sqlstring);
            while (dr.Read())//遍历所有结果集
            {
                array.Add(dr.GetValue(m));//取到结果集索引|的第 0 列的值并添加到 ArrayList 对象中
            }
            return array;//返回 ArrayList 对象
        }
        ///<summary>
        ///执行存储过程，返回 Command 对象
        ///</summary>
        public SqlCommand GetProcCommand(string sqlstring)
        {
            open();
            SqlCommand mycommand=new SqlCommand(sqlstring, connection);
            return mycommand;
        }
    }
}
```

（5）双击所有 Button 控件，进入.cs 文件编辑状态准备进行开发，代码如下：

```
//==========执行主界面功能================
using System;
using System.Collections;
```

```
using System.Collections.Generic;
using System.ComponentModel;
using System.Data;
using System.Drawing;
using System.Text;
using System.Windows.Forms;

namespace WindowsApplication1
{
    public partial class Form10 : Form
    {
        public Form10()
        {
            InitializeComponent();
        }
        DataBase mydatabase=new DataBase();
        ///<summary>
        ///添加
        ///</summary>
        private void button1_Click(object sender, EventArgs e)
        {
            int i=mydatabase.ExecuteSQL("insert into student(sno,sname,class) values
            ("+textBox1.Text.Trim()+",'"+textBox2.Text.Trim()+"','"
            +textBox3.Text.Trim()+"')");
            if (i > 1)
            {
                MessageBox.Show("成功插入","信息");
            }
        }
        ///<summary>
        ///自定义方法：填充 combox 控件中的内容
        ///</summary>
        private void fillcombox()
        {
            ArrayList al=mydatabase.GetListArray("select sno from student", 0);
            foreach (int sno in al)
            {
                comboBox1.Items.Add(sno.ToString());
            }
            this.comboBox1.SelectedIndex=0;
        }
        ///<summary>
        ///表单初始化事件：加载 fillcombox()方法，以填充 combox 控件中的内容
        ///</summary>
        private void Form10_Load(object sender, EventArgs e)
        {
            fillcombox();
        }
```

```
        }
}
```

在 4.2 节中我们主要学习了以下几个知识点：

- 在 DataSet 对象内表示的数据是数据库的部分或全部的断开式内存副本
- DataAdapter 对象用来填充数据集和用来更新数据集到数据库，这样方便了数据库和数据集之间的交互
- 类型化数据集对象是 DataSet 类的派生类的实例，这些类都基于 XML 结构
- DataTable 表示一个内存数据表，而 DataColumn 表示 DataTable 中列的结构
- DataView 是 DataTable 中存储的数据的表示层
- DataReader 对象提供只进、只读和连接式数据访问，并使用专用的数据连接
- DataReader 对象提供检索强类型化数据的方法

4.3 DataGridView 控件——显示和操作数据

学习目标

- 了解 DataGridView 控件常见的属性和方法
- 掌握 DataGridView 的数据绑定
- 掌握如何在 DataGridView 控件中插入、更新和删除数据
- 掌握如何定制 DataGridView 界面

4.3.1 DataGridView 控件概述

1. 为什么使用 DataGridView

我们在实际项目研发中经常会遇到这样的问题：怎样高效地显示 DataSet 对象中的数据呢？DataSet 对象中有若干数据表 DataTable，每个 DataTable 对象中包含若干表示数据记录的 DataRow 对象。这种典型的二维结构表信息显然是通过电子表格的形式呈现出来，数据显示的效果是最好的。

在前面章节里，应用程序显示 DataSet 对象中的数据是通过在窗体里每次显示一条记录的方式，即每次显示一个 DataRow 对象内容显示的。这时由若干个控件分别显示 DataRow 对象的各个字段，但每次只能显示一条记录信息，如图 4-50 所示。

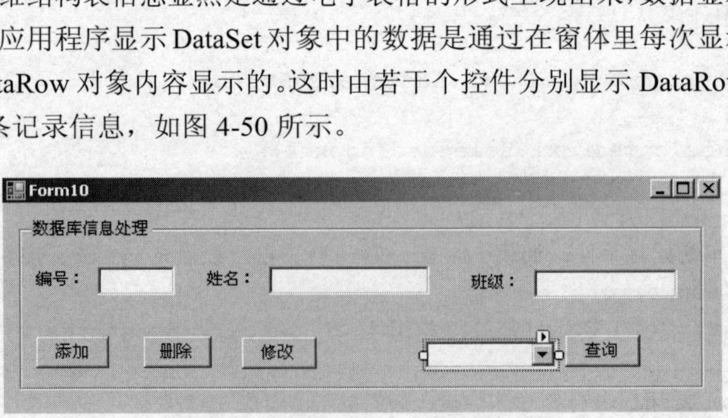

图 4-50　显示单条记录的窗体

但怎样才能把 DataSet 对象中某个数据表 DataTable 里的所有数据记录一并全部显示在一个窗体界面上呢，如图 4-51 所示。

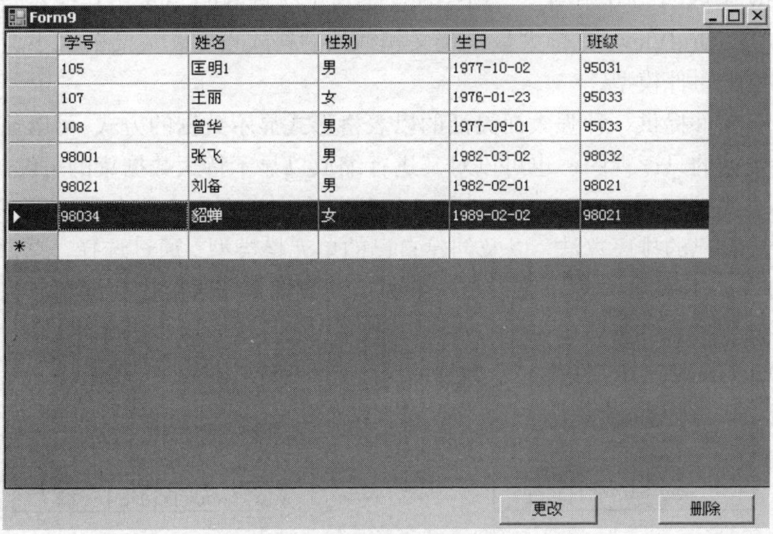

图 4-51　显示全部记录的窗体

这里就用到了 DataGridView 控件，仅仅一个 DataGridView 控件就可以显示数据表 DataTable 里的全部数据记录。DataGridView 控件的工作过程如图 4-52 所示。

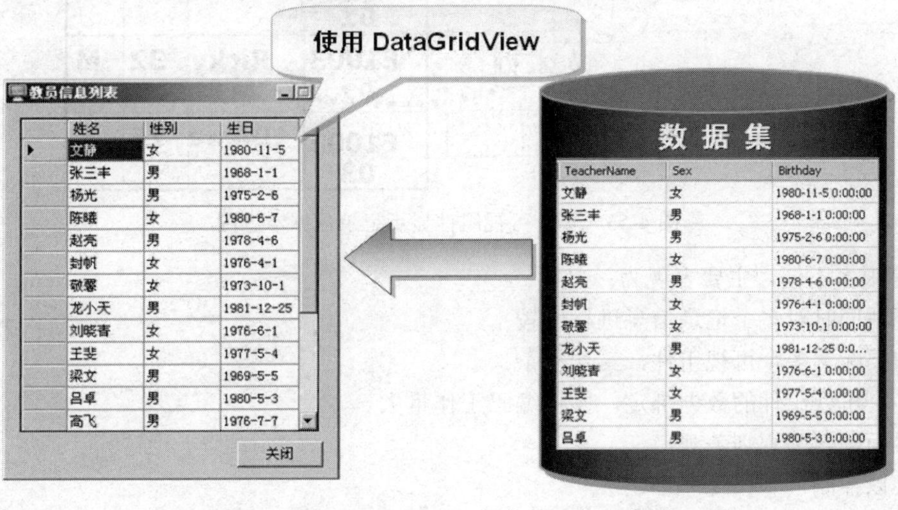

图 4-52　DataGridView 控件的工作示意图

从图 4-52 中可以看出，数据集 DataSet 中的某个数据表可以整个显示在某个窗体界面上，非常方便用户查看。由此可以看出 DataGridView 控件的强大。该控件的特点主要表现为：

- 强大而灵活地显示数据
- 轻松定义控件外观
- 像 Excel 表格一样方便
- 一行代码实现数据绑定

● 可视化操作

2. DataGridView 控件简介

DataGridView 是.NET 2.0 中的一个新控件，是为了改进.NET 1.x 中功能较差的标准 DataGrid 控件而设计的：DataGridView 支持大量自定义和细致的格式设置、灵活的大小调整和选择、更好的性能以及更丰富的事件模型。

DataGridView 控件提供一种强大而灵活的以表格形式显示数据的方式。可以使用 DataGridView 控件来显示少量数据的只读视图，也可以对其进行缩放以显示特大数据集的可编辑视图。

可以用很多方式扩展 DataGridView 控件，以便将自定义行为内置在应用程序中。例如，可以采用编程方式指定自己的排序算法，以及创建自己的单元格类型。通过选择一些属性，可以轻松地自定义 DataGridView 控件的外观。可以将许多类型的数据存储区用作数据源，也可以在没有绑定数据源的情况下操作 DataGridView 控件。

在不使用 DataGridView 控件来显示数据情况下，一般使用多个可视组件来显示数据，过程示意如图 4-53 所示。

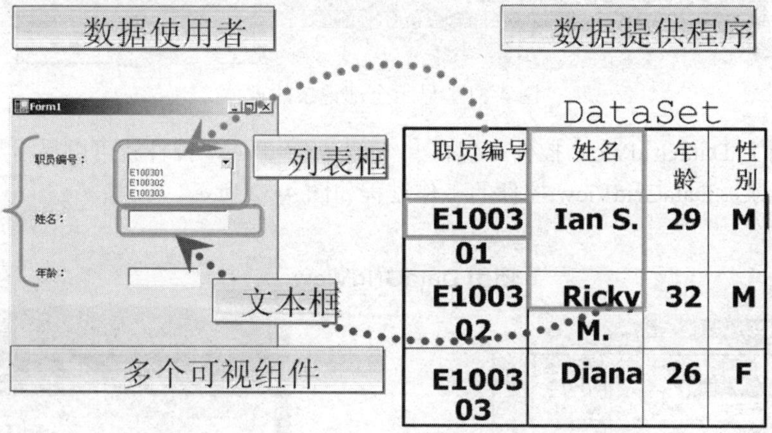

图 4-53　多个可视组件显示记录数据示意图

这样有很多不便，主要表现为：

● 无法同时对多个记录信息进行比较
● 需要配置多个可视组件，工作复杂
● 多个可视组件的数据绑定，操作编码工作量大
● 界面不容易规划美观
● 难以控制

而 DataGridView 控件是 WinForm 中最通用、最强大和最灵活的数据控件，其工作原理如图 4-54 所示。

从图 4-54 中可以看出，DataGridView 控件可以与数据集等数据源进行相互绑定。“数据绑定”是指将数据源的元素映射到图形界面组件，从而该组件可以自动使用这些数据。这个绑定过程可以在窗体设计阶段通过设置 DataGridView 控件的 DataSource、DataMember 等属性完成，也可以在程序中对其绑定编码，直至运行时完成绑定。进行数据绑定的 DataGridView 控件与数据源有相同的数据列。程序运行后，数据源中被填充了数据，DataGridView 控件就会立即显示数据源中的数据。

此外，DataGridView 控件还支持编辑功能，当某数据记录需要修改时，可以在 DataGridView 控件中直接修改数据，数据源中的数据也会得到相应的修改。

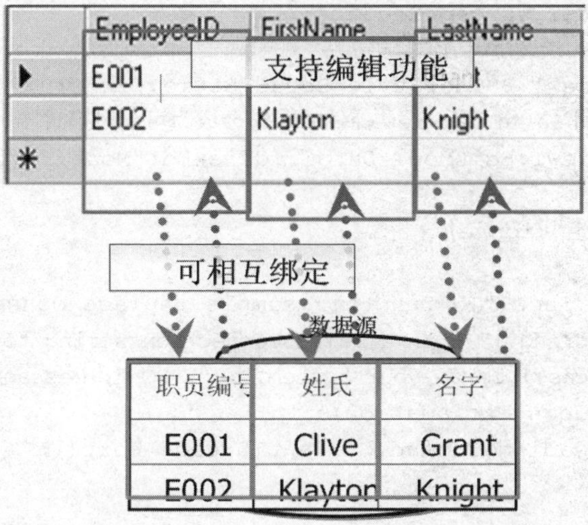

图 4-54　DataGridView 控件的工作原理示意图

3. DataGridView 控件的使用

（1）DataGridView 控件的属性。

DataGridView 控件常用的属性如表 4-28 所示。

表 4-28　DataGridView 控件的常用属性

属性	说明
AllowUserToAddRows	获取或设置一个值，该值指示是否向用户显示添加行的选项
AllowUserToDeleteRows	获取或设置一个值，该值指示是否允许用户从 DataGridView 中删除行
AllowUserToOrderColumns	获取或设置一个值，该值指示是否允许通过手动对列重新定位
AllowUserToResizeColumns	获取或设置一个值，该值指示用户是否可以调整列的大小
AllowUserToResizeRows	获取或设置一个值，该值指示用户是否可以调整行的大小
DataSource	获取或设置 DataGridView 所显示数据的数据源
Columns	获取一个包含控件中所有列的集合

请看如下代码：

```
private void InitializeDataGridView()
{
    try
    {
        //建立 DataGridView 控件
        dataGridView1.Dock=DockStyle.Fill;
        //自动生成 DataGridView 列
        dataGridView1.AutoGenerateColumns=true;
        //建立数据源
        bindingSource1.DataSource=GetData("Select * From Products");
```

```
            dataGridView1.DataSource=bindingSource1;
            //自动调整可视化行
            dataGridView1.AutoSizeRowsMode=DataGridViewAutoSizeRowsMode.
            DisplayedCellsExceptHeaders;
            //设置 DataGridView 控件的边界
            dataGridView1.BorderStyle=BorderStyle.Fixed3D;
            //当用户使用 DataGridView 控件时，它会成为可编辑模式
            dataGridView1.EditMode=DataGridViewEditMode.EditOnEnter;
        }
        catch (SqlException e)
        {
           MessageBox.Show("To run this sample replace connection.
           ConnectionString"+" with a valid connection string to a Northwind"+"
           database accessible to your system.", "ERROR", MessageBoxButtons.OK,
           MessageBoxIcon.Exclamation);
           System.Threading.Thread.CurrentThread.Abort();
        }
    }
    private static DataTable GetData(string sqlCommand)
    {
            string connectionString="Integrated Security=SSPI;"+"Persist Security Info=
            False;"+"Initial Catalog=Northwind;Data Source=localhost";
            SqlConnection northwindConnection=new SqlConnection(connectionString);
            SqlCommand command=new SqlCommand(sqlCommand, northwindConnection);
            SqlDataAdapter adapter=new SqlDataAdapter();
            adapter.SelectCommand=command;
            DataTable table=new DataTable();
            table.Locale=System.Globalization.CultureInfo.InvariantCulture;
            adapter.Fill(table);
            return table;
    }
```

代码中 dataGridView1.DataSource 被设置为 bindingSource1。

（2）DataGridView 控件的创建。

向窗体添加 DataGridView 控件的过程如图 4-55 所示。

图 4-55 描述的是向窗体添加 DataGridView 控件的过程。在工具箱中选择“数据”选项卡，找到 DataGridView 控件，单击后向窗体拖放，在设计窗口中出现 DataGridView 控件。默认的 DataGridView 控件的对象名为 dataGridView1，右击 dataGridView1 控件，选择“属性”命令，在“属性”窗口可以对对象 dataGridView1 的属性进行设置。主要是可以对 DataSource、DataMember 等属性进行配置。也可以在后续代码中进行设置。这样创建出来的对象 dataGridView1 就可以在后续程序中与数据绑定进行应用。当然，除了利用可视化界面创建 DataGridView 控件这种方法以外，还可以利用编程的方法。编程这种方法这里不过多叙述。

（3）为 DataGridView 控件绑定数据。

可以与 DataGridView 控件进行绑定的数据源包括 DataSet、DataView、DataTable、数组、列表。进行数据绑定的方法有 3 种：

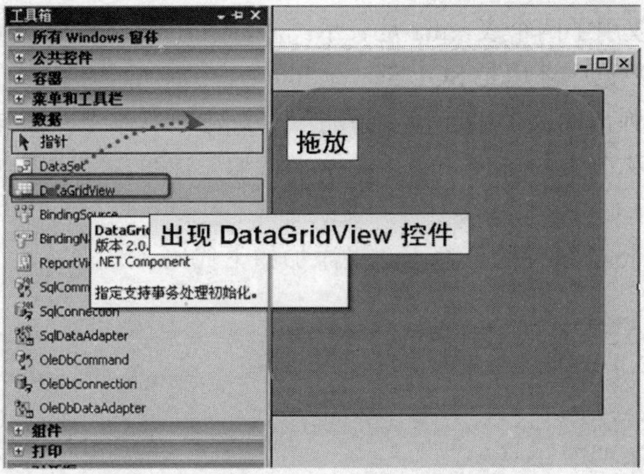

图 4-55　向窗体添加 DataGridView 控件

1）直接用 DataView 对象或 DataTable 对象为 DataGridView 控件的 DataSource 属性进行赋值，代码示例如下：

```
dbgPassenger.DataSource=objDataSet.Tables["Passenger"].DefaultView;
```

2）用 DataSet 对象为 DataGridView 控件的 DataSource 属性进行赋值，用 DataSet 对象中的 DataTable 对象为 DataGridView 控件的 DataMember 属性赋值，代码示例如下：

```
dbgBooks.DataSource=objDataSet;
dbgBooks.DataMember="Titles";
```

3）调用 DataGridView 控件的 SetDataBinding()方法，将 DataSet 对象及 DataSet 对象中的 DataTable 对象作为第一、第二参数传递给方法完成数据绑定，代码示例如下：

```
dbgBooks.SetDataBinding(objDataSet, "Titles");
```

案例学习：用 DataGridView 控件绑定数据

（1）向一窗体拖曳一个 DataGridView 控件。

（2）数据库的设计如图 4-56 所示。

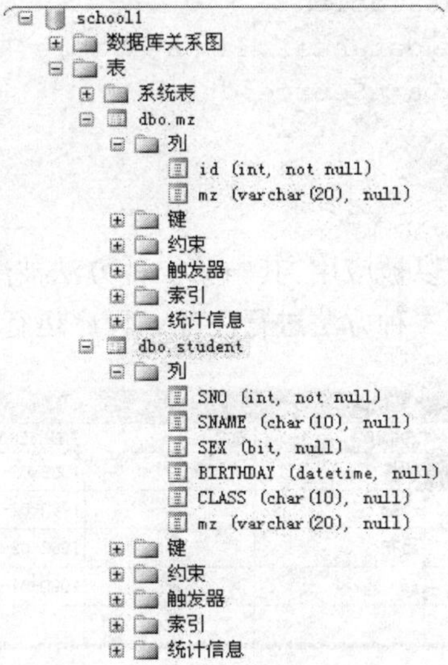

图 4-56　数据库设计图

数据库为 school1，仅用了两个表，mz 是表示民族的表，student 是表示学生的表。具体字段设计情况如图 4-56 所示。数据库环境是 SQL Server 2005。

（3）右击项目，在弹出的菜单中选择“添加”、“新建项”命令，在弹出的“添加新项”窗体中选择“代码文件”，名称改为 DataBase.cs，单击“添加”按钮，完成添加。该文件同前所示，此处不再赘述。

（4）双击窗体，在 load 事件的处理方法里添加如下代码：

```
using System;
using System.Collections.Generic;
using System.ComponentModel;
using System.Data;
using System.Data.SqlClient;
using System.Drawing;
using System.Text;
using System.Windows.Forms;

namespace WindowsApplication1
{
    public partial class Form13 : Form
    {
        public Form13()
        {
            InitializeComponent();
        }
        DataBase mydatabase=new DataBase();
        private void Form13_Load(object sender, EventArgs e)
        {
            /*第一种方式：DataSet
            DataSet ds=mydatabase.GetDataSet("select * from student");
            dataGridView1.DataSource=ds.Tables[0];*/
            //第二种方式：DataTable
            DataTable dt=mydatabase.GetDataTable("select * from student");
            dataGridView1.DataSource=dt;
        }
    }
}
```

代码中有两种数据绑定方法可以被应用。其中第一种方法被注释掉了，如果想应用第一种方法，请去掉第一种方法的注释，并把第二种方法进行注释。程序运行后得到的效果如图 4-57 所示。

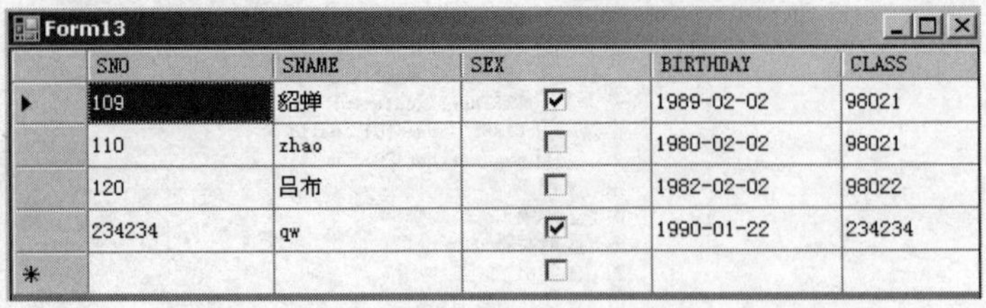
Form13

	SNO	SNAME	SEX	BIRTHDAY	CLASS
▶	109	貂蝉	☑	1989-02-02	98021
	110	zhao	☐	1980-02-02	98021
	120	吕布	☐	1982-02-02	98022
	234234	qw	☑	1990-01-22	234234
*			☐		

图 4-57　DataGridView 控件绑定数据执行效果

4. 通过 DataGridView 控件插入、更新和删除记录

前面提到，如果修改了 DataGridView 控件内的数据，或者添加、删除了一条数据记录，与其绑定的 DataSet 等数据源里相应的数据也会随着一起更新。但如何将这些数据更新发送到数据库以进行保存（如图 4-58 所示）呢？

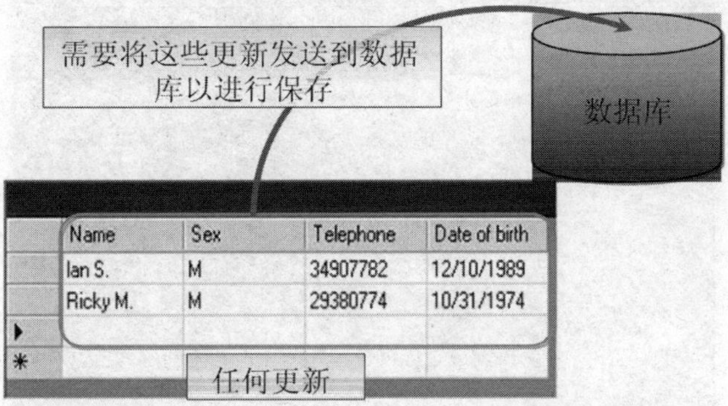

图 4-58　DataGridView 控件内的数据更新保存示意图

DataGridView 控件内的数据一旦被更新，这个数据的回传和保存过程是通过 DataAdapter.Update()方法来实现的。其工作过程原理如图 4-59 所示。

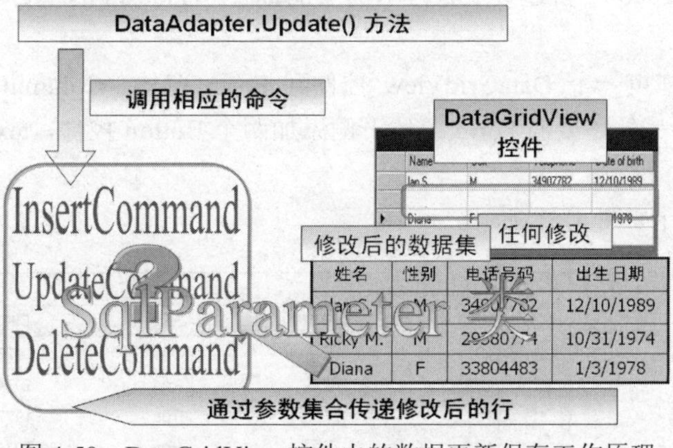

图 4-59　DataGridView 控件内的数据更新保存工作原理

图 4-59 描述了被更新的数据又被回传和保存的过程。前面章节曾经提到数据集 DataSet 里的数据被修改后，回传、保存工作是通过 DataAdapter.Update()方法来实现的。这里的应用原理也是一样的。当 DataGridView 控件内的数据做了任何修改，与其绑定的数据集里的数据也同时被修改，所以也要通过调用 DataAdapter.Update()方法来实现 DataGridView 控件内的被更新数据的回传和保存工作。DataAdapter.Update() 方法又是通过相应的执行 InsertCommand、UpdateCommand、DeleteCommand 这几个命令对象，并通过 SqlParameter 对象集合传递修改后的行数据给数据库的。

4.3.2　DataGridview 控件创建的案例教学

案例学习：DataGridView 的基本数据操作

通过本案例，读者将学习：

- DataGridView 的数据绑定技术
- DataGridView 的更新和删除技术

应用程序的用户界面如图 4-60 所示。

图 4-60 DataGridView 基本的数据操作应用程序界面

（1）在 VS.NET 2005 中新建一个名为示例 4 的基于 Windows 的项目。将默认窗体重命名为 form9.cs。

（2）从工具箱中拖曳一个 DataGridView 控件到 Form 窗体，ColumnHeadersHeightSizeMode 属性设置为 AutoSize；另外还要向 Form 窗体下侧添加两个 Button 控件，text 属性分别设置为“更改”、“删除”。

（3）数据库的设计如图 4-61 所示。

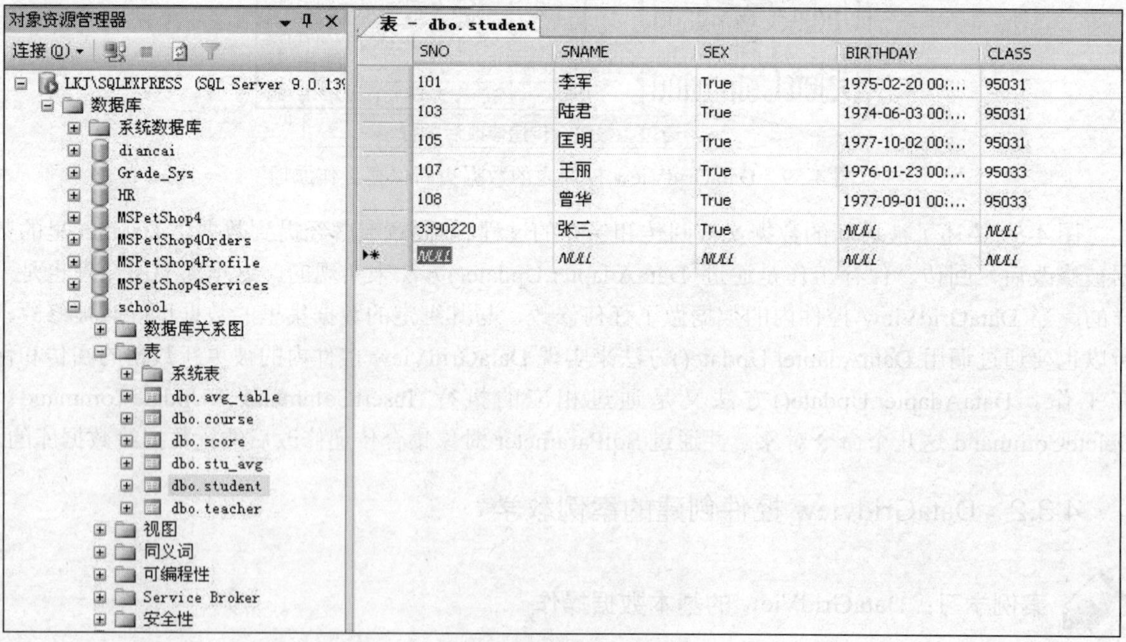

图 4-61 数据库设计图

数据库为 school，共有 6 个表，该应用程序中只使用了表 student。具体字段设计情况请参见图 4-79。数据表 student 中可以先存放一部分数据，便于后面处理。数据库环境是 SQL Server 2005。

（4）双击所有 Button 控件，进入.cs 文件编辑状态准备进行开发，代码如下：

```
//==========动态程序设计部分================
using System;
using System.Collections.Generic;
using System.ComponentModel;
using System.Data;
using System.Data.SqlClient;
using System.Drawing;
using System.Text;
using System.Windows.Forms;

namespace WindowsApplication1
{
    public partial class Form9 : Form
    {
        private SqlConnection mycon;
        private SqlDataAdapter myada;
        private SqlCommand mycomd;
        private SqlCommandBuilder mycbd;
        private DataSet myset;

        public Form9()
        {
            InitializeComponent();
            mycon=new SqlConnection("Data Source=LKJ\\SQLEXPRESS;
            Initial Catalog=school;Integrated Security=True");
            mycomd=new SqlCommand("select * from student",mycon);
            myada=new SqlDataAdapter();
            myada.SelectCommand=mycomd;
            mycbd=new SqlCommandBuilder(myada);
            myset=new DataSet();
            myada.TableMappings.Add("student","student");
            myada.TableMappings[0].ColumnMappings.Add("SNO", "学号");
            myada.TableMappings[0].ColumnMappings.Add("SNAME", "姓名");
            myada.TableMappings[0].ColumnMappings.Add("SEX", "性别");
            myada.TableMappings[0].ColumnMappings.Add("BIRTHDAY", "生日");
            myada.TableMappings[0].ColumnMappings.Add("CLASS", "班级");

        }
        ///<summary>
        ///数据修改
        ///</summary>
        private void button1_Click(object sender, EventArgs e)
        {
```

```
        try
        {
            //将更改的数据更新到数据表里
            myada.Update(myset.Tables["student"].GetChanges());
            MessageBox.Show("数据库修改成功","成功信息");
            //DataTable 接受更改,以便为下一次更改做准备
            myset.Tables["student"].AcceptChanges();
        }
        catch (SqlException ex)
        {
            MessageBox.Show(ex.ToString());
        }
    }
    ///<summary>
    ///初始化数据
    ///</summary>
    private void Form9_Load(object sender, EventArgs e)
    {
        try
        {
            myada.Fill(myset, "student");
        }
        catch (SqlException ex)
        {
            MessageBox.Show(ex.ToString());
        }
        finally
        {
            mycon.Close();
        }
        dataGridView1.DataSource=myset.Tables["student"].DefaultView;
    }
    ///<summary>
    ///数据删除
    ///</summary>
    private void button2_Click(object sender, EventArgs e)
    {
      if (MessageBox.Show("确定要删除当前行数据?", "",
      MessageBoxButtons.OKCancel)==DialogResult.OK)
        {
            try
            {
                //从 DataTable 中删除当前选中的行
                myset.Tables[0].Rows[dataGridView1.CurrentRow.Index].Delete();
                //将更改的数据更新到数据表里
                myada.Update(myset.Tables[0].GetChanges());
```

```
                    MessageBox.Show("数据删除成功！");
                    //DataTable 接受更改,以便为下一次更改做准备
                    myset.Tables[0].AcceptChanges();
                }
                catch (SqlException ex)
                {
                    MessageBox.Show(ex.ToString());
                }
            }
            else
            {
                //取消对 DataTable 的更改
                myset.Tables[0].RejectChanges();
            }
        }
    }
}
```

案例学习：DataGridView 的基本数据操作

通过本案例，用户将学习：

- DataGridView 的数据绑定技术
- 数据上下顶底的移动技术
- DataGridView 的更新和删除技术
- window 控件的综合应用

用户界面如图 4-62 所示。

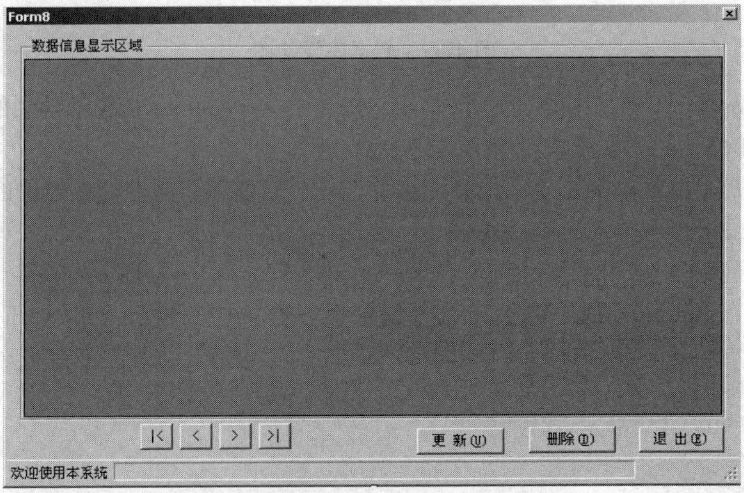

图 4-62 基本的数据操作应用程序界面

（1）在 VS.NET 2005 中新建一个名为示例 5 的基于 Windows 的项目。将默认窗体重命名为 form8.cs。

（2）从工具箱中拖曳一个 GroupBox 控件到 From 窗体，text 属性设置为“数据信息显示区”；

向这个 GroupBox 控件拖曳一个 DataGridView 控件，ColumnHeadersHeightSizeMode 属性设置为 AutoSize，Dock 属性设置为 Fill，SelectionMode 属性设置为 FullRowSelect；还要向这个 GroupBox 控件拖曳七个 Button 控件，text 属性分别为“|<”、“<”、“>”、“>|”、“更新(U)”、“删除(D)”、“退出(E)”；另外还要向 Form 窗体下侧添加一个 StatusStrip 控件，选中这个 StatusStrip 控件，在右侧属性栏找到 Items 属性，点击右侧的“…”按钮进入项目集合编辑器，在下拉列表框中选中 StatusLabel 后单击旁边的“添加”按钮，成员栏出现一个 ToolStripStatusLabel 项，再一次在下拉列表框选中 ToolStripProgressBar 后单击旁边的“添加”按钮，成员栏出现一个 ToolStripProgressBar 项。

（3）数据库的设计如图 4-63 所示。

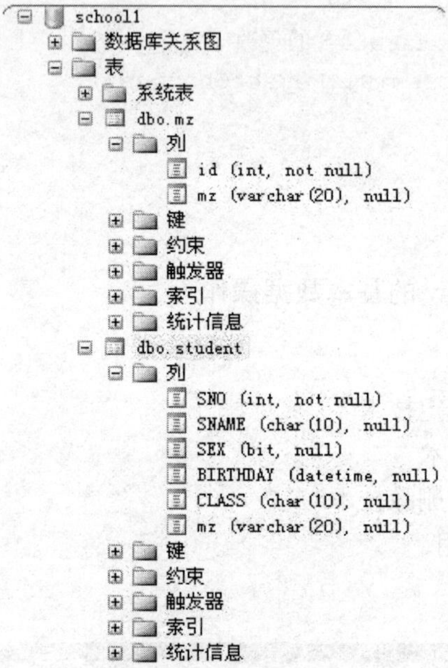

图 4-63　数据库设计图

数据库为 school1，仅用了两个表，mz 是表示民族的表，student 是表示学生的表。具体字段设计情况请参见图 4-63。数据库环境是 SQL Server 2005。

（4）右击项目，在弹出的菜单中选择“添加”→“新建项”命令，在弹出的“添加新项”窗体中选择“代码文件”，名称改为 DataBase.cs，单击“添加”按钮，完成添加。该类库文件前面已有论述，此处不再赘述。

（5）双击所有 Button 控件，进入.cs 文件编辑状态准备进行开发，代码如下：

```
//==========动态程序部分================
using System;
using System.Collections.Generic;
using System.ComponentModel;
using System.Data;
using System.Data.SqlClient;
using System.Drawing;
using System.Text;
using System.Windows.Forms;
```

```
namespace WindowsApplication1
{
    public partial class Form8 : Form
    {
        public Form8()
        {
            InitializeComponent();
        }

        DataBase mydatabase=new DataBase();
        //注意：下面两个变量 ds、dt 很重要，负责保留状态信息
        public DataSet ds=new DataSet();
        public DataTable dt=new DataTable();
        ///<summary>
        ///更新数据信息
        ///</summary>
        public void updatData()
        {
            String sql="select * from student";
            if (mydatabase.doUpdate(ds, sql, dt.TableName))
            {
              MessageBox.Show("数据更新成功", "提示", MessageBoxButtons.OK,
              MessageBoxIcon.Information);
            }
            else
            {
               MessageBox.Show("数据更新失败,请检查数据是否合法!", "提示",
               MessageBoxButtons.OK, MessageBoxIcon.Information);
            }
        }
        ///<summary>
        ///初始化加载事件代码
        ///</summary>
        private void Form8_Load(object sender, EventArgs e)
        {
            ds=mydatabase.GetDataSet("select * from student");
            dt=ds.Tables[0];
            dataGridView1.DataSource=dt.DefaultView;
        }
        ///<summary>
        ///更新数据信息
        ///</summary>
        private void btnUpdata_Click(object sender, EventArgs e)
        {
            updatData();//更新数据
        }
```

```
///<summary>
///删除数据信息
///</summary>
private void btnDelete_Click(object sender, EventArgs e)
{
    if (DialogResult.Yes==MessageBox.Show("数据删除后将不可恢复，真的要删
    除吗?", "提示", MessageBoxButtons.YesNo, MessageBoxIcon.Warning))
    {
        dataGridView1.Rows.RemoveAt(dataGridView1.CurrentRow.Index);
        dataGridView1.Refresh();
        updatData();//更新数据
    }
}
///<summary>
///到头
///</summary>
private void button1_Click(object sender, EventArgs e)
{
    int i=dataGridView1.SelectedRows[0].Index;
    dataGridView1.Rows[i].Selected=false;
    dataGridView1.Rows[0].Selected=true;
    showmess();
}
///<summary>
///下一条
///</summary>
private void button3_Click(object sender, EventArgs e)
{
    int i=dataGridView1.SelectedRows[0].Index;
    if (i<dataGridView1.Rows.Count - 1)
    {
        dataGridView1.Rows[i].Selected=false;
        dataGridView1.Rows[i+1].Selected=true;
        showmess();
    }
    else
    {
      MessageBox.Show("已经是最后一项了！", "提示", MessageBoxButtons.OK,
      MessageBoxIcon.Information);
    }
}
///<summary>
///上一条
///</summary>
private void button2_Click(object sender, EventArgs e)
{
```

```
        int i=dataGridView1.SelectedRows[0].Index;
        if (i != 0)
        {
            dataGridView1.Rows[i].Selected=false;
            dataGridView1.Rows[i - 1].Selected=true;
            showmess();
        }
        else
        {
          MessageBox.Show("已经是第一项了！", "提示", MessageBoxButtons.OK,
          MessageBoxIcon.Information);
        }
    }
    ///<summary>
    ///到尾
    ///</summary>
    private void button4_Click(object sender, EventArgs e)
    {
        int i=dataGridView1.SelectedRows[0].Index;
        dataGridView1.Rows[i].Selected=false;
        dataGridView1.Rows[dataGridView1.Rows.Count - 1].Selected=true;
        showmess();
    }
    ///<summary>
    ///底部显示信息
    ///</summary>
    private void showmess()
    {
        toolStripStatusLabel1.Text=string.Format("当前是第{0}条记录，共{1}条
        记录",dataGridView1.SelectedRows[0].Index+1,dataGridView1.Rows.Count);
        toolStripProgressBar1.Value=(int)((double)(dataGridView1.
        SelectedRows[0].Index) / dataGridView1.Rows.Count*100);
    }
   ///退出系统
    private void btnExit_Click(object sender, EventArgs e)
    {
        Application.Exit();
    }
  }
}
```

4.3.3 DataGridView 控件与存储过程

1. 存储过程在软件项目开发中的价值

（1）定义。

前面章节中提到过，在应用 Command 对象时，其命令可以是存储过程名称。那么，什么是存储过程？为什么要使用存储过程？

存储过程的定义如下：将常用的或很复杂的工作，预先用 SQL 语句写好并用一个指定的名称存储起来，被存储起来的就是存储过程。那么以后要叫数据库提供与已定义好的存储过程的功能相同的服务时,只需调用 execute，即可自动完成命令。

（2）存储过程的优缺点。

存储过程的主要优点体现在：

- 减少网络传输，节约时间
- 速度快
- 出错的概率小
- 可利用服务器的一些特殊的资源

存储过程的主要缺点体现在：

- 交互性差
- 不够灵活
- 商业逻辑层与数据库在一起，不易移植

存储过程最致命的缺点就是：如果要更换数据库（比如从 SQL Server 到 Oracle），存储过程可能就都要重写。存储过程过分依赖数据库端，假如你要做一个工程，是可以的，但是如果你要做一个产品，或者以后可能还会用到这个工程的代码的话，建议少使用存储过程。任何一种开发方法总有缺点，不要过分依赖它。

在应用程序中通常会大量使用存储过程，这是因为：

1）维护方便。

如果把所需要执行的操作代码写在程序中，那么即使做一些小修改，也要对修改程序并重新编译，对于用户来讲，这个时候就需要对程序进行深度测试（即使只修改了一点点，用户也不会冒风险），存储过程相对来讲就简单得多，毕竟逻辑上分离出来了，即使要进行审核，成本也远比程序要低得多。

2）重用性。

一个设计好的存储过程，任何符合其输入和输出的程序都可以共用，同样也改善了维护工作。如果有 10 个程序要用到这个存储过程，那要做些修改，自然修改一个存储过程所花费的成本比程序要低得多。

3）分工明确。

存储过程如果设计得当，就可以通过一个中间的适配器（Adapter）来调用，如在将来进行数据库的迁移等，就可以把相应的工作交给具体的熟悉相关数据库等业务的人员，而不是所有的开发人员都要进行了解。与 MSSQL/Oracle/DB2 类似，如果数据库操作脚本写在程序中，那么迁移的工作量将会是所有可能的程序。如果是通过存储过程，那就可以交给相应的 DBA 等来完成。

4）预编译提高效率。

存储过程的预编译，可以使语句的执行更优化，特别是对于类似 Oracle 等具备某些高级优化能力的数据库，包括其既定的执行计划等可以带来相当的性能提升。

5）对于需要多次访问数据的复杂操作。

如果写在程序中，那么就需要不断地或者大量地提取数据库中的数据到程序中进行运算，而如果是使用存储过程，那么就减少了应用程序与数据库的交互次数，这样消耗明显要低得多。

案例学习：DataGridView 与存储过程

本实验操作较为复杂，需要提前准备的内容包括：

- 数据库——Grade_Sys 数据库
- 建立类——BussinessLayer.cs（业务逻辑文件）
- 建立类——DataBaseLayer.cs（数据库操作文件）

通过本案例，读者将学习：

- 如何动态生成 DataGridView 列表信息内容
- C#开发系统分层思想
- 存储过程参数的输入与返回值的获取
- 复杂存储过程的开发设计

用户界面如图 4-64 所示。

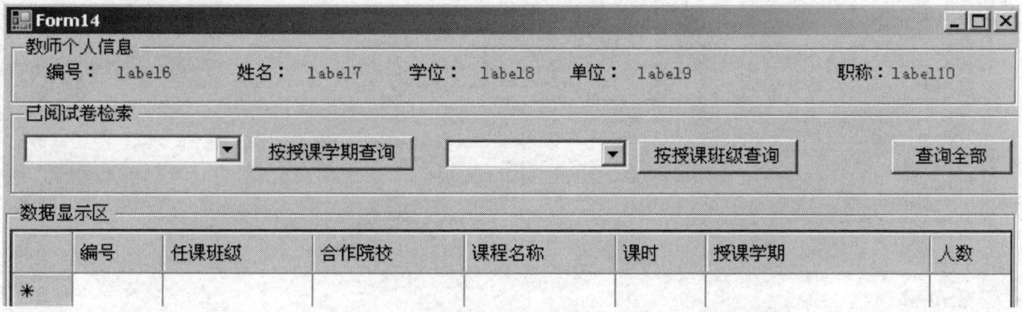

图 4-64　DataGridView 与存储过程应用程序界面

（1）在 VS.NET 2005 中新建一个名为示例 7 的基于 Windows 的项目。将默认窗体重命名为 form14.cs。

（2）从工具箱中拖曳 3 个 GroupBox 控件到 From 窗体，Text 属性分别设置为“教师个人信息”、“已阅试卷检索”、“数据显示区”；向第一个 GroupBox 控件拖曳 5 个 Lable 控件，Text 属性分别设置为“编号：”、“姓名：”、“学位：”、“单位：”、“职称：”；再向这个 GroupBox 控件拖曳 5 个 Lable 控件；向第二个 GroupBox 控件拖曳两个 ComboBox 控件，三个 Button 控件，Text 属性分别设置为“按授课学期查询”、“按授课班级查询”、“查询全部”；向第三个 GroupBox 控件拖曳一个 DataGridView 控件，ColumnHeadersHeightSizeMode 属性设置为 AutoSize，Dock 属性设置为 Fill；为 DataGridView 控件添加列“编号”、“任课班级”、“合作院校”、“课程名称”、“课时”、“授课学期“、“人数”、“已阅”、“未阅”、“成绩单操作”，如表 4-29 所示。

表 4-29　DataGridView 控件编辑列项

列名称	列类型	页眉文本	可见性
编号	DataGridViewTextBoxColumn	编号	True
任课班级	DataGridViewTextBoxColumn	任课班级	True
合作院校	DataGridViewTextBoxColumn	合作院校	True
课程名称	DataGridViewTextBoxColumn	课程名称	True

续表

列名称	列类型	页眉文本	可见性
课时	DataGridViewTextBoxColumn	课时	True
授课学期	DataGridViewTextBoxColumn	授课学期	True
人数	DataGridViewTextBoxColumn	人数	True
已阅	DataGridViewTextBoxColumn	已阅	True
未阅	DataGridViewTextBoxColumn	未阅	True
成绩单操作	DataGridViewButtonColumn	成绩单操作	True

（3）数据库的设计如图 4-65 所示。

图 4-65　数据库设计图

数据库为 Grade_Sys，用了 13 个表。另外编写了 24 个存储过程。数据库环境是 SQL Server 2005。

（4）右击项目，在弹出的菜单中选择“添加”→“新建项”命令，在弹出的“添加新项”窗口中选择“代码文件”，名称改为 BussinessLayer.cs，单击“添加”按钮，完成添加。

在 BussinessLayer.cs 文件中，编写如下代码：

```
//===============建立数据库类文件 BussinessLayer.cs===================
```

```
using System;
using System.Collections.Generic;
using System.Text;
using System.Data;
using System.Data.SqlClient;

namespace WindowsApplication1
{
    class Bussiness
    {
        ///下面，开始实例化另一个命名空间的一个类
        Mydatabase DB=new Mydatabase();
        /*******************************************************
       **方 法 名：Getteacherinfo
       **输入参数：int id 教师主键
       **输出参数：out int dno 教师系编号, out int xb 教师性别编号,
        out string zc 教师职称,out string degree 教师学位
       **返 回 值：无
       **创 建 人：钱哨
       **创建日期：08-7-9
       **描    述：通过存储过程逻辑查询教师具体信息。
       *******************************************************/
        public void Getteacherinfo(int id, out int dno, out int xb, out string zc,
        out string degree, out string dname, out string tname)
        {
          //下面建立执行存储过程的字符串，一般建议该存储过程的执行最好在查询分析器中执行通过
          //同时保证执行参数名称的正确
          string sql=String.Format("exec proc_find_teachermess "+id.ToString()+" ,
          @dno output,@xb output,@zc output,@degree output,@dname output,@tname output");
          //执行的 T-SQL 串
          SqlCommand MyCommand=DB.GetProcCommand(sql);
          MyCommand.Parameters.Add(new SqlParameter("@dno", SqlDbType.Int));
          MyCommand.Parameters.Add(new SqlParameter("@xb", SqlDbType.SmallInt));
          MyCommand.Parameters.Add(new SqlParameter("@zc", SqlDbType.VarChar, 20));
          MyCommand.Parameters.Add(new SqlParameter("@degree", SqlDbType.VarChar, 20));
          MyCommand.Parameters.Add(new SqlParameter("@dname", SqlDbType.VarChar, 30));
          MyCommand.Parameters.Add(new SqlParameter("@tname", SqlDbType.VarChar, 20));
          MyCommand.Parameters["@dno"].Direction=ParameterDirection.Output;
          MyCommand.Parameters["@xb"].Direction=ParameterDirection.Output;
          MyCommand.Parameters["@zc"].Direction=ParameterDirection.Output;
          MyCommand.Parameters["@degree"].Direction=ParameterDirection.Output;
          MyCommand.Parameters["@dname"].Direction=ParameterDirection.Output;
          MyCommand.Parameters["@tname"].Direction=ParameterDirection.Output;
          MyCommand.ExecuteNonQuery();
          dno=Convert.ToInt16(MyCommand.Parameters["@dno"].Value);  //接收输出的参数
          xb=Convert.ToInt16(MyCommand.Parameters["@xb"].Value);
```

```
    zc=Convert.ToString(MyCommand.Parameters["@zc"].Value);
    degree=Convert.ToString(MyCommand.Parameters["@degree"].Value);
    dname=Convert.ToString(MyCommand.Parameters["@dname"].Value);
    tname=Convert.ToString(MyCommand.Parameters["@tname"].Value);
}
/****************************************************
**方 法 名：GetSendCourse
**输入参数：派课编号
**输出参数：
**返 回 值：
**创 建 人：钱哨
**创建日期：08-7-9
**描    述：通过存储过程逻辑查询某个派课信息的各种结果值。
****************************************************/
public void GetCourselist(int id, out int cno, out int tno, out string skxq,
out int sktime, out int bno, out string tname, out string cname, out string bname,
out string skxqn, out int zt, out int schno, out string schname, out int stunum,
out int yy, out int wy, out int ztbk, out int stunumbk, out int yybk, out int
wybk, out int ztqk, out int stunumqk, out int yyqk, out int wyqk)
{
    cno=0; tno=0; sktime=0; bno=0; zt=0; schno=0; stunum=0; yy=0; wy=0;
    ztbk=0; stunumbk=0; yybk=0; wybk=0; ztqk=0; stunumqk=0; yyqk=0; wyqk=0;
    skxq=""; tname=""; cname=""; bname=""; skxqn=""; schname="";
    if (id > 0)
    {
      string sql=String.Format("exec proc_find_sendcourse "+id+",@cno
      output, @tno output,@skxq output, @sktime output,@bno output,@tname
      output,@cname output,@bname output,@skxqn output,@zt output,@schno
      output,@schname output,@stunum output,@yy output,@wy output, @ztbk output,
      @stunumbk output, @yybk output, @wybk output, @ztqk output, @stunumqk output,
      @yyqk output, @wyqk output");
      //执行的 T-SQL 串
      SqlCommand MyCommand=DB.GetProcCommand(sql);
      MyCommand.Parameters.Add(new SqlParameter("@cno", SqlDbType.Int));
      MyCommand.Parameters.Add(new SqlParameter("@tno", SqlDbType.Int));
      MyCommand.Parameters.Add(new SqlParameter("@skxq", SqlDbType.VarChar, 10));
      MyCommand.Parameters.Add(new SqlParameter("@sktime", SqlDbType.Int));
      MyCommand.Parameters.Add(new SqlParameter("@bno", SqlDbType.Int));
      MyCommand.Parameters.Add(new SqlParameter("@tname", SqlDbType.VarChar, 30));
      MyCommand.Parameters.Add(new SqlParameter("@cname", SqlDbType.VarChar, 30));
      MyCommand.Parameters.Add(new SqlParameter("@bname", SqlDbType.VarChar, 30));
      MyCommand.Parameters.Add(new SqlParameter("@skxqn", SqlDbType.VarChar, 30));
      MyCommand.Parameters.Add(new SqlParameter("@zt", SqlDbType.Int));
      MyCommand.Parameters.Add(new SqlParameter("@schno", SqlDbType.Int));
      MyCommand.Parameters.Add(newSqlParameter("@schname",SqlDbType.VarChar,30));
      MyCommand.Parameters.Add(new SqlParameter("@stunum", SqlDbType.Int));
```

```
MyCommand.Parameters.Add(new SqlParameter("@yy", SqlDbType.Int));
MyCommand.Parameters.Add(new SqlParameter("@wy", SqlDbType.Int));
MyCommand.Parameters.Add(new SqlParameter("@ztbk", SqlDbType.Int));
MyCommand.Parameters.Add(new SqlParameter("@stunumbk", SqlDbType.Int));
MyCommand.Parameters.Add(new SqlParameter("@yybk", SqlDbType.Int));
MyCommand.Parameters.Add(new SqlParameter("@wybk", SqlDbType.Int));
MyCommand.Parameters.Add(new SqlParameter("@ztqk", SqlDbType.Int));
MyCommand.Parameters.Add(new SqlParameter("@stunumqk", SqlDbType.Int));
MyCommand.Parameters.Add(new SqlParameter("@yyqk", SqlDbType.Int));
MyCommand.Parameters.Add(new SqlParameter("@wyqk", SqlDbType.Int));
MyCommand.Parameters["@cno"].Direction=ParameterDirection.Output;
MyCommand.Parameters["@tno"].Direction=ParameterDirection.Output;
MyCommand.Parameters["@skxq"].Direction=ParameterDirection.Output;
MyCommand.Parameters["@sktime"].Direction=ParameterDirection.Output;
MyCommand.Parameters["@bno"].Direction=ParameterDirection.Output;
MyCommand.Parameters["@tname"].Direction=ParameterDirection.Output;
MyCommand.Parameters["@cname"].Direction=ParameterDirection.Output;
MyCommand.Parameters["@bname"].Direction=ParameterDirection.Output;
MyCommand.Parameters["@skxqn"].Direction=ParameterDirection.Output;
MyCommand.Parameters["@zt"].Direction=ParameterDirection.Output;
MyCommand.Parameters["@schno"].Direction=ParameterDirection.Output;
MyCommand.Parameters["@schname"].Direction=ParameterDirection.Output;
MyCommand.Parameters["@stunum"].Direction=ParameterDirection.Output;
MyCommand.Parameters["@yy"].Direction=ParameterDirection.Output;
MyCommand.Parameters["@wy"].Direction=ParameterDirection.Output;
MyCommand.Parameters["@ztbk"].Direction=ParameterDirection.Output;
MyCommand.Parameters["@stunumbk"].Direction=ParameterDirection.Output;
MyCommand.Parameters["@yybk"].Direction=ParameterDirection.Output;
MyCommand.Parameters["@wybk"].Direction=ParameterDirection.Output;
MyCommand.Parameters["@ztqk"].Direction=ParameterDirection.Output;
MyCommand.Parameters["@stunumqk"].Direction=ParameterDirection.Output;
MyCommand.Parameters["@yyqk"].Direction=ParameterDirection.Output;
MyCommand.Parameters["@wyqk"].Direction=ParameterDirection.Output;
MyCommand.ExecuteNonQuery();
cno=Convert.ToInt16(MyCommand.Parameters["@cno"].Value);  //接收输出的参数
tno=Convert.ToInt16(MyCommand.Parameters["@tno"].Value);
skxq=Convert.ToString(MyCommand.Parameters["@skxq"].Value);
sktime=Convert.ToInt16(MyCommand.Parameters["@sktime"].Value);
bno=Convert.ToInt16(MyCommand.Parameters["@bno"].Value);
tname=Convert.ToString(MyCommand.Parameters["@tname"].Value);
cname=Convert.ToString(MyCommand.Parameters["@cname"].Value);
bname=Convert.ToString(MyCommand.Parameters["@bname"].Value);
skxqn=Convert.ToString(MyCommand.Parameters["@skxqn"].Value);
zt=Convert.ToInt16(MyCommand.Parameters["@zt"].Value);
schno=Convert.ToInt16(MyCommand.Parameters["@schno"].Value);
schname=Convert.ToString(MyCommand.Parameters["@schname"].Value);
```

```
                stunum=Convert.ToInt16(MyCommand.Parameters["@stunum"].Value);
                yy=Convert.ToInt16(MyCommand.Parameters["@yy"].Value);
                wy=Convert.ToInt16(MyCommand.Parameters["@wy"].Value);
                ztbk=Convert.ToInt16(MyCommand.Parameters["@ztbk"].Value);
                stunumbk=Convert.ToInt16(MyCommand.Parameters["@stunumbk"].Value);
                yybk=Convert.ToInt16(MyCommand.Parameters["@yybk"].Value);
                wybk=Convert.ToInt16(MyCommand.Parameters["@wybk"].Value);
                ztqk=Convert.ToInt16(MyCommand.Parameters["@ztqk"].Value);
                stunumqk=Convert.ToInt16(MyCommand.Parameters["@stunumqk"].Value);
                yyqk=Convert.ToInt16(MyCommand.Parameters["@yyqk"].Value);
                wyqk=Convert.ToInt16(MyCommand.Parameters["@wyqk"].Value);
                DB.close();
            }
        }
    }
}
```

（5）右击项目，在弹出的菜单中选择“添加”→“新建项”命令，在弹出的“添加新项”窗口中选择“代码文件”，名称改为 DataBaseLayer.cs，单击“添加”按钮，完成添加。该文件在前面已有论述，此处不再赘述。

（6）双击各个 Button 控件，进入.cs 文件编辑状态准备进行开发，代码如下：

```
//==========动态程序设计部分================
using System;
using System.Collections.Generic;
using System.ComponentModel;
using System.Data;
using System.Drawing;
using System.Text;
using System.Windows.Forms;

namespace WindowsApplication1
{
    public partial class Form14 : Form
    {
        public Form14()
        {
            InitializeComponent();
        }
        Bussiness teacher=new Bussiness();
        Mydatabase DB=new Mydatabase();
        ///<summary>
        /// DataGridView1 的数据绑定事件编码
        ///</summary>
        public void bind(int i)
        {
            string sql="";
            if (i==1)
```

```
        {
            sql="select tcno,sktime from tc where tno=2 and cno in (select
            distinct cno from sc where isposted=1) order by tcno asc";
        }
        if (i==2)
        {
            string skxq=comboBox1.SelectedValue.ToString();
            sql="select tcno,sktime from tc where tno=2 and cno in (select distinct
            cno from sc where isposted=1) and skxq="+skxq+" order by tcno desc";
        }
        if (i==3)
        {
            string skbj=comboBox2.SelectedValue.ToString();
            sql="select tcno,sktime from tc where tno=2 and cno in (select distinct
            cno from sc where isposted=1) and bno="+skbj+" order by tcno desc";
        }
        DataTable dt=DB.GetDataTable(sql);
        dataGridView1.DataSource=dt;
        dataGridView1.AllowUserToAddRows=false;
    }
    ///<summary>
    ///初始化事件
    ///</summary>
    private void Form14_Load(object sender, EventArgs e)
    {
        //首先，将教师的信息显示出来。假设我们进入系统教师的ID编号是2号，来自teacher表
        int user_id=2;
        int dno, xb;//变量表示为单位编号和系部编号
        string zc, degree, dname, tname;
        //变量表示：职称、学位信息、单位名称和教师姓名
        teacher.Getteacherinfo(user_id, out dno, out xb, out zc, out degree,
        out dname, out tname);
        label6.Text=Convert.ToString(user_id).Trim();
        label7.Text=tname.Trim();
        label8.Text=degree.Trim();
        label9.Text=dname.Trim();
        label10.Text=zc.Trim();
        //其次，添加前五个学期的信息到comboBox1
        string sql2="select distinct top 5 skxq,SUBSTRING(skxq,1,4)+'-'+cast((CAST
        (SUBSTRING(skxq,1,4) AS int)+1) as varchar(10))+'学年第'+SUBSTRING
        (skxq,5,1)+'学期' as skxqname  from tc order by skxq desc";
        DataSet ds1=DB.GetDataSet(sql2);
        comboBox1.DataSource=ds1.Tables[0];
        comboBox1.DisplayMember="skxqname";
        comboBox1.ValueMember="skxq";
        //然后，添加按照班级查询信息
```

```
        string sql="select bno,bname from class where bno in(select bno from
        tc where tno=2)";
        DataSet ds2=DB.GetDataSet(sql);
        comboBox2.DataSource=ds2.Tables[0];
        comboBox2.DisplayMember="bname";
        comboBox2.ValueMember="bno";
        //最后，显示电子网格中的数据信息
        bind(1);
    }

private void dataGridView1_RowPrePaint_1(object sender,
DataGridViewRowPrePaintEventArgs e)
    {
        int k=dataGridView1.Rows.Count;
        if (e.RowIndex != -1)
        {
            DataGridViewRow DGrow=dataGridView1.Rows[e.RowIndex];
            int i=Convert.ToInt32(DGrow.Cells["tcno"].Value);
            //此处需要获取课程表的课程性质名称
            int cno, tno, sktime, bno, zt, schno, stunum, yy, wy, ztbk, stunumbk,
            yybk, wybk, ztqk, stunumqk, yyqk, wyqk;
            string skxq, tname, cname, bname, skxqn, schname;
            teacher.GetCourselist(i, out cno, out tno, out skxq, out sktime,
            out bno, out tname, out cname, out bname, out skxqn, out zt, out schno,
            out schname, out stunum, out yy, out wy, out ztbk, out stunumbk,
            out yybk, out wybk, out ztqk, out stunumqk, out yyqk, out wyqk);
            DGrow.Cells["skxq"].Value=skxqn;
            DGrow.Cells["banji"].Value=bname;
            DGrow.Cells["school"].Value=schname;
            DGrow.Cells["coursename"].Value=cname;
            DGrow.Cells["sktime"].Value=sktime.ToString();
            DGrow.Cells["stunum"].Value=stunum.ToString();
            DGrow.Cells["yy"].Value=yy.ToString();
            DGrow.Cells["wy"].Value=wy.ToString();
        }
    }
    ///<summary>
    ///按照学期信息查询
    ///</summary>
    private void button1_Click(object sender, EventArgs e)
    {
        bind(2);
    }
    ///<summary>
    ///按照课程查询
    ///</summary>
```

```
        private void button2_Click(object sender, EventArgs e)
        {
            bind(3);
        }
        ///<summary>
        ///查询全部
        ///</summary>
        private void button3_Click(object sender, EventArgs e)
        {
            bind(1);
        }
    }
}
```

运行后的效果如图 4-66 所示。

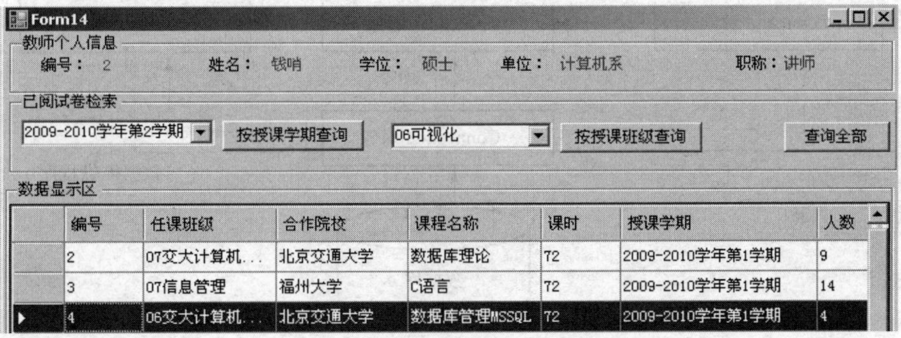

图 4-66　程序执行效果图

本章小结

图 4-67 中内部箭头表示应用程序从数据库读取数据，外围箭头表示从应用程序向数据库写数据。对于本章知识点，涉及面广，知识结构复杂，但总结后不难发现，以下的知识点是学习本章的重点和难点：

- 在 DataSet 对象内表示的数据是数据库的部分或全部的断开式内存副本
- DataAdapter 对象用来填充数据集和更新数据集到数据库，这样方便了数据库和数据集之间的交互
- 类型化数据集对象是 DataSet 类的派生类的实例，这些类都基于 XML 结构
- DataTable 表示一个内存数据表，而 DataColumn 表示 DataTable 中列的结构
- DataView 是 DataTable 中存储的数据的表示层
- DataReader 对象提供只进、只读和连接式数据访问，并要求使用专用的数据连接
- DataReader 对象提供检索强制类型化数据的方法
- 在数据库编程中使用数据绑定控件时， DataGridView 控件是 Visual Studio .NET 中提供的最通用、最强大和最灵活的控件

- DataGridView 控件以表的形式显示数据，并根据需要支持数据编辑功能，如插入、更新、删除、排序和分页
- 使用 DataSource 属性为 DataGridView 控件设置一个有效的数据源
- 调用 Update()方法来执行相应的插入、更新和删除操作时，将执行 DataAdapter 的 InsertCommand、UpdateCommand 和 DeleteCommand 属性
- 如何定制 DataGridView 界面

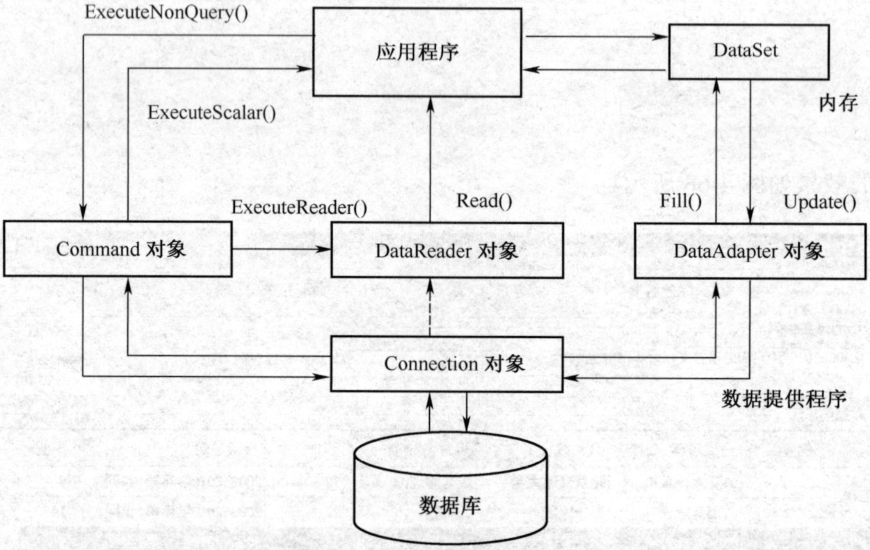

图 4-67 ADO.NET 总结图

课后练习

1．编写一个应用程序，可以添加、修改、删除学生基本信息。用户界面如图 4-68 所示，数据库为 school1，仅用了两个表，mz 是表示民族的表，student 是表示学生的表。具体字段设计情况请参见图 4-69，数据库环境是 SQL Server 2005。

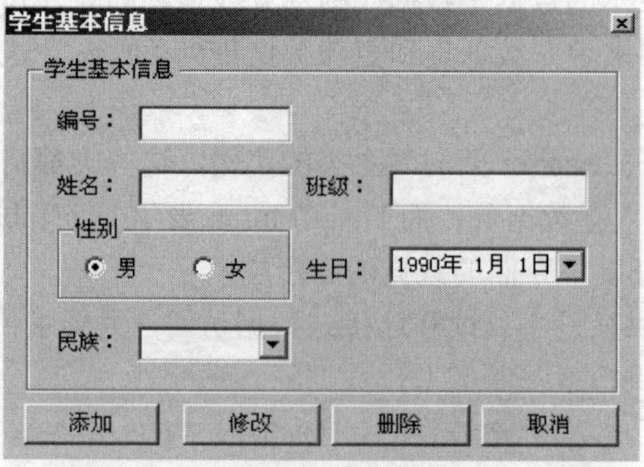

图 4-68 学生基本信息应用程序界面

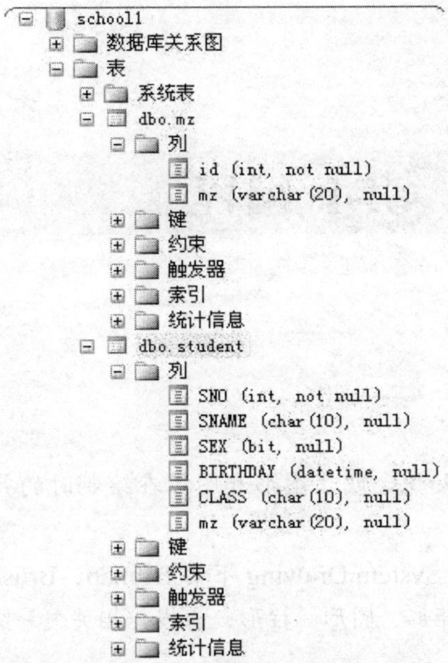

图 4-69　数据库设计

2．编写一个应用程序，实现可以添加、修改、删除、查询数据库中学生基本信息的功能。用户界面如图 4-70 所示，数据库如图 4-69 所示。

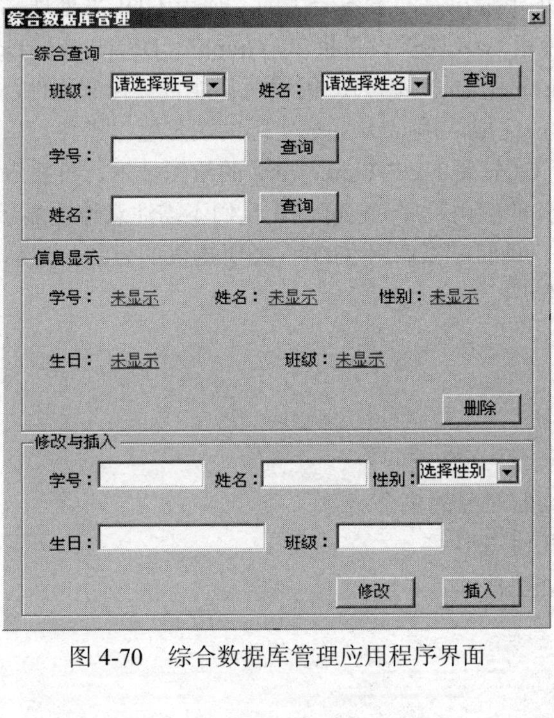

图 4-70　综合数据库管理应用程序界面

第 5 章 GDI+编程

本章内容

- 了解 GDI+绘图的基本知识，明了图形和图像在绘制时的异同，了解图形图像的坐标轴系统的定义。
- 掌握绘图工具类，包括 System.Drawing 下的 Bitmap、Brush、Font、Pen 等类的使用方法。
- 可以绘制的图形包括：矩形、圆形、柱形、曲线等相关矢量图；可以对位图进行一定的处理。
- 本章小结

5.1 GDI+绘图基本知识

Windows 操作系统的图形输出是与设备无关的，使用 GDI 来处理二维图形图像，进行图形输出。Windows 早期版本中使用 GDI 图像设备接口（Graphics Device Interface），属于绘图方面的 API（Application Programming Interface）。因为应用程序不能直接控制硬件，所以当我们要进行绘图的动作时，必须通过 GDI 才能完成，由 GDI 完成实际的图形输出操作。

那 GDI+又是什么呢？GDI+是.NET Framework 的绘图技术，可将应用程序和绘图硬件分离，让我们能够编写与设备无关的应用程序。它可以让我们不需注意特定显示设备的详细数据，便可在屏幕或打印机上显示信息。我们可以调用 GDI+ 类所提供的方法，然后这些方法会适当地调用特定的设备驱动程序，完成绘图。

学习目标

- 了解 System. Drawing 命名空间
- 掌握矢量图形和绘制对象的概念
- 可以绘制简单的几何图形
- 掌握基本的图像处理技术

5.1.1 坐标系统

窗体、控件或者打印机都包含坐标。通常的情况是二维图形绘制，即具有 X 和 Y 坐标。默认情况下，X 坐标代表从绘图区左边边缘（Left）到某一点的距离，Y 坐标代表从绘图区上边边缘（Top）到某一点的距离。

（1）坐标原点：在窗体或控件的左上角，坐标为(0,0)。

（2）正方向：X 轴正方向为水平向右，Y 轴正方向为垂直向下。

（3）单位：在设置时，一般以像素为单位，像素（Pixel）是由 Picture（图像）和 Element（元素）这两个单词的字母组成的，是用来计算数码影像的一种单位。把影像放大数倍，会发现这些连续色调其实是由许多色彩相近的小方点所组成，这些小方点就是构成影像的最小单位像素。图形的质量由像素决定，像素越大，分辨率也越大。

5.1.2 System.Drawing 命名空间

System.Drawing 命名空间提供了对 GDI+ 基本图形功能的访问，其中一些子命名空间提供了更高级的功能。该命名空间中的常用类和结构如表 5-1 和表 5-2 所示。

表 5-1 System.Drawing 命名空间中的常用类

类	说明
Bitmap	封装 GDI+ 位图，此位图由图形图像及其属性的像素数据组成。Bitmap 是用于处理由像素数据定义的图像的对象
Brush	定义用于填充图形形状（如矩形、椭圆、饼形、多边形和封闭路径）的内部的对象
Font	定义特定的文本格式，包括字体、字号和字形属性。无法继承此类
Graphics	封装一个 GDI+ 绘图图面。无法继承此类
Pen	定义用于绘制直线和曲线的对象。无法继承此类
Region	指示由矩形和路径构成的图形形状的内部。无法继承此类

表 5-2 System.Drawing 命名空间中的常用结构

结构	说明
Color	表示 RGB 颜色
Point	表示在二维平面中定义的点、整数 X 和 Y 坐标的有序对
Rectangle	存储一组整数，共 4 个，表示一个矩形的位置和大小。对于更高级的区域函数，请使用Region对象
Size	存储一个有序整数对，通常为矩形的宽度和高度

5.1.3 Graphics 类

Graphics 类封装了一个 GDI+绘图界面，提供将对象绘制到显示设备的方法，使用 GDI+创建图形图像时，需要先创建 Graphics 对象，即在哪里画图。该类无法继承。有 3 种类型的绘图界面：

（1）窗体和控件。

（2）打印机。

（3）内存中的位图。

Graphics 类不能直接实例化，创建图形对象的方法有 3 种：

（1）控件类的 OnPaint()方法参数 PaintEventArgs 获取 Graphics 对象。

（2）窗体类或控件类中的 CreateGraphics()方法获得 Graphics 对象。

（3）从位图对象（Bitmap）产生一个 Graphics 对象。

Graphics 类的常用方法及属性如表 5-3 所示。

表 5-3 Graphics 类的常用方法

名称	说明
Dispose	释放由 Graphics 使用的所有资源
DrawEllipse	绘制一个由边框（该边框由一对坐标、高度和宽度指定）定义的椭圆
DrawArc	绘制弧形
DrawLine	绘制一条连接由坐标对指定的两个点的线条
DrawPolygon	绘制由一组 Point 结构定义的多边形
DrawRectangle	绘制由坐标对、宽度和高度指定的矩形
DrawPie	绘制一个扇形，该形状由一个坐标对、宽度、高度以及两条射线所指定的椭圆定义
DrawCurse	绘制曲线，由参数 Point 数组指定
FillEllipse	填充边框所定义的椭圆的内部，该边框由一对坐标、一个宽度和一个高度指定
FillRegion	填充 Region 的内部
ScaleTransform	将指定的缩放操作应用于此 Graphics
TanslateTransform	平移更改坐标系统的原点

5.2 绘图工具类

学习目标

- 掌握绘图基本类的使用
- 掌握绘制线条、形状和文本的基本方法
- 灵活使用画刷画笔
- 灵活运用颜色

5.2.1 Pen 类

Pen 类可以设置笔的颜色，线条的粗细和线条的样式（实线、虚线等）。笔是绘画的工具，Graphics 对象是绘画的场所，这样，我们就可以在允许的界面上绘制各种图形。

案例学习：在窗体上画出各种形状

本次实验的目标是使用图形与画笔类直接在窗体上绘制基本形状。

（1）新建 Windows 应用程序，添加一个 Button 控件，单击按钮时，在窗体正中画一条和窗体相同长度的直线。

（2）双击“直线”按钮，进入按钮单击事件的事件处理程序，画一条与窗体相同宽度的直线，画笔颜色为黑色，线宽默认为 1，代码如下：

```
private void button1_Click(object sender, EventArgs e)
        {
            Graphics g=this.CreateGraphics();
            Pen p=new Pen(Color.Black);
            g.DrawLine(p, 0, this.Height / 2, this.Width, this.Height / 2);
            p.Dispose();
            g.Dispose();
        }
```

（3）双击“矩形”按钮，进入代码编辑器，画一个宽 100 像素高 200 像素的矩形（如图 5-1（a）所示），代码如下：

```
g.DrawRectangle(p, 50, 50, 200, 100);
```

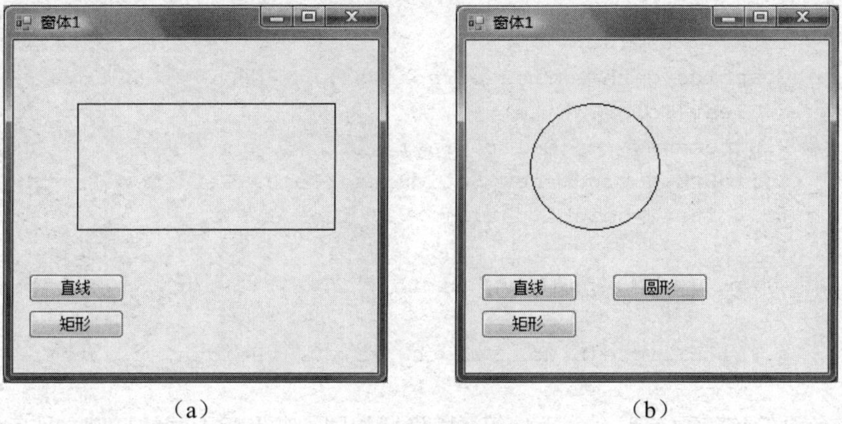

图 5-1　绘制基本形状

（4）双击“圆形”按钮，进入代码编辑器，画一个半径为 50 像素的圆（如图 5-1（b）所示），代码如下：

```
g.DrawEllipse(p, 50, 50, 100, 100);
```

画圆的方法为 DrawEllipse，参数需指定一个矩形区域，在该范围内画一个椭圆，如果矩形区域为正方形，即参数 3=参数 4，则画出的是一个圆。

问题讨论：

（1）DrawXXX()方法的使用。

这里只是一个简单的例子，其中参数中的各整数分别代表什么，是否能使用其他类型替换？每种 DrawXXX()方法都有几种重载形式，其中的参数既可以是整数指定的像素单位，也可以是浮点数指定的像素单位。如果不确定具体的像素单位，可以通过矩形（Rectangle）或点类型（Point）来设置。

（2）图形类的 Dispose()方法。

为什么每画完一个图形都要调用 Dispose 方法？在什么情况下需调用 Dispose 方法？

通过 Create 方法创建了 Graphics 对象，就需要使用 Dispose 方法来释放资源，也可以配合 using 语句使用，例如：

```
using (Graphics g = this.CreateGraphics())
{
    g.DrawEllipse();
}
```

案例学习：在窗体上画出圆柱体

本次实验的目标是使用 DrawXXX()方法绘制出立体效果。类库中没有直接能够绘制三维图形的方法，因此我们在编程时需利用平面图形方法绘制出三维效果，就像在纸上画出三维图形一样：如果我们画一个圆柱体，那么圆柱体的上底面需绘制为椭圆，下底面的后面被挡住的部分使用虚线或者不画出。

本实验的目的是在窗体上画一个圆柱体。在某窗体上放置一个 Button 按钮，编写代码如下：

```
private void button4_Click(object sender, EventArgs e)
        {
            int height=this.ClientSize.Height - 100;
            int width=this.ClientSize.Width - 50;
            int vHeigth=200;
            int vwidth=100;
            Graphics g=this.CreateGraphics();
            g.Clear(Color.White);
            Pen pen=new Pen(Color.Gray);
            SolidBrush brush=new SolidBrush(Color.Gainsboro);
            for (int i=height / 2; i > 0; i--)
            {
                g.DrawEllipse(pen, width / 2, i, vHeigth, vwidth);
            }
            g.FillEllipse(brush, width / 2, 0, vHeigth, vwidth);
        }
```

使用深灰色画笔连续画若干个大小相等、横坐标相同、纵坐标不同的椭圆，最后使用浅灰色笔刷在最上层覆盖一个椭圆作为圆柱体的上底面，如图 5-2 所示。

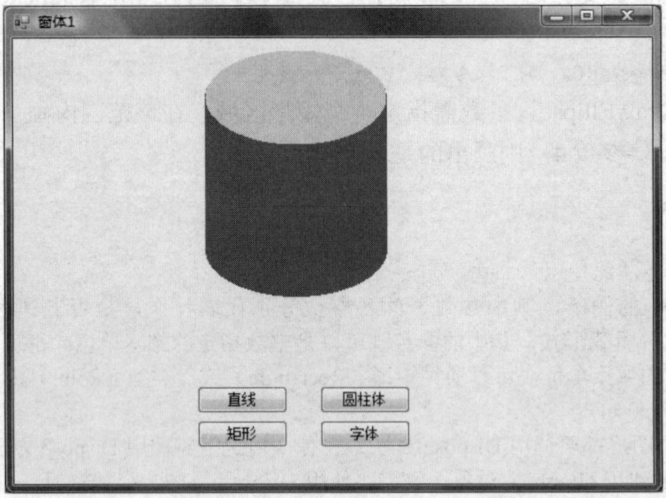

图 5-2　圆柱体

注意：

循环语句的结束位置和最后绘制上底面的位置必须相同，否则图形不能重叠，不能画出圆柱体的效果。

5.2.2　Brush 类

Brush 类（画刷），用于填充图形。该类是一个抽象基类，不能直接实例化，可以通过派生类设置笔刷的样式、颜色及线条的粗细。这里所谓的区域即在什么范围内使用画刷。Brush 类的派生类如表 5-4 所示。

表 5-4　Brush 类的派生类

名称	说明
ImageBrush	图像绘制区域
LinearGradientBrush	线性渐变绘制区域
RadialGradientBrush	径向渐变绘制区域，焦点定义渐变的开始，椭圆定义渐变的终点
SolidColorBrush	单色绘制区域
VideoBrush	视频内容绘制区域

案例学习：在窗体上为各种形状填充不同的颜色

本次实验的目标是使用图形与画刷类为窗体上的基本形状填充颜色。

（1）填充矩形，直接使用画笔作为笔刷，设置为红色单色刷。添加功能源代码如下：

```
Pen p=new Pen(Color.Red ,3);//设置笔刷的宽度
Brush b=p.Brush;
Rectangle r=new Rectangle(50,50,200,100);
g.FillRectangle(b,r);
```

（2）用线性渐变画刷绘制圆形，修改代码如下：

```
Rectangle r=new Rectangle(150, 50, 200, 200);
LinearGradientBrush brush=new LinearGradientBrush(r, Color.Orange, Color.Purple, 90);
g.FillEllipse(brush, r);
```

效果如图 5-3 所示。

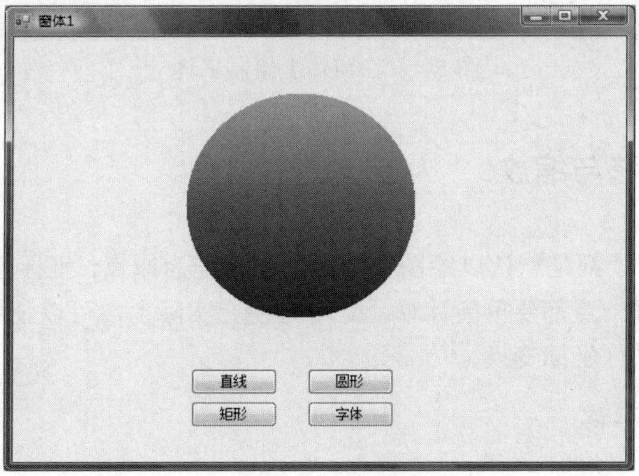

图 5-3　渐变笔刷

问题讨论：创建矩形对象时，构造函数的参数分别代表什么？

前两个参数是指左上角的坐标(横,纵)，后两个参数分别是矩形的宽度与高度。

在使用绘图工具类时多次用到颜色，颜色的获取可以直接在枚举值中找到相符的颜色，或者从 RGB（显示器的颜色系统采用常见的加色法，即所有颜色由红绿蓝三色的不同比例组合而成）数值直接获取，在使用 FromArgb 方法时，直接设置目标颜色的 RGB 数值，整数取值范围为 0～255。

5.2.3 Font 类

绘制文本时，可设置字体的样式、大小，以及字体的种类。还可以通过图形对象，调用 Graphics 类 DrawString 方法，在窗体或控件上直接画出。在调用方法前需先设置字体的选项。需要注意的是，不同的字体绘制出的文本宽度不同。

小实验：在窗体上直接写出“Windows 应用程序设计”，使用隶书、斜体，调整汉字显示的位置，修改源代码如下：

```
Font f=new Font("隶书",24,FontStyle.Italic);
Pen p=new Pen(Color.Blue);
g.DrawString("Windows 应用程序设计",f, p.Brush,50,50);
```

课堂练习：使用线性渐变笔刷在窗体上写出艺术字效果。效果如图 5-4 所示。

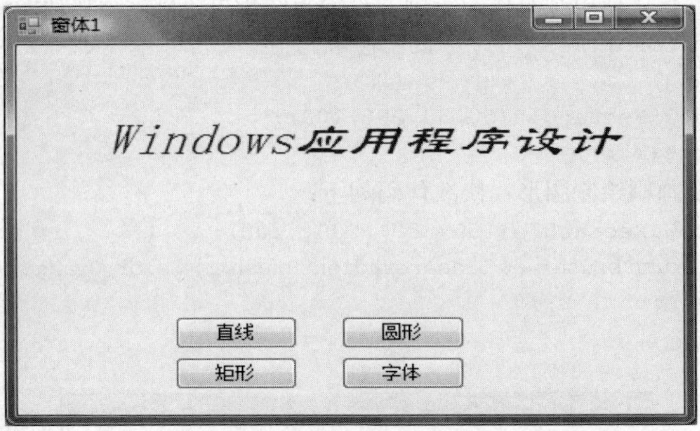

图 5-4 在窗体上绘制字体

5.2.4 坐标的平移与缩放

我们看到，前面的例子都是默认以绘图界面的左上角作为原点，坐标值以像素为单位，画图以左上角为参照点，绘制每一点都要重新计算，并不方便。实际上，可以使用 Graphics 类中对于坐标系统操作的几个方法进行坐标变换。

案例学习：坐标平移

简单改变坐标原点，在不同位置调用相同方法绘制图形。添加功能源代码如下：

```
///<summary>
        ///绘制新界面
        ///</summary>
        ///<param name="sender"></param>
        ///<param name="e"></param>
        private void Form4_Paint(object sender, PaintEventArgs e)
        {
            Graphics g=this.CreateGraphics();
            g.Clear(Color.White);
            Pen myPen=new Pen(Color.Red, 3);
            g.DrawRectangle(myPen, 0, 0, 200, 100);
            g.DrawEllipse(myPen, 0, 0, 200, 100);
            g.Dispose();
            myPen.Dispose();
        }
///<summary>
        ///坐标移动
        ///</summary>
        private void button1_Click(object sender, EventArgs e)
        {
            Graphics g=this.CreateGraphics();
            g.Clear(Color.White);
            Pen myPen=new Pen(Color.Red, 3);
            g.TranslateTransform(30, 120);
            g.DrawRectangle(myPen, 0, 0, 200, 100);
            g.DrawEllipse(myPen, 0, 0, 200, 100);
            g.Dispose();
            myPen.Dispose();
        }
```

实验效果如图 5-5 所示。

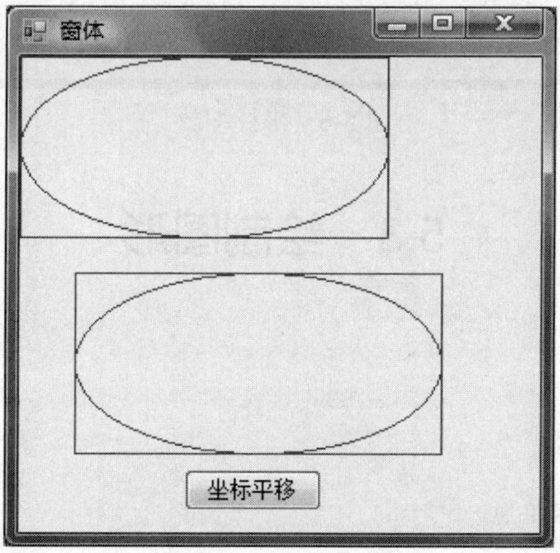

图 5-5　坐标平移

案例学习：坐标缩放

改变两个坐标轴向上的缩放比例，将横轴放大 1.5 倍，纵轴放大 2 倍。功能源代码如下：

```
///<summary>
        ///坐标缩放
        ///</summary>
        private void button1_Click(object sender, EventArgs e)
        {
            Graphics g=this.CreateGraphics();
            g.Clear(Color.White);
            Pen myPen=new Pen(Color.Red, 3);
            g.ScaleTransform(1.5, 2);//将横轴放大 1.5 倍，纵轴放大 2 倍
            g.DrawRectangle(myPen, 0, 0, 200, 100);
            g.DrawEllipse(myPen, 0, 0, 200, 100);
            g.Dispose();
            myPen.Dispose();
        }
```

为了看得清楚，先将坐标轴平移之后进行缩放，相同的绘制图形代码，坐标缩放之后可以看到图形也随之缩放，如图 5-6 所示。

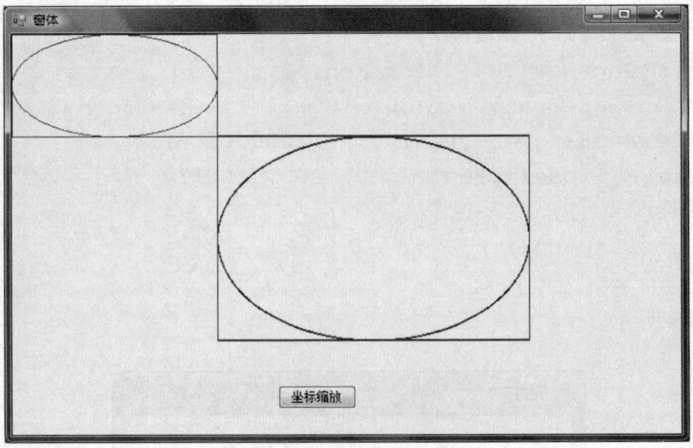

图 5-6　坐标缩放

5.3　绘制图形

学习目标

- 掌握绘制曲线的基本要点
- 掌握图形类控件的使用
- 掌握 System.Drawing.Drawing2D

5.3.1　绘制曲线

对于基本形状的绘制，我们可以从图形类提供的方法中找到解决方案，比如三角形即为三条相互连接的直线，心形则依次画几个半圆形组合，关键问题是找准其中的连接点位置，常见图形都可以通过基本方法调用画出。但是一些数学曲线的处理就较为烦琐，不是标准的形状组成，需要两点一线逐一绘制，这里我们以一些常用曲线及图表为例进行介绍。

案例学习：绘制正弦曲线 y=sin(x)

本次实验的目标是掌握绘制曲线的基本要领。可以在任意窗体或控件上找到各相关点，计算绘制曲线，以正弦曲线为例，首先应找到坐标原点，然后找到每一个曲线上的对应点的坐标，在两点之间画一条直线，如此反复直到曲线终点。

（1）定制坐标轴，确定坐标原点，依次画两条直线分别作为 X、Y 轴。因为窗体的左上角坐标为(0,0)，在代码中使用的坐标定位都是相对的，相对于窗体的左上角位置。为了看得清楚，在窗体的四周留出了一部分边缘，使用绝对像素值，将坐标原点定位在(30，窗体高度-100)，按钮的上方。随着窗体大小的变化，横坐标轴根据窗体高度绘制在不同位置，如图 5-7 所示。

图 5-7　坐标轴的绘制

（2）修改源代码如下：

```
Pen myPen=new Pen(Color.Blue, 3);
Point oo1=new Point(30, this.ClientSize.Height-100);
Point oo2=new Point(this.ClientSize.Width - 50, this.ClientSize.Height-100);
g.DrawLine(myPen, oo1, oo2);
Point oo3=new Point(30, 30);
g.DrawLine(myPen, oo1, oo3);
Font f=new Font("宋体",12,FontStyle.Bold);
g.DrawString("x", f, myPen.Brush, oo2);
g.DrawString("y", f, myPen.Brush, 10,10);
```

这里也可以通过坐标平移直接指定坐标原点，然后从原点画出两条直线。这种方法更为简单。

（3）接着在坐标轴上画出正弦曲线，以坐标轴的原点为起点，如图 5-8 所示。

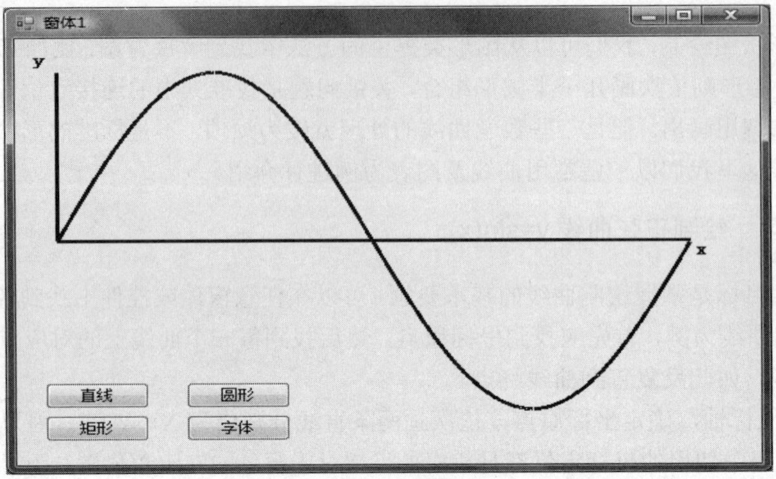

图 5-8　正弦曲线

因为窗体中纵坐标的正方向是垂直向下的，和我们在数学中画坐标轴的方向相反，因此，需对纵坐标的值做一些修改。在上面的代码后面添加如下代码：

```
x1=x2=0;
y1=0;y2=this.ClientSize.Height-100;
for (x2=0; x2<this.ClientSize.Width ; x2++)
{
a=2 * Math.PI * x2 / (this.ClientSize.Width);
y2=Math.Sin(a);
y2=(1 - y2) * (this.ClientSize.Height-100)/2;
g.DrawLine(myPen, x1+30, (float)y1, x2+30, (float)y2);
x1=x2;
y1=y2;
}
```

这里通常 a=2πx/坐标轴宽度，实现坐标轴的放大。因为直接根据 y=sinx 中的 x 范围画图，画出的正弦曲线很窄，x 取值范围是从以 0～2π为一个周期，也就是几个像素，因此需通过改变横坐标来将曲线拉宽。

问题讨论：绘制曲线时的基本方法

根据曲线的计算公式，确定坐标原点，从原点开始，循环绘制直线，不同点与点间的直线构成了一条曲线。

案例学习：按百分比绘制饼图

本次练习的目标是掌握绘制统计图形的基本要领，绘制饼图并按比例填充不同颜色。饼图可以直接使用类库中的方法填充图形，不同之处在于统计类图形需和数据关联，如何获取数据并按不同数据绘制不同比例的饼图是实现的关键。

（1）绘制简单的饼图，各部分比例由界面输入或直接指定，按比例生成饼图，不同部分使用不同颜色填充，多次创建画刷，添加代码如下：

```
Rectangle r=new Rectangle(50,50,200,100);
Brush b=new SolidBrush(Color.Blue);
g.FillPie(p.Brush, r, 0, 60);
g.FillPie(b, r, 60, 150);
b=new SolidBrush(Color.Yellow);
g.FillPie(b, r, 210, 150);
```

效果如图 5-9 所示，这里绘制的是二维饼图，如果希望画出立体效果，可以使用前面介绍的方法画出圆柱体的效果，立体的部分采用黑色阴影处理即可。

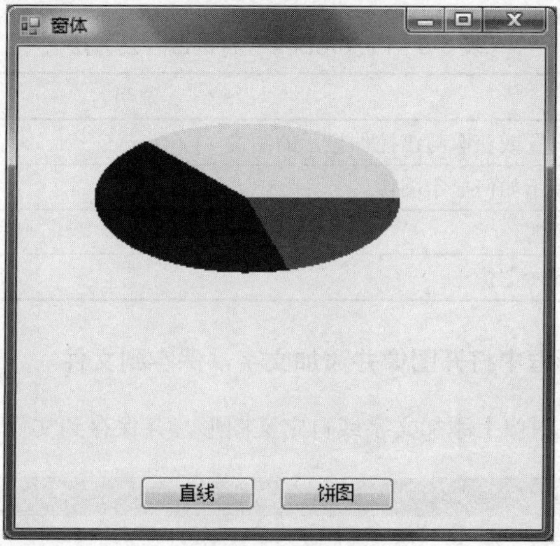

图 5-9　平面饼图

（2）从前面的例子看出，画饼图直接使用方法 FillPie，饼图的各部分主要由参数 3 和参数 4 来确定位置，是饼图各部分的角度的关键参数。如果每一部分不确定，或从其他对象中获取数据来动态生成饼图，可以将饼图绘制改为用循环语句实现。同样，每一部分的颜色也可以通过获取数据确定，添加代码如下：

```
private void Fill(int[] percent,Color[] percolor)
{
Graphics g=this.CreateGraphics();
Rectangle r=new Rectangle(50, 50, 200, 100);
Brush b;
int beginAngle=0;
for (int i=0; i <= percent.GetUpperBound(0); i++)
{
b=new SolidBrush(percolor[i]);
g.FillPie(b, r,beginAngle, percent[i]);
beginAngle+= percent[i];
}
g.Dispose();
```

在这里，我们定义了一个方法，接受的输入参数分别为饼图的划分比例和颜色的设置，方法的参数类型还可根据需要调整。输入的参数既可以从数据库表中的指定列获取，也可通过从文件中的数据获取。在调用时确定将饼图切割为几份。

5.3.2 图形控件的使用

1. Picturebox 控件

图片框是操作图形图像的基本控件，主要用于显示、保存图形图像信息，其主要属性和方法定义如表 5-5 所示。

表 5-5 PictureBox 控件的属性及方法

属性	说明
Image	设置或获取与该控件显示的图像
SizeMode	指示如何显示图像
方法	说明
Load	显示图像

案例学习：在图形框中打开图像并添加文字，保存到文件

本次实验的目标是在图像上添加文字或自定义图形，并保存到文件。界面如图 5-10 所示。

图 5-10 打开图像

（1）如图 5-10 所示，从工具箱中拖曳 PictureBox 控件到窗体上，设置 SizeMode 属性为 StretchImage，使图片适应图形框控件大小，可以使用 OpenFileDialog 控件，在代码中添加打开文件操作，从界面选择文件打开，也可以直接指定文件路径。

（2）双击“在图片上添加文字”按钮，进入.cs 文件编辑状态准备进行开发，代码如下：

```
private void 添加文字_Click(object sender, EventArgs e)
{
Graphics g=Graphics.FromImage(pictureBox1.Image);
Font f=new Font("隶书", 80, FontStyle.Italic);
Pen p=new Pen(Color.OrangeRed);
g.DrawString("花开花落", f, p.Brush,0,0);
p.Dispose();
g.Dispose();
}
```

问题讨论：

执行完上面的代码，并没有在图像上看到绘制的图形，为什么？

需要对图像刷新。当我们绘制完成图像时，没有将绘制的结果同步显示在控件的图像中，这时如果保存文件，能够看到文件中的变化，如果我们希望同时在窗体控件中看到变化，以确定是否保存修改，需要调用图片框的刷新方法 PictureBox.Refresh()来更新图像对象。

（3）到这里，我们只是在界面上看到了对于图像所作的修改，再打开文件，还没有将修改保存到文件，最后需调用 Image 类的 Save 方法将图片框中修改过的图像对象保存到文件，再次打开文件查看结果。

```
pictureBox1.Image.Save(filename);
```

2. Bitmap 类

封装 GDI+位图，此位图由图形图像及其属性的像素数据组成。Bitmap 是用于处理由像素数据定义的图像的对象，其常用属性及方法如表 5-6 所示。

表 5-6 Bitmap 类的常用属性及方法

属性	说明
Size	获取此图像的以像素为单位的宽度和高度
Width	获取此图像的宽度
Height	获取此图像的高度
方法	说明
FromFile	从指定的文件创建图像
FromStream	从指定的数据流创建图像
GetPixel	获取此 Bitmap 中指定像素的颜色
MakeTransparent	使默认的透明颜色对此 Bitmap 透明
Save	将此图像以指定的格式保存到指定的流中
RotateFlip	此方法旋转、翻转或者同时旋转和翻转

案例学习：创建位图并保存

本次实验的目标是通过位图类和图形类创建图形并保存。图 5-11 所示为目标界面。

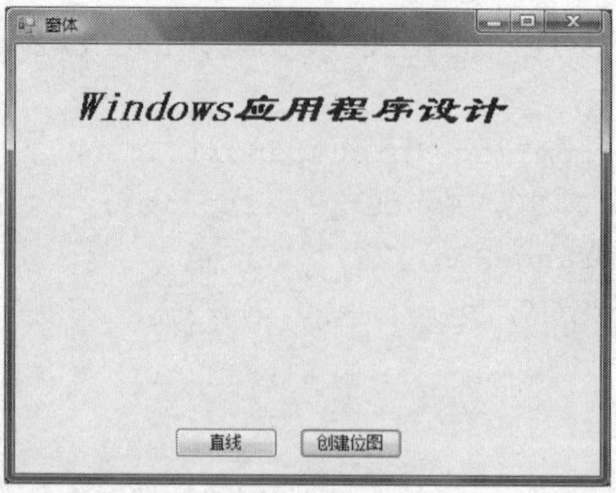

图 5-11 创建位图并显示在图片框中

图 5-11 和图 5-4 类似，区别在于绘图界面发生了变化，这里先创建位图对象，然后载入到图片框，使得我们能在界面上看到绘制的结果，最后保存到文件，打开文件观看，不同格式可能在色彩上有些许差别。不同的位图格式参见 System.Drawing.Imaging.PixelFormat 枚举。双击“创建位图”按钮，进入.cs 文件编辑状态准备进行开发，代码如下：

```
Bitmap bm=new Bitmap(this.ClientSize.Width, this.ClientSize.Height,
System.Drawing.Imaging.PixelFormat.Format32bppArgb);
Graphics g=Graphics.FromImage(bm);

Font font=new Font("隶书", 24, FontStyle.Italic);
Pen pen=new Pen(Color.OrangeRed);
g.DrawString("Windows 应用程序设计", font, pen.Brush, 0, 0);
pictureBox1.Image=bm;
bm.Save(filename);
pen.Dispose();
g.Dispose();
```

按照保存位置打开文件，可以看到保存的位图文件如图 5-12 所示。

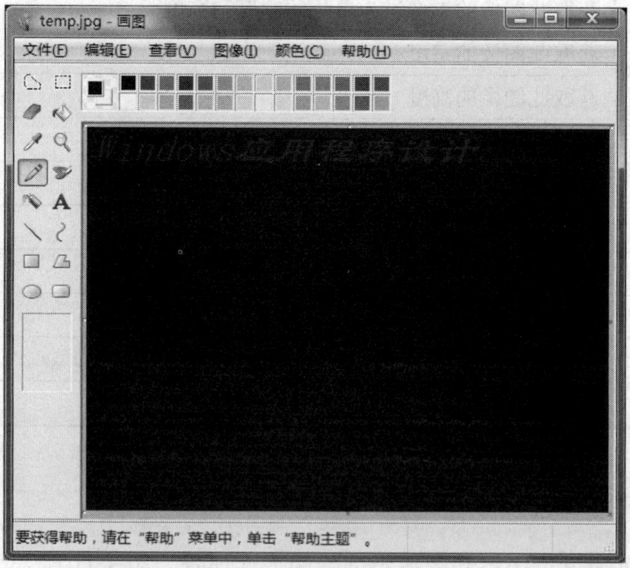

图 5-12 保存的位图文件

本章小结

本章重点阐述了 C# Winform 如何实现图形、图像的处理技术，特别要求掌握绘制矢量图形的基本工具和基本方法；另外，图像的处理方法中，如何进行图像的修饰也是本章的要点。具体要求掌握的知识点和难点如下：

- 了解.NET Framework 对于 GDI+图形图像编程的支持情况。
- 掌握主要绘图的工具类，如 pen、brush 等工具类的使用方法和技巧。
- 了解曲线的种类，掌握绘制曲线的基本方法。
- 了解坐标轴的体系结构，掌握坐标轴的平移与缩放技术。
- 掌握图形控件 Picturebox 控件的使用方法和技巧。
- 灵活运用位图类与图像类的载入，学会保存绘制的图形的方法。
- 掌握饼形图、柱状图的绘制方法和技巧。

课后练习

1．使用线性渐变画刷写文本，作出文字水印效果，并保存到文件。要求：

（1）单击“载入图像的按钮”时候，打开 OpenFileDialog，选择文件，将选中的图片显示在图片框中。

（2）单击“插入水印文字”按钮时，使用线性渐变笔刷写出文字并作出半透明效果，打开 SaveFileDialog，保存到文件。

2．绘制余弦曲线，要求：

（1）在窗体初始化事件中绘制出坐标轴。

（2）单击“余弦曲线”按钮时，绘制出波峰波谷，从坐标轴原点开始画起。

3．请使用 DrawPath 或 DrawCurve 方法绘制余弦曲线，该曲线为绿色，并为该余弦曲线绘制相应的坐标轴，绘制时注意使用 ScaleTransform 来进行缩放坐标轴的实验。

第6章 水晶报表技术

本章内容

- 水晶报表技术简介
- 水晶报表的主要功能
- 水晶报表的执行模式
- 本章小结

本章将重点介绍“水晶报表”（Crystal Report），其主要功能是以报表的形式表现数据。通过对报表文件中的页眉、页脚以及详细资料区域的设置，获得与实际业务纸质报表相同格式的电子报表，并在 Windows 应用程序中输出这些由计算机产生的统计分析数据。

学习目标

- 理解水晶报表的作用和优点
- 使用水晶报表专家创建水晶报表
- 理解水晶报表的推拉模式设计
- 在窗体中使用水晶报表和报表绑定
- 学习水晶报表与数据库的综合复杂开发

6.1 水晶报表简介

在很多企业的日常运营中，经常会出现一些报表业务需要处理，如某部门的薪资报表就属于财务报表的一种，这些报表的输出要求有一定的规格制式，数据的处理要求符合业务逻辑的要求。表 6-1 所示为某部门的薪资表。

表 6-1　部门薪资表

姓名	部门	职位	薪金
Allen John	技术部	分析员	10000
David Blake	销售部	销售员	3500
Jack Turner	办公室	行政人员	4200

续表

姓名	部门	职位	薪金
Binary Reader	办公室	行政人员	4200
Mark Lee	销售部	经理	12000
Chan Cho	销售部	销售员	3500
Susan Jones	办公室	行政人员	4200
Scott William	销售部	销售员	3500
Adam Johns	销售部	销售员	3500

如果转换成为按照员工所在的部门进行薪资统计工作（如表 6-2 所示），那么有关人员就需要手动计算每个部门的总薪金，依次填写统计后的数据。这种方式的缺点是准确性低，数据容易受到人为因素影响。

表 6-2　部门薪资统计表

姓名	部门	职位	统计薪金
Susan Jones	办公室	行政人员	24600
Jack Turner		行政人员	
BinaryReader		行政人员	
Mark Lee	销售部	经理	26000
Chan Cho		销售员	
David Blake		销售员	
Scott William		销售员	
Adam Johns		销售员	
Allen John	技术部	分析员	10000

水晶报表出现的目的就是使计算机参与到办公系统业务流程中，使电子水晶报表成为格式化且有条理的数据记录表示方式。

水晶报表可以由很多的方法得到，其中一个就是使用 VS.NET 来创建，它提供了非常丰富模型以使我们能够在运行时操作属性和方法。如果用户正在使用 VS.NET 开发.NET 程序，那么就不需要再安装其他软件，因为水晶报表已经内嵌在 VS.NET 中了。

1. 水晶报表的优点

VS.NET 水晶报表的主要优点如下：

- 快速的报表开发
- 能够导出为复杂的交互性图表
- 可以与其他控件一起在 WebForm 中使用
- 能够动态地将报表导出为.pdf、.doc、xls、html、rtf 等多种格式

2. 水晶报表的主要控件

VS.NET 水晶报表的主要控件包括以下四个：

（1）水晶报表引擎（Crystal Report Engine (CREngine.dll)）

通过水晶报表引擎可以完成一些任务，如在报告文件中合并数据，转换报告为其他格式等。也正是因为报告引擎的作用，才可以将 ASP.NET 中的水晶报表转换成为普通 HTML 格式水晶报表设计器（Crystal Report Designer (CRDesigner.dll)）。水晶报表就是在设计器中创建的，在设计器中可以设计标题，插入数据、公式、图表、子报表等。

（2）.rpt 报表文件。

执行报表的第一步就是在水晶报表设计器接口创建此报表，在默认安装中微软已经提供了一些现成的.rpt 例子。

（3）Data Source。

.rpt 文件取得数据库的方法取决于用户对方法的选择，可以选择让水晶报表自己选择数据而不使用任何代码，或者也可以选择手动组装 DataSet，然后再将其传送到报表文件。

（4）水晶报表查看控件。

水晶报表查看控件（Crystal Report Viewer web form Control (CRWebFormViewer.dll)）是一个 WinForm 控件，可以将它看成是一个在 WinForm 页面中存放报表的容器。

6.2 水晶报表的基本操作

水晶报表的设计是比较容易上手的，一般通过工具箱中 Crystal Reports 控件内的两个基本控件：CrystalReportViewer 和 ReportDocument 来实现和完成。下面从 3 个方面分别阐述水晶报表的设计工具、自定义以及主要特征与结构。

1. 借助交互式界面更加容易地创建报表

VS2005 有专门的水晶报表设计工具（如图 6-1 所示），在工具箱的 Crystal Reports 控件中，我们可以看到水晶报表主要有两个基本控件：CrystalReportViewer 和 ReportDocument，分别表示水晶报表浏览器控件和水晶报表设计控件。通过这两个常用控件，我们可以很轻松地完成报表的创建工作。

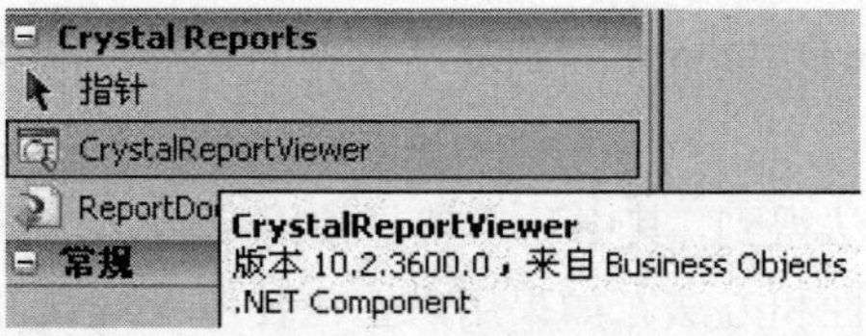

图 6-1 工具箱中的 Crystal Reports 控件集合

2. 运行时数据的自定义功能

水晶报表不仅可以对于来自数据库的单表数据进行定制式的显示，同时也可以对复杂的数据来源（如存储过程数据、视图数据、分布式数据）进行特定的设计工作，具有非常强大的数据表现能力。同时其界面设计方便，适用于不同报表格式的开发设计。

3. 水晶报表的主要特征和结构

（1）水晶报表的主要特征。

水晶报表的主要特征包括：

- 快速的报表开发
- 能够导出成为复杂的交互性图表

- 可以与其他控件一起在 WebForm 中使用
- 能够动态地将报表导出成为.pdf、.doc、xls、html、rtf 等多种格式

（2）水晶报表的基本结构。

水晶报表的基本结构由水晶报表引擎（Crystal Report Engine (CREngine.dll)）和水晶报表设计器（Crystal Report Designer (CRDesigner.dll)）共同构成，如图 6-2 所示。

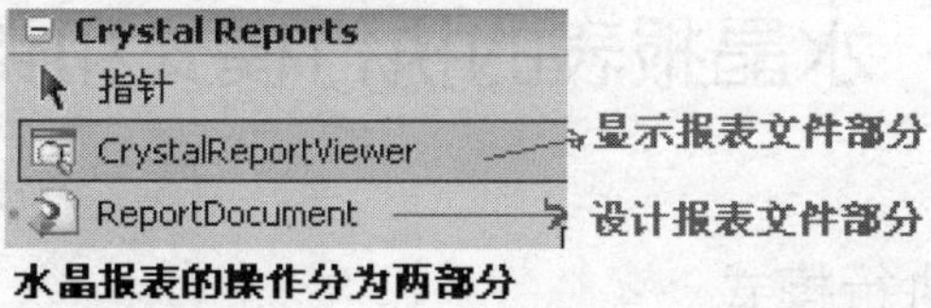

图 6-2　Crystal Reports 的基本结构

水晶报表引擎以水晶报表浏览器的样式呈现，通过它可以完成一些任务，如在报告文件中合并数据，转换报告为其他格式等。也正是因为水晶报表引擎的作用，才可以将水晶报表转换成为.pdf、.doc、xls、html、rtf 等多种格式。

水晶报表文件就是在水晶报表设计器中创建的，在设计器中用户可以设计标题，插入数据、公式、图表、子报表等。

案例学习：打开并查看水晶报表文件

本次实验的目标是通过打开一个 RPT 文件，将水晶报表显示在水晶报表查看器中。

（1）新建一个 WinForm 窗体，从工具箱的 Crystal Reports 中拖放一个 CrystalReportViewer 控件到窗体上，再放置一个 Button 控件用来打开 RPT（报表文件）文件，该 RPT 文件将在 CrystalReportViewer 控件内显示出来。基本界面如图 6-3 所示。

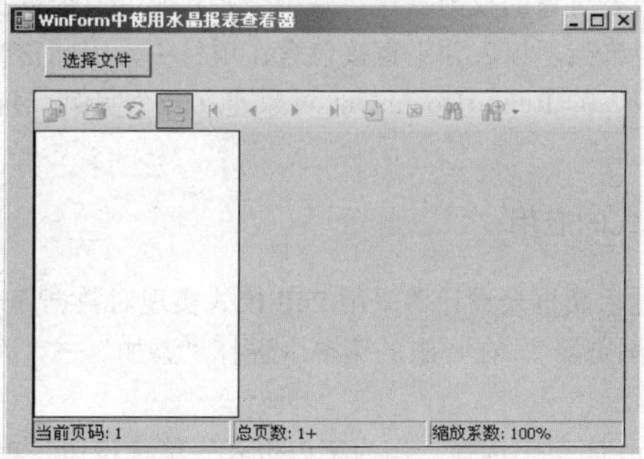

图 6-3　水晶报表查看器界面

（2）双击 Button 控件，进入 Button 控件的鼠标单击事件，并键入如下代码：

```
private void button1_Click(object sender, System.EventArgs e)
{
    OpenFileDialog dlg=new OpenFileDialog();//建立一个打开文件对话框对象
    dlg.Title="打开水晶报表文件";//命名该打开文件对话框对象标题
    dlg.Filter="水晶报表文件(*.rpt)|*.rpt|所有文件|*.*";
    //限制该打开文件对话框对象的打开文件类型只能是 rpt 类型的文件
    if (dlg.ShowDialog()==DialogResult.OK)
```

```
    {
        //如果打开文件对话框用户选择确定
        crystalReportViewer1.ReportSource=dlg.FileName;
        //则将该 RPT 文件作为水晶报表浏览器的浏览文件
    }
}
```

6.3 水晶报表的执行模式和类型

6.3.1 水晶报表的执行模式

水晶报表的执行模式分两种：Pull 模式（拉模式）和 Push 模式（推模式）。

所谓 Pull 模式是指被请求时，水晶报表直接根据指定的驱动连接数据库，然后组装这些数据，当然这种方式不需要编写任何代码。

而 Push 模式由开发者自己编写代码连接数据并组装 DataSet，同时将它传送至报表。在这种情况下，通过使用连接共享以及限制记录集合的大小，可以最大化地使用报表的性能。当然这种方式需要开发者自行编写大量的代码，推动水晶报表产生用户需要的数据。

6.3.2 水晶报表的类型

水晶报表的类型主要包括两种：Strongly-typed 报表和 Un-Typed 报表。所谓 Strongly-typed 报表是指当用户将报表文件加入到项目中去时，它就变成了一个了 Strongly-typed 报表。在这种情况下，用户将拥有直接创建报表对象的权力，这将减少一些代码并且能够提供一些性能。

而 Un-Typed 报表是指该类型报表并不直接包含在项目中，因此称为 Un-typed 报表。在这种情况下，不得不使用水晶报表的 ReportDocument 对象建立一个实例，并且需要通过程序动态调用并操控报表中的具体对象。

案例学习：Pull 模式的应用

本次实验的目标是通过水晶报表设计器采用 Pull 模式实现对数据库表信息的报表显示功能。

（1）右击“解决方案浏览器”，在弹出的菜单中选择“添加”→“添加新项”→Crystal Report 命令，基本界面如图 6-4 所示。

（2）在“Crystal Report 库”中选择“作为空白报表”单选按钮，单击“确定”按钮。基本界面如图 6-5 所示。

（3）出现一个水晶报表设计器界面，该界面共分为 5 部分：报表页眉区、页眉区、详细资料区、报表页脚区、页脚区。其分作用如下：

- 报表页眉区：主要用于显示报表的首页表头信息内容。
- 页眉区：每页报表的表头信息内容，如成绩表格信息内容的表格头部信息就是页眉区。
- 详细资料区：具体数据显示区域，主要来自数据库中表信息的内容，也是决定报表内容多少的关键区域。

- 报表页脚区：主要用于在报表的最后一页尾部显示信息内容，如对于所有详细资料区数据的统计工作常常在这个区域呈现。
- 页脚区：每页页脚显示的信息，如“第××页”就属于页脚区。

图 6-4　新建水晶报表文件

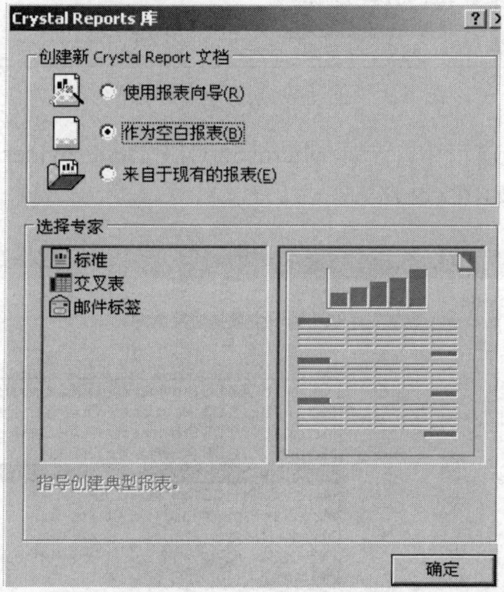

图 6-5　建立空白水晶报表

基本界面如图 6-6 所示。

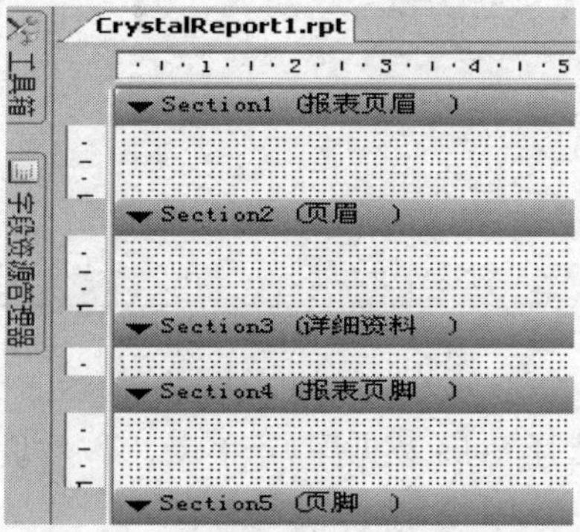

图 6-6　水晶报表设计界面的五个区域

（4）右击报表中的“详细资料区”，选择“数据库”→“数据库专家”命令。在弹出的“数据库专家”窗口中，展开 OLE DB(ADO)项，如图 6-7 所示，此时会弹出另外一个 OLE DB(ADO)窗口。

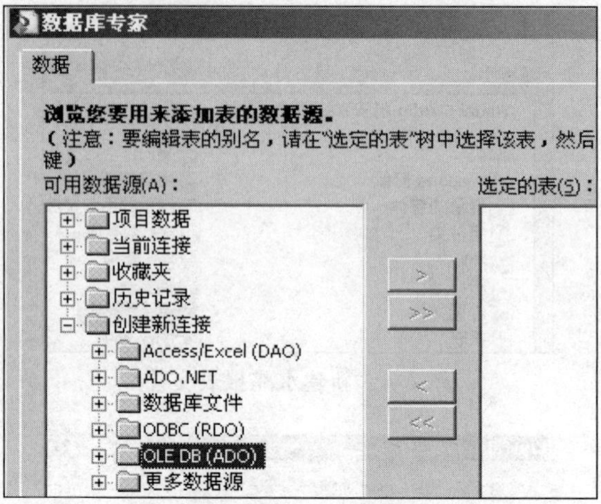

图 6-7 通过数据库专家连接数据库

（5）在 OLE DB (ADO)窗口中，选择 Microsoft OLE DB Provider for SQL Server 项，然后单击“下一步”按钮，基本界面如图 6-8 所示。

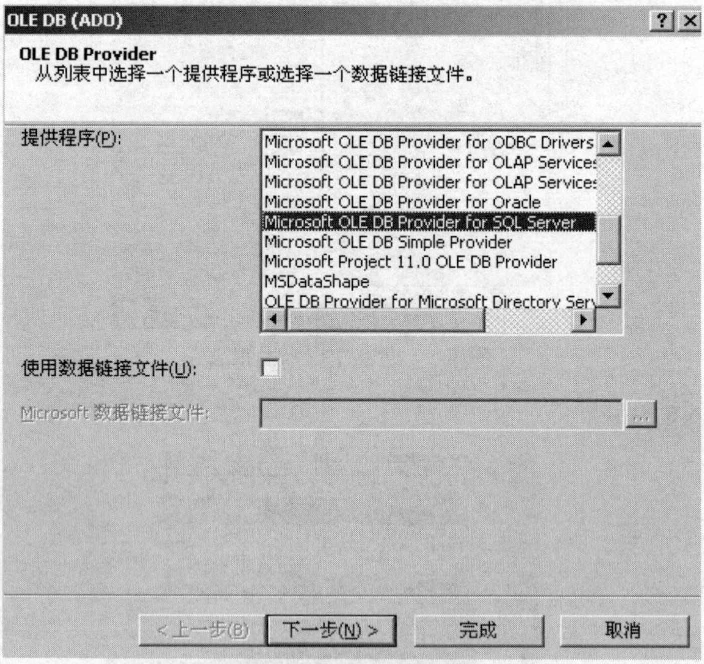

图 6-8 选择数据源类型

（6）指定连接的信息（如选择 Pubs 数据库），单击“下一步”按钮，最后单击“完成”按钮，基本界面如图 6-9 所示。

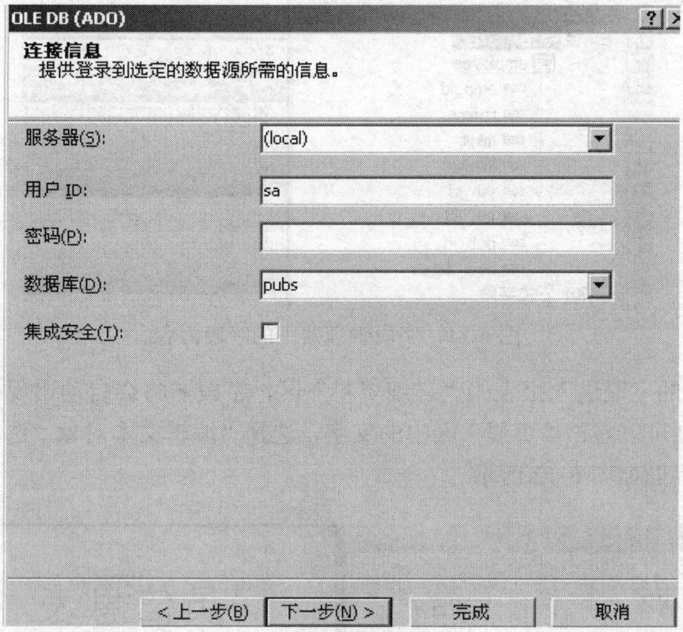

图 6-9　选择具体数据库

（7）这时可以在“数据库专家”窗口中看到选择的数据库。在可用数据源部分展开 Pubs“表”，选择 employee 表并将其添加到“选定的表”区中，单击“确定”按钮，完成对数据源的添加工作，基本界面如图 6-10 所示。

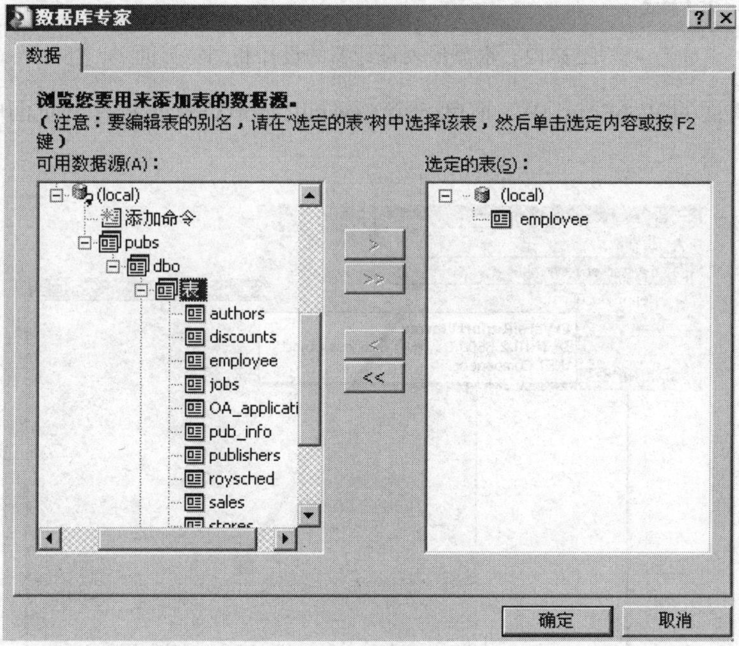

图 6-10　添加具体数据库中的表信息

（8）回到水晶报表设计器界面，在左侧的“字段资源管理器”中展开“数据库字段”项，然后就会出现刚才在“数据库专家”窗口内选择的表以及表中的字段，基本界面如图 6-11 所示。

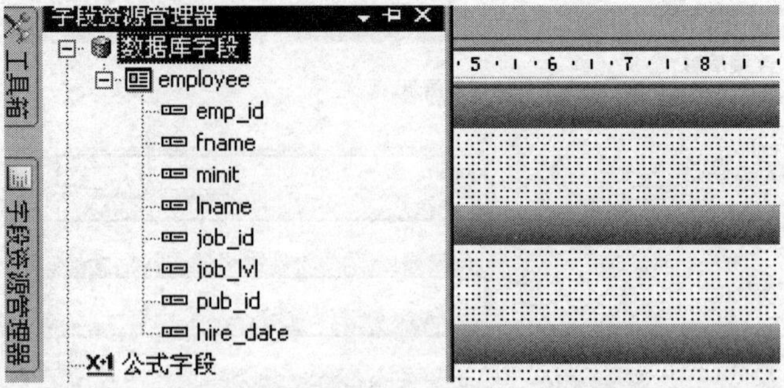

图 6-11　字段管理器中的字段内容

（9）拖曳需要的字段进入报表的“详细资料”区，字段名将会自动出现在”页眉“区。如果想修改头部文字，则可以右击“页眉”区中的文字，选择“编辑文本对象“选项并进行编辑。保存并浏览信息，基本界面如图 6-12 所示。

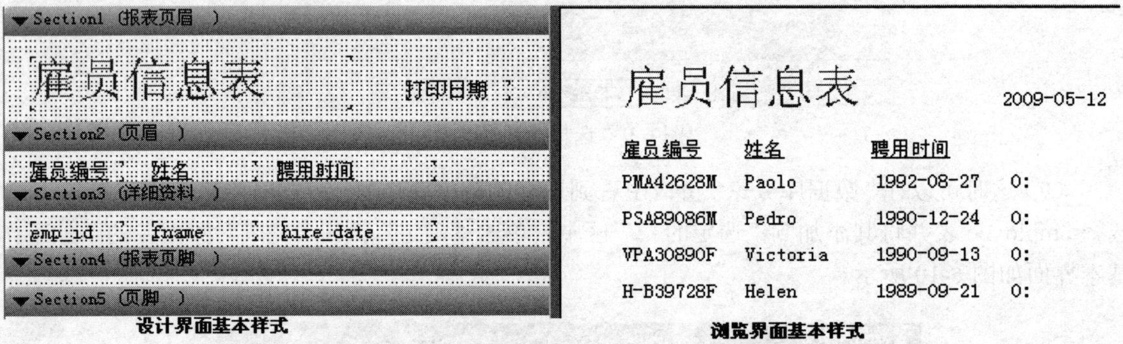

图 6-12　水晶报表设计器的设计和浏览界面

（10）回到前面的 WebForm 中，拖曳一个 CrystalReportViewer 控件到页面中，基本界面如图 6-13 所示。

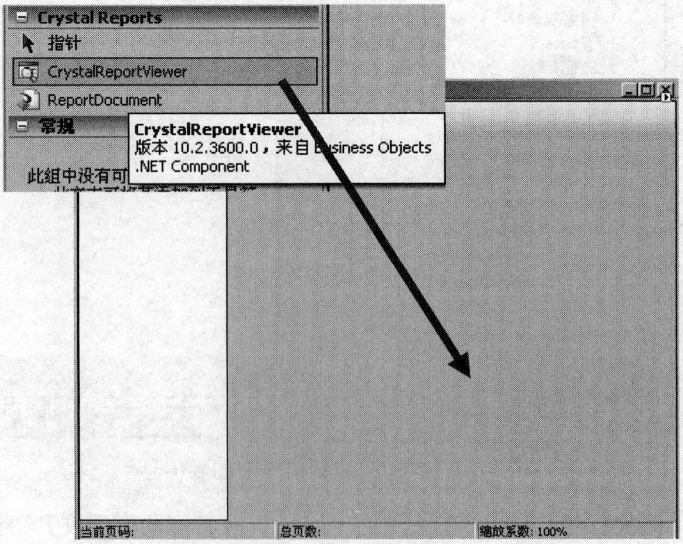

图 6-13　拖曳一个 CrystalReportViewer 控件到页面中

（11）调出当前 CrystalReportViewer 控件的属性窗口，选择 ReportSource 区，单击下拉列表并选择刚才建立的 CrystalReport1 报表文件（如图 6-14 所示），则从数据库中拾取的数据将在水晶报表内出现，Pull 模式的实验结束。

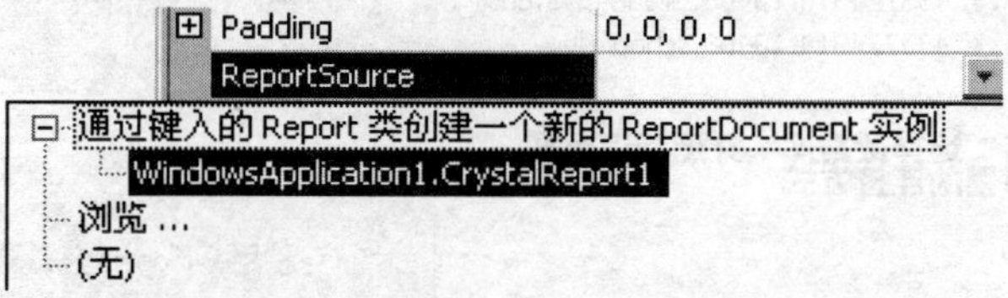

图 6-14　配置 CrystalReport Viewer 控件的水晶报表源

案例学习：Push 模式的应用

本次实验的目标是通过水晶报表设计器采用 Push 模式，实现对数据库表信息的报表显示功能。

（1）右击“解决方案浏览器”窗口，选择“添加”→“添加新项”→“数据集”命令，如图 6-15 所示。

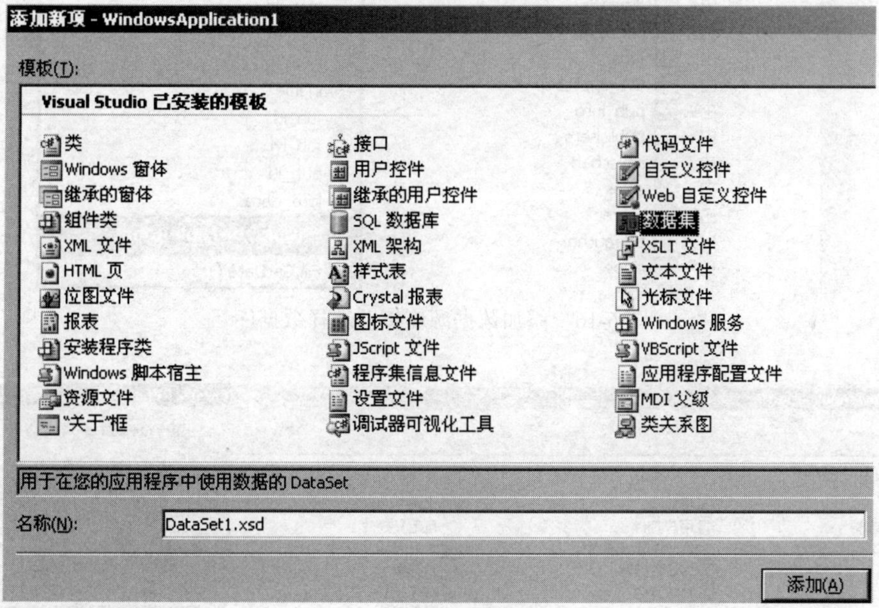

图 6-15　建立数据集对象

（2）从“服务器资源管理器”窗口中的 SQL Server 中拖曳 Stores 表（位于 Pubs 数据库中）。此时在数据集中就会有一个 Stores 表的结构图，如图 6-16 所示。

（3）创建一个新的.rpt 文件，指定为空报表，如图 6-17 所示。

（4）在新建的水晶报表设计界面中右击，选择“数据库”→“数据库专家”命令。在弹出的“数据库专家”窗口中，展开“项目数据”项，选择 ADO.NET 数据集，选择上一步添加的数据表，并移到选定的表区域。

这样就会在水晶报表设计界面的字段资源管理器中出现该数据集表，选择适当的字段拖到水晶报表的“详细资料”区域，如图 6-18 所示。

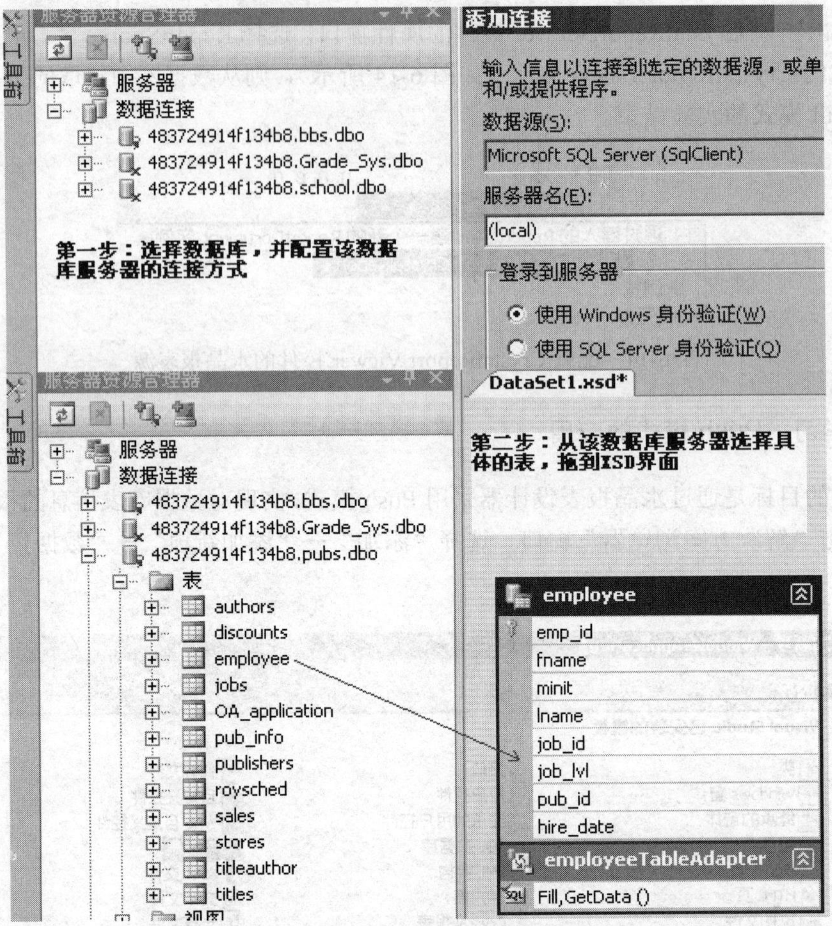

图 6-16 添加数据源连接并选择数据库

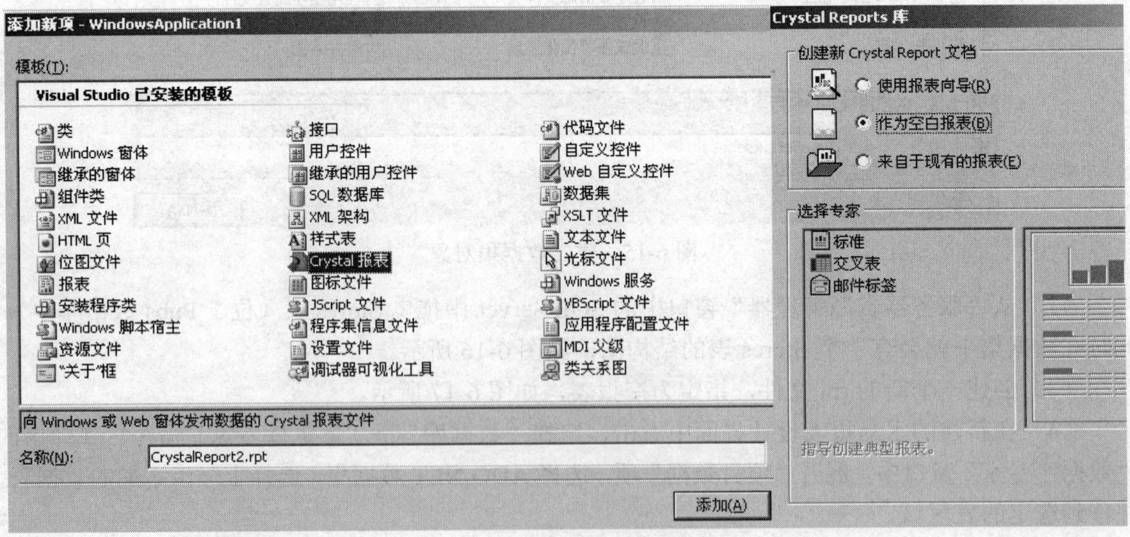

图 6-17 建立空报表

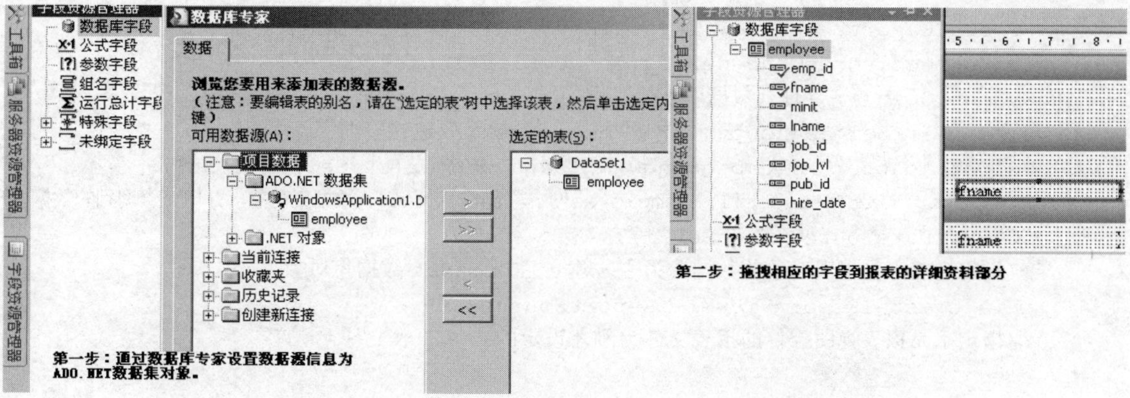

图 6-18　配置数据源对象并拖曳相关字段到报表详细资料区域

（5）新建 WinForm 窗体，拖放一个 CrystalReport Viewer 控件到页面中，调出当前 CrystalReportViewer 控件的属性窗口，选择 ReportSource 区，单击下拉列表，选择刚才建立的 CrystalReport2 报表文件，如图 6-19 所示。

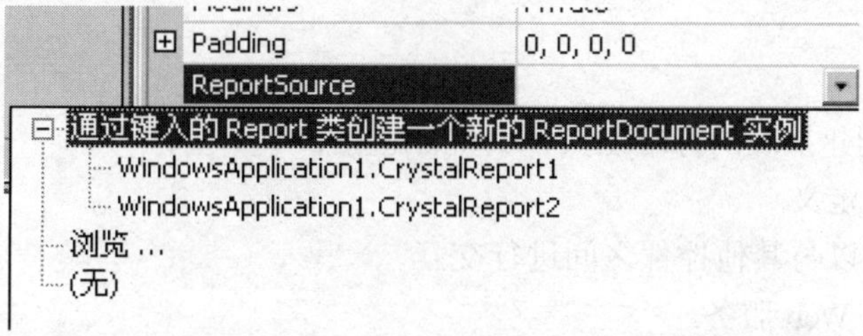

图 6-19　配置 CrystalReportViewer 控件的数据源对象

（6）运行后我们将看见一张空的报表，主要原因是 DataSet 对象所复制的仅是空的物理表的模式结构，而实质的数据必须通过编程的方式才可以实现，如图 6-20 所示。

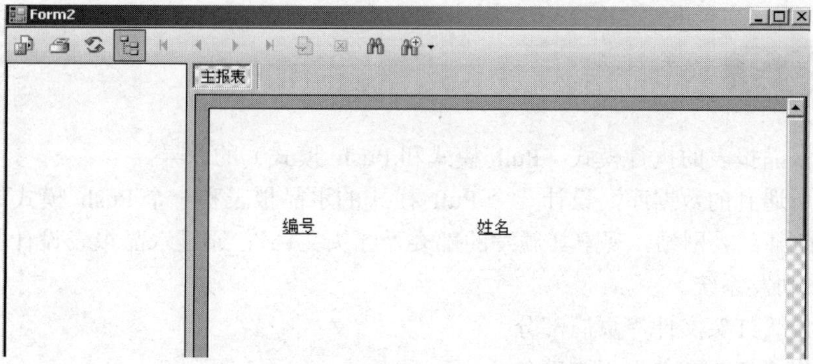

图 6-20　在直接运行后将显示空报表

（7）单击当前的 WinForm 界面，进入窗体的 Load 事件，并键入如下代码：

```
private void Form2_Load(object sender, EventArgs e)
{
    string connstring="Server=(local);DataBase=pubs;UID=sa;PWD=";
    //连接数据库
```

```
    CrystalReport2 oCR=new CrystalReport2();//建立水晶报表对象 oCR
    SqlConnection MyConn=new SqlConnection(connstring);
    MyConn.Open();//打开数据库连接
    string strSel="Select * from employee";//建立查询字符串
    SqlDataAdapter MyAdapter=new SqlDataAdapter(strSel, MyConn);
    MyAdapter.Fill(dataSet11, "employee");//创建 DataSet 数据集对象，并填充查询到的数据
    oCR.SetDataSource(dataSet11);
    //指定当前水晶报表对象的数据源为刚才建立的 DataSet 数据集对象
    this.crystalReportViewer1.ReportSource=oCR;
    //指定水晶报表视图控件的报表文件为刚才设定的 oCR 报表文件
}
```

运行后，则报表数据将正常显示出来。从这个实验我们不难看出，Push 模式必须通过对数据集对象的再次编程并加载数据后，才可以达到数据填充的实际效果，否则数据库信息将无法被显示出来。

本章小结

水晶报表是用于创建报表的标准工具，其优点包括：

- 运行时可以自定义
- 报表查看器可以与其他控件之间进行交互
- 报表可以作为 Web 服务

开发 Windows 应用程序时，可以使用 CrystalReportViewer 控件将报表绑定到 WinForm 窗体上。

ADO.NET 数据集设计器用于创建只包含数据结构而不包含实际数据的数据集对象。

水晶报表中的选择公式可用于计算字段和汇总，确定如何显示报表的输出结果。

课后练习

1．请比较水晶报表的执行模式（Pull 模式和 Push 模式）的差异。

2．根据你所遇到的数据库，设计一个 Pull 模式的水晶报表和一个 Push 模式的水晶报表。

3．请你访问某部委网站，观察其颁发的部委“红头文件”，通过水晶报表设计并实现“红头文件”的水晶报表刊发系统。

（1）设计出“红头文件”页眉部分

（2）设计出“红头文件”正文部分

（3）设计出“红头文件”页脚部分

第7章 网络编程

本章内容

- 了解网络编程的基础知识
- 掌握 HTTP 网络编程技巧
- 掌握 TCP 网络编程技巧
- 本章小结

在某些情况下，我们需要在 Windows 应用程序中获取 Web 站点信息或访问网络服务器。本章讨论如何使用各种网络协议（主要是 HTTP 和 TCP 协议）访问网络和 Internet，包括文件的下载、网络接口编程等。

学习目标

- 了解 System. Net 和 System.Net.Sockets 命名空间
- 掌握访问网络资源的基本方法
- 可以使用不同协议通讯

7.1 网络基础

在学习网络编程之前，我们要对网络通信原理有一个基本认识。与网络相关的课程中的一个关键术语就是“协议”。什么是协议？协议是对等实体之间交换的帧、分组和报文的格式及意义的一组规则。简单地说，协议就像一种国际通用语言，在不同国家之间进行交流时使用。

网络协议主要有两种重要的网络体系，即 OSI 七层参考模型和 TCP/IP 四层参考模型。我们常用的网络协议中 HTTP 协议位于模型中的应用层，是较高层协议；TCP 协议位于模型中的传输层，是较低层协议。

在 Internet 上，每一台机器都有自己的 IP 地址，IP 地址是分配给每台主机（或路由器）的一个在全世界范围内唯一的标识符。一个 IP 地址主要由两部分组成：一部分是用于标识该地址所从属的网络标识，另一部分用于指明该网络上某个特定主机的主机号。目前，大多数 IP 编址方案仍采用 IPv4 编址方案，即使用 32 位的二进制地址进行识别，我们常见的形式是将 32 位的 IP 地址分成 4 段，然后把 4 个段分别用十进制表示，中间用圆点分开，这种方法叫做点分十进制表示法，也称为字符串表示法。

但是通常我们在浏览器的地址栏里输入主机名称（DNS）或域名，比如 www.sina.com，在实际连接过程中，需将名称转为地址进行连接，这其中需要域名解析服务器来完成这个工作。.NET Framework 中提供了相应的操作 IP 地址类和主机信息类。

案例学习： IP 地址类

IPAddress 类代表 IP 地址，可在十进制表示法和实际的整数地址之间进行转换。IPHostEntry 类封装了与主机相关的信息。Dns 类可以检索 IP 地址和获取主机名。

（1）新建一个 WinForm 项目，本项目主要实现 IP 地址和主机名称的相互转换。

（2）在新建的 WinForm 窗体上，从工具箱中拖曳 3 个 Textbox 控件、一个 ListBox 控件和一个 Button 控件，如图 7-1 所示进行控件布局。

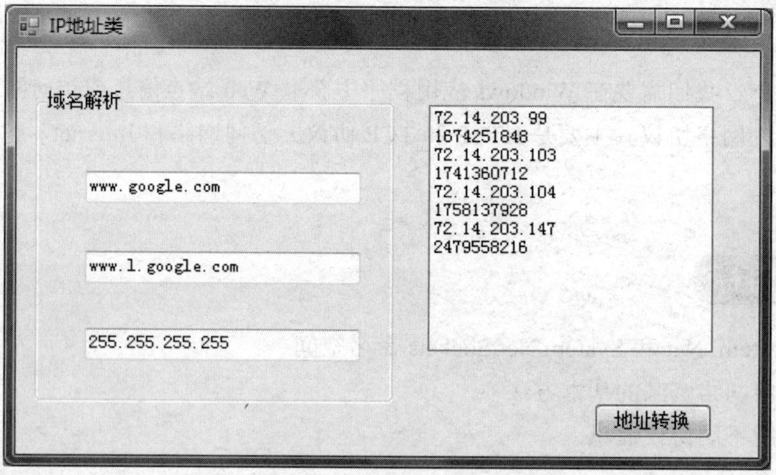

图 7-1　IP 地址类的使用

（3）双击“地址转换”按钮，添加如下源代码：

```
private void button1_Click(object sender, EventArgs e)
{
    IPHostEntry host=Dns.Resolve(txtUrl.Text);
    foreach (IPAddress add in host.AddressList)
    {
        long ip=add.Address;
        listBox1.Items.Add(add.ToString());
        listBox1.Items.Add(ip.ToString());
    }
    txtName.Text=host.HostName;
    txtBroad.Text=IPAddress.Broadcast.ToString();
}
```

问题讨论：

（1）IPAddress 类的 Address 属性是 Long 型的数字，表示以点间隔的 32 位字符串地址对应的整数，其中第三个文本框显示的是广播地址。

（2）HostName 属性显示的主机名称可能与输入的名称不同，可能存在域名代理的情况。

7.2 HTTP 网络编程

7.2.1 WebClient 类

WebClient 类提供用于将数据发送到由 URI 标识的资源及从这样的资源接收数据的常用方法，其主要成员如表 7-1 所示。

表 7-1 WebClient 类的常用方法及属性

项目		说明
方法	DownloadString	以字符串形式下载位于指定URI的资源
	OpenRead	打开流向指定资源的可读流
	OpenWrite	打开一个流，以将数据写入指定的资源。这些方法不会阻止调用线程
	UploadString	将指定的字符串上载到指定的资源。这些方法不会阻止调用线程
属性	IsBusy	获取一个值，该值指示某一 Web 请求是否正在进行中
	BaseAddress	获取或设置 WebClient 发出请求的基 URI

案例学习：文件下载

本次实验的目标是使用 WebClient 类的方法进行简单的网络数据获取。

（1）新建一个 WinForm 项目，并在当前新建项目的窗体上添加一个按钮、一个文本框和一个 RichTextBox 控件。本案例用于当用户在文本框中输入文件的网络位置并单击按钮时，将文件下载到本地，并将结果显示在 RichTextBox 中，将 RichTextBox 的只读属性设置为 True。界面布局设置如图 7-2 所示。

（2）双击“下载”按钮，添加功能源代码如下：

```
private void button1_Click(object sender, EventArgs e)
{
WebClient client=new WebClient();
Stream s=client.OpenRead(txtUrl.Text);
StreamReader reader=new StreamReader(s);
rtbResult.Text=reader.ReadToEnd();
   reader.Close();
s.Close();
}
```

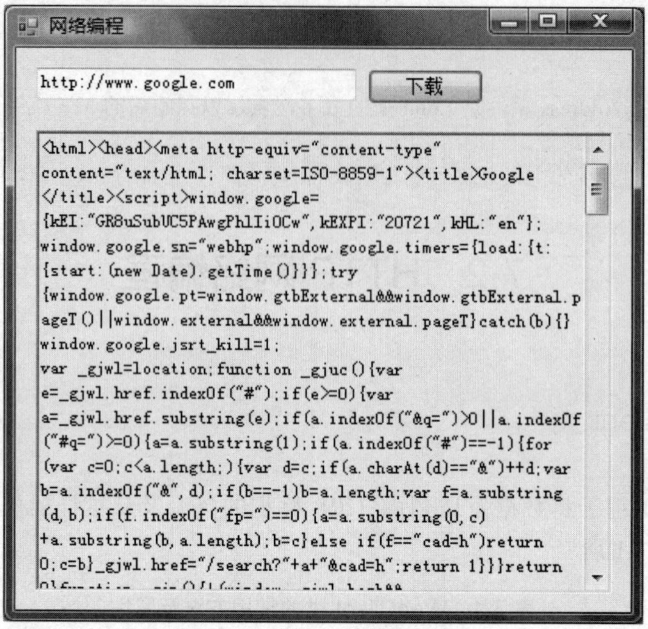

图 7-2 WebClient 下载网页

这里看到的是 Google 首页的源文件，和我们在 IE 浏览器中打开 Google 首页时右击，选择“查看源文件”命令看到的内容是相同的，即在浏览器中返回的静态 HTML 文件。

7.2.2 WebRequest 类和 WebResponse 类

WebClient 类的使用比较简单，但是功能有限，而且不能提供身份验证相关信息，因此基于安全性考虑，并不是很实用。如果使用某种特定协议，需要结合使用 WebRequest 类和 WebResponse 类。WebRequest 类用于发出对一个 URI 的请求，是抽象类，使用时需要结合具体协议从其派生，其主要成员如表 7-2 所示。

表 7-2 WebRequest 类的主要成员

项目		说明
方法	Create	创建对象
	GetResponse	在子类中被重写时，返回对 Internet 请求的响应
	GetRequestStream	在子类中被重写时，返回用于将数据写入 Internet 资源的 Stream
属性	ContentLength	在子类中被重写时，获取或设置所发送的请求数据的内容长度
	ContentType	在子类中被重写时，获取或设置所发送的请求数据的内容类型
	Credentials	在子类中被重写时，获取或设置用于对 Internet 资源请求进行身份验证的网络凭据
	Method	在子类中被重写时，获取或设置要在此请求中使用的协议方法
	RequestUri	获取与请求关联的 Internet 资源的 URI
	Headers	在子类中被重写时，获取或设置与请求关联的标头名称/值对的集合

WebResponse 类代表从服务器获取的数据，其主要成员如表 7-3 所示。

表 7-3　WebResponse 类的主要成员

项目		说明
方法	GetResponseStream	在子类中被重写时，从 Internet 资源返回数据流
属性	ContentLength	在子类中被重写时，获取或设置所发送的请求数据的内容长度
	ContentType	在子类中被重写时，获取或设置所发送的请求数据的内容类型
	Headers	在子类中被重写时，获取或设置与请求关联的标头名称/值对的集合

案例学习：获取 HTTP Headers 信息

本次实验的目标是使用 HTTP 协议和派生类 HttpWebRequest 和 HttpWebResponse 获取 HTTPHeaders 信息。

(1)新建一个 WinForm 项目，并在当前新建项目的窗体上添加一个 Ruffon 按钮和一个 ListBox 列表框控件。本案例用于实现当用户从指定的网络位置单击按钮时，将网络请求生成的 Headers 信息显示在 ListBox 中。将 URI 作为参数传送给 Create 方法，创建合适的对象；GetResponse 方法把请求发送给服务器，并检查返回的数据；GetResponseStream 方法获取返回的数据流。界面布局设置如图 7-3 所示。

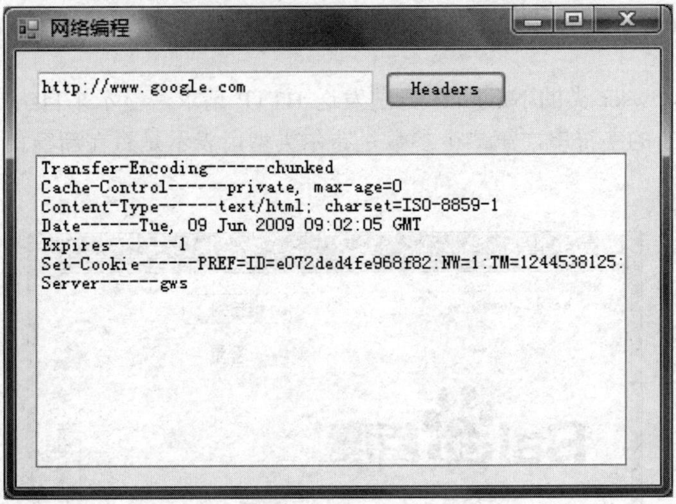

图 7-3　获取 Http Headers 信息

（2）双击 Headers 按钮，添加功能源代码如下：

```
private void button1_Click(object sender, EventArgs e)
{
HttpWebRequest req=(HttpWebRequest)WebRequest.Create(txtUrl.Text);
HttpWebResponse res=(HttpWebResponse)req.GetResponse();
NameValueCollection headers=res.Headers;
foreach (string name in headers)
{
```

```
listBox1.Items.Add(name+"-------"+headers[name]);
}
}
```

这里看到的是响应流中的 Headers 信息，分割线“---”之前是信息的名称，之后是信息的内容。如果链接的目标服务器需要身份验证，则需要通过 NetworkCredential 类提供相关身份信息。

7.2.3 Web 浏览器控件

前面的例子都是纯文本的结果显示，如果希望像进入网站那样浏览数据，可以在 Windows 应用中直接添加浏览器控件。2.0 以上版本已将 WebBrowser 控件加入工具箱，不需要手动添加项。

案例学习：在窗体中显示网页

本次实验的目标是使用 Web 浏览器控件在窗体中显示网页。

（1）新建一个 WinForm 项目，并在当前新建项目的窗体上添加一个 Buffon 按钮和一个 ListBox 文本框，在工具箱中找到 WebBrowser 控件并拖曳到窗体上。本案例用于实现在文本框中输入 www.baidu.com 并单击按钮时在浏览器控件中显示出该网站的页面。界面布局设置如图 7-4 所示。

（2）双击“链接到”按钮，添加功能源代码如下：

```
private void button1_Click(object sender, EventArgs e)
{
webBrowser1.Navigate(textBox1.Text, false);
}
```

其中使用 WebBrowser 类的 Navigate 方法发送 HTTP 请求，显示来自给定 URI 的输出，第一个参数包含给定 URL 的字符串，第二个参数是布尔类型，表示是否在新窗口中显示。运行结果如图 7-4 所示。

图 7-4 显示网页窗体界面

7.3　TCP 网络编程

学习目标

- 掌握 TCP 类的使用
- 掌握 TcpListener 类和 TcpClient 类的基本方法

7.3.1　System.Net.Sockets 命名空间

System.Net.Sockets 命名空间包含了一些相关类，允许直接发送 TCP 网络请求或者某个端口监听 TCP 网络请求。该空间提供了 Windows Sockets 接口的托管实现，主要成员如表 7-4 所示。

表 7-4　System.Net.Sockets 命名空间

项目		说明
类	Socket	实现套接字接口
	SocketException	发生套接字错误时引发的异常
	TcpClient	为 TCP 网络服务提供客户端连接
	TcpListener	从 TCP 网络客户端侦听连接
	UdpClient	提供用户数据协议（UDP）网络服务
枚举	AddressFamily	指定 Socket 类的实例可以使用的寻址方案
	ProtocolFamily	指定 Socket 类的实例可以使用的协议类型
	ProtocolType	指定 Socket 类支持的协议
	SocketFlags	指定套接字的发送和接收行为
	SocketOptionLevel	为 Socket.SetSocketOption 和 Socket.GetSocketOption 方法定义套接字选项级别

7.3.2　TCP 类

主要使用 TcpClient 类为 TCP 网络服务提供连接，包括相关属性和方法来控制连接，通过流对象添加读写功能，其主要成员如表 7-5 所示。

表 7-5　TcpClient 类的主要成员

项目		说明
方法	Connect	使用指定的主机名和端口号将客户端连接到 TCP 主机
	GetStream	返回用于发送和接收数据的 NetworkStream
	Close	释放此 TcpClient 实例，而不关闭基础连接

续表

项目		说明
属性	Client	获取或设置基础 Socket
	SendTimeout	获取或设置 TcpClient 等待发送操作成功完成的时间量
	SendBufferSize	获取或设置发送缓冲区的大小
	ReceiveTimeout	获取或设置在初始化一个读取操作以后 TcpClient 等待接收数据的时间量
	ReceiveBufferSize	获取或设置接收缓冲区的大小

TcpListener 类用于监听和接收连接请求，其主要方法如表 7-6 所示。

表 7-6 TcpListener 类的主要

方法	说明
Start	开始侦听传入的连接请求
AcceptSocket	接受挂起的连接请求
Stop	关闭侦听器

我们传输数据时主要使用了 NetworkStream 类，它代表的是网络中传输的数据流，在发生或接收数据时，可从流中获取字节数组或对应的字符串。主要成员如表 7-7 所示。

表 7-7 NetworkStream 类的主要成员

项目		说明
方法	Read	从 NetworkStream 读取数据
	ReadByte	从流中读取一个字节，并将流内的位置向前推进一个字节，或者如果已到达流的末尾，则返回-1
	Write	将数据写入 NetworkStream
	WriteByte	将一个字节写入流内的当前位置，并将流内的位置向前推进一个字节
属性	Length	获取流上可用数据的长度
	Socket	获取基础 Socket

案例学习：简单的通信程序

本次实验的目标是使用 TCP 相关类实现简单通信。

（1）新建一个 WinForm 项目，并在当前新建项目的窗体上添加两个 Button 按钮和两个 ListBox 文本框。本案例用于实现在文本框中输入要传输的信息，在服务端应用程序中启动监听，接收来自客户端的消息。界面布局设置如图 7-5（a）像所示。

（2）双击窗体界面，添加功能源代码如下：

```
///<summary>
///“启动”按钮的鼠标单击事件
///</summary>
private void button1_Click(object sender, EventArgs e)
```

```
{
listen=new TcpListener(9999);
listen.Start();
  listBox1.Items.Add("服务器启动");
  Socket socket=listen.AcceptSocket();
  netstream=new NetworkStream(socket);
}
///<summary>
///“接收”按钮的鼠标单击事件
///</summary>
private void btnReceive_Click(object sender, EventArgs e)
{
if (netstream.DataAvailable)
{
byte[] getdata=new byte[1024];
int length=netstream.Read(getdata, 0, getdata.Length);
string msg=Encoding.Default.GetString(getdata, 0, length);
listBox1.Items.Add("收到客户端消息>>");
listBox1.Items.Add(msg);
}
}
```

（3）在当前项目中新建一个 WinForm 窗体，并在窗体上添加一个 Button 按钮和一个 ListBox 文本框，界面布局及构成如图 7-5（b）所示。本窗体实现的是当用户在文本框中输入要传输的信息，单击“发送”按钮后，可以将文本框中输入的消息发送出去。

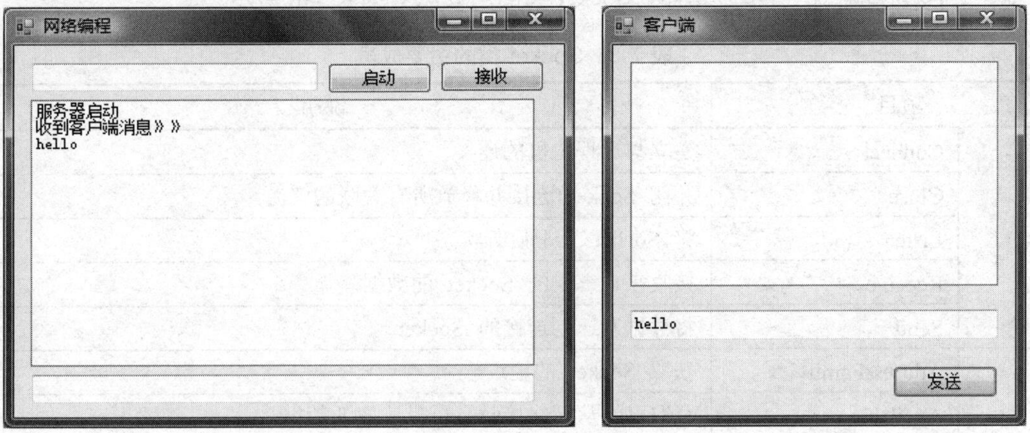

（a） （b）

图 7-5 信息传输

（4）双击“发送”按钮，添加功能源代码如下：

```
private void btnSend_Click(object sender, EventArgs e)
{
TcpClient client=new TcpClient();
client.Connect("localhost",9999);
netstream=client.GetStream();
if (txtMsg.Text.Trim()=="")
{
MessageBox.Show("消息不能为空");
```

```
return;
}
byte[] senddata=Encoding.Default.GetBytes(txtMsg.Text);
netstream.Write(senddata, 0, senddata.Length);
netstream.Flush();
}
```

将解决方案设置为多启动项目，同时启动两个应用程序，在客户端程序中输入消息，在服务端单击“接收”按钮，可看到消息窗口的变化。如果与远程机器通信，只需将客户端部署到远程机器，并修改 Client.Connect()中的连接地址和端口。这里看到的只是单向传输，双向传输时两端程序均需要包含相同的发送接收数据的代码。

问题讨论：TcpListener 启动监听和 TcpClient 对象连接到服务端？

先启动监听，然后才能在客户端发生连接。因为 TCP 是面向连接的协议，在发送数据之前，应先将套接字与 IP 地址和端口绑定，并处于监听状态。

7.3.3 Socket 类

在前面的例子中还使用了 Socket 类，即套接字类。套接字是支持 TCP/IP 协议的网络通信的基本操作单元。可以将套接字看作不同主机间的进程进行双向通信的端点 EndPoint。在通信时，至少需要一对套接字，其中一个运行于客户端，另一个运行于服务器端。一个 Socket 实例包含了一个本地或者一个远程端点的套接字信息，Socket 类的主要成员如表 7-8 所示。

表 7-8 Socket 类的主要成员

项目		说明
方法	Connect	建立与远程主机的连接
	Close	关闭 Socket 连接并释放所有关联的资源
	Listen	将 Socket 置于侦听状态
	Receive	接收来自绑定的 Socket 的数据
	Send	将数据发送到连接的 Socket
属性	AddressFamily	获取 Socket 的地址族
	Available	获取已经从网络接收且可供读取的数据量
	Connected	获取一个值，该值表明套接字是否与最后完成发送或接收操作的远程设备得到连接
	ProtocolType	获取 Socket 的协议类型
	RemoteEndPoint	获取远程终结点
	SendTimeout	获取或设置一个值，该值指定之后同步 Send 调用将超时的时间长度
	SocketType	获取 Socket 的类型
	ReceiveBufferSize	获取或设置一个值，它指定 Socket 接收缓冲区的大小

Socket 类的构造函数为：

```
public Socket(AddressFamily addressFamily, SocketType socketType, ProtocolType protocolType);
```

其中几个参数均为枚举类型，可按需要选择不同类型。在网络连接时，某些方法均提供了相应的异步方法，可避免等待过程较长的情况无响应。

案例学习：使用套接字的通信程序

本次实验的目标是掌握 Socket 类的基本方法。同样需要建立两个应用程序，第一个是服务端，启动监听；第二个是客户端，向服务端请求连接。

（1）创建服务端控制台应用程序 Server，运行中显示连接的个数、对方地址及端口号。

（2）添加功能源代码如下：

```
static void Main(string[] args)
{
int recvLength;//用于表示客户端发送的信息长度
byte[] data=new byte[1024];//用于缓存客户端所发送的信息,通过 socket 传递的信息必须为字节数组
    IPEndPoint iend=new IPEndPoint(IPAddress.Any,9999);//本机预使用的 IP 和端口
    Socket newsock=new Socket(AddressFamily.InterNetwork,SocketType.Stream,
    ProtocolType.Tcp);
    newsock.Bind(iend);
    newsock.Listen(10);
    Console.WriteLine("waiting for a client");
    Socket client=newsock.Accept();
    //当有可用的客户端连接尝试时执行，并返回一个新的 socket，用于与客户端之间的通信
    IPEndPoint clientAdd=(IPEndPoint)client.RemoteEndPoint;
    Console.WriteLine("连接:"+clientAdd.Address+" 端口:"+clientAdd.Port);
    string welcome="welcome here!";
    data=Encoding.ASCII.GetBytes(welcome);
    client.Send(data,data.Length,SocketFlags.None);//发送信息
    while(true)
    {
       data=new byte[1024];
       recvLength=client.Receive(data);
       if (recvLength==0)//信息长度为 0，说明客户端连接断开
          break;
       Console.WriteLine(Encoding.ASCII.GetString(data,0,recvLength));
       client.Send(data,recvLength,SocketFlags.None);
    }
    Console.WriteLine("断开连接"+clientAdd.Address);
    client.Close();
    newsock.Close();
}
```

运行后的效果如图 7-6 所示。

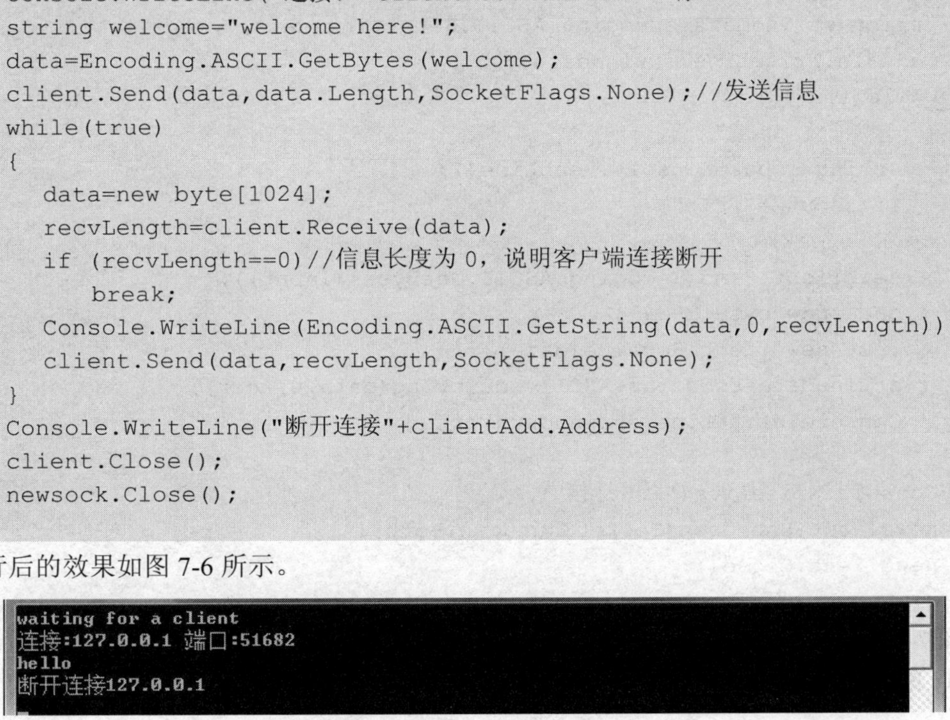

图 7-6　使用 Socket 通信（服务端）

（3）创建客户端控制台应用程序 Client，输入向服务端发送的数据：

```
static void Main(string[] args)
{
    byte[] data=new byte[1024];
    Socket newclient=new Socket(AddressFamily.InterNetwork,SocketType.Stream,
    ProtocolType.Tcp);
    Console.Write("输入服务器地址:");
    string ipadd=Console.ReadLine();
    Console.WriteLine();
    Console.Write("输入服务器端口:");
    int port=Convert.ToInt32(Console.ReadLine());
    IPEndPoint ie=new IPEndPoint(IPAddress.Parse(ipadd),port);//服务器的IP和端口
    try
    {
      //因为客户端只是用来向特定的服务器发送信息，所以不需要绑定本机的IP和端口，也不需要监听
        newclient.Connect(ie);
    }
    catch(SocketException e)
    {
       Console.WriteLine("不能连接");
       Console.WriteLine(e.ToString());
       return;
    }
    int recv=newclient.Receive(data);
    string stringdata=Encoding.ASCII.GetString(data,0,recv);
    Console.WriteLine(stringdata);
    while(true)
    {
       string input=Console.ReadLine();
       if(input=="exit")
           break;
       newclient.Send(Encoding.ASCII.GetBytes(input));
       data=new byte[1024];
       recv=newclient.Receive(data);
       stringdata=Encoding.ASCII.GetString(data,0,recv);
       Console.WriteLine(stringdata);
    }
    Console.WriteLine("断开连接");
    newclient.Shutdown(SocketShutdown.Both);
    newclient.Close();
}
```

如图 7-7 所示，这里的运行结果与前面类似，区别在于内部实现完全使用套接字进行通信而没有使用 TCP 相关类。在这个例子中，启动监听时设定了最大连接数“sock.Listen(10);”可以启动多个连接。

图 7-7　使用 Socket 通信（客户端）

问题讨论：While(true){}的含义是什么？

不断接收客户端的数据流实现消息的自动接收，直网络流中没有数据则退出循环。

7.3.4　编写聊天程序

聊天程序有很多，如 QQ、MSN 等。聊天程序从一开始的传送文字信息到传送文件、语音、图像不断升级，从本质上说都是使用相同协议传送数据，只不过数据格式有所不同。聊天软件投入应用后同时在线聊天的人数较多，发送消息需分辨接收者，同时确定消息边界。

案例学习：聊天程序

（1）创建服务端控制台应用程序 ChatServer。先启动服务，在服务器端开始监听，接收从客户端的连接请求建立连接，并显示当前在线人数。

（2）运行启动服务器，显示服务器地址和端口，监听来自客户端的连接，修改源代码如下：

```
HashTable clientTable=new HashTable();
IPAddress ip=Dns.GetHostAddresses(Dns.GetHostName())[0];
TcpListener listener=new TcpListener(ip, port);
listener.Start();
Console.WriteLine("服务器已启动，正在监听...\n");
Console.WriteLine(string.Format("服务器 IP：{0}\t 端口号：{1}\n", ip, port));
while (true)
{
byte[] packetBuff=new byte[maxSize];
Socket newClient=listener.AcceptSocket();
newClient.Receive(packetBuff);
string userName=Encoding.Unicode.GetString(packetBuff).TrimEnd('\0');
//验证是否为唯一用户
if (clientTable.Count != 0 && clientTable.ContainsKey(userName))
{
newClient.Send(Encoding.Unicode.GetBytes("Failed"));
continue;
}
else
{
newClient.Send(Encoding.Unicode.GetBytes("Successful"));
}
```

```
//将新连接加入转发表并创建线程为其服务
clientTable.Add(userName, newClient);
string strlog=string.Format("[系统消息]新用户 {0} 在 {1} 已连接... 当前在线人数:
{2}\r\n\r\n", userName, DateTime.Now, clientTable.Count);
Console.WriteLine(strlog);

Thread th=new Thread(new ParameterizedThreadStart(ThreadFunc));
th.Start(userName);
//向所有客户机发送系统消息
foreach (DictionaryEntry de in clientTable)
{
string clientName=de.Key as string;
Socket clientSkt=de.Value as Socket;
if (!clientName.Equals(userName))
{
clientSkt.Send(Encoding.Unicode.GetBytes(strlog));
}
}
}
```

（3）创建客户端应用程序 ChatClient，添加文本框和按钮，界面布局同前面的例子类似，不同的是可以选择接收者，即所谓的“私聊”。

（4）至少同时打开两个客户端连接服务器，添加代码如下:

```
string msg=txtMsg.Text.Trim();
string strSend=null;
string strReceiver=txtReceiver.Text;
if (strReceiver==string.Empty)
{
MessageBox.Show("请选择一个接收者！\n 如果没有接收者可选，表明当前只有您一个人在线\t",
"发送消息",MessageBoxButtons.OK,MessageBoxIcon.Information);
return;
}
strLocal=string.Format("您在{0}对{1}说: \r\n{2}\r\n",DateTime.Now, strReceiver, msg);
strSend =string.Format("{0} 在 {1} 对您说: \r\n{2}\r\n ", username, DateTime.Now, msg);
//发送接收者用户名
netstream.Write(Encoding.Unicode.GetBytes(strReceiver), 0, Encoding.Default.
GetBytes(strReceiver).Length);
}
netstream.Write(Encoding.Unicode.GetBytes(strSend), 0, Encoding.Default.GetBytes
(strSend).Length);

rtbChat.AppendText(strLocal);
txtMsg.Clear();
```

这里指定聊天对象，将对方的用户名同发送的信息一起写入网络流，接收时需要取出用户名，发送指定信息。

问题讨论：发送信息时将用户名写入网络流，接收时如何取出？

（5）发送广播信息，即对所有用户发送信息，不区分接收者，添加代码如下：

```
String msg=txtMsg.Text.Trim();
```

```
    if (rbBroadcast.Checked)
    {
    strLocal=string.Format("[广播]您在 {0} 对所有人说：\r\n{1}\r\n ", DateTime.Now,
msg);
    strSend=string.Format("[广播]{0} 在 {1} 对所有人说：\r\n{2}\r\n ", username,
DateTime.Now, msg);
    //发送广播请求
    netstream.Write(new byte[] { 0, 5 }, 0, 2);
    }
    netstream.Write(Encoding.Unicode.GetBytes(strSend), 0, Encoding.Unicode.GetBytes
(strSend).Length);

    rtbChat.AppendText(strLocal);
    txtMsg.Clear();
```

请读者自行比较发送广播消息和指定用户消息的不同。

本章小结

本章是在掌握网络基础知识的前提下，通过 TCP/IP 网络协议，在网络环境下进行编程。本章要求掌握的基本知识点包括：

- 了解.NET Framework 对网络编程的支持。
- 掌握主要的 HTTP 网络编程类：WebClient 类，并知道 WebClient 类的常用方法及属性。在实验环节学会怎样进行网络文件的下载。
- 掌握主要的 TCP 网络编程类：IPAddress 类，并学会网络 IP 地址的转换。
- 了解 WebRequest 类和 WebResponse 类，以及这两个类的主要属性和方法。在实验环节掌握如何获取 HTTP Headers 信息。
- 学会 Web 浏览器控件，并使用该控件访问网站。
- 掌握 TcpClient 类、TcpListener 类、NetworkStream 类的属性和方法，并利用这些类完成简单通信的实验目标。
- 掌握套接字类（Socket 类），并使用该类完成套接字的通信程序实验。
- 完成 QQ 聊天程序的小实验。

课后练习

1．使用 DNS 类和 IPHostEntry 类创建一个域名解析器。用户输入主机名或者 DNS 域名以后，能在下面的列表框中显示与主机或者 DNS 域名对应的 IP 地址和别名。要求：

（1）添加两个文本框,用于输入主机名或者 IP 地址。

（2）列表框用于显示与输入相对应的地址或别名。

2．编写一个聊天软件，添加自定义表情和好友列表等，并可以传输文件。

3．试使用 Tcp 相关类编写一个网络五子棋游戏。

第8章 WinForm 打包和部署

本章内容

- WinForm 打包和部署介绍
- 简单的打包和部署
- 本章小结

我们经常会遇到这样的问题：开发好了一个 WinForm 系统，如何使之可以平稳地运行在没有安装.NET Framework 的操作系统上？这就涉及打包和部署的内容，通过打包和部署形成安装程序，实现将 WinForm 应用软件正常地安装在客户的操作系统上。另一方面同时需要考虑通过打包和部署形成卸载程序，将该应用软件卸载，达到方便客户使用的目的。

本章重点介绍 WinForm 系统打包和部署的概念，并通过实例介绍如何进行打包和部署。

学习目标

- 了解打包和部署的概念
- 掌握简单打包和部署的方法
- 掌握复杂打包和部署的方法

8.1 WinForm 打包和部署介绍

学习目标

- 了解 WinForm 打包模式
- 了解部署项目应遵循的基本步骤

8.1.1 简介

1. 打包模式

为应用程序打包有很多种方法，其中包括：

- 安装程序文件（使用 Microsoft Windows 安装程序）
- CAB 文件项目
- 合并模块

要将合并模块添加至部署项目，请执行以下步骤：在“解决方案资源管理器”中选择部署项目。单击“项目”→“添加”→“合并模块”命令，使用“添加模块”对话框选择要添加的合并模块。

2. 部署应用程序

可以使用下列方式之一部署 WinForm 应用程序：

- 运行安装程序
- 使用 Internet 下载并部署 CAB 程序包
- 使用 XCOPY 将文件复制到目标文件夹中
- 使用系统管理服务器将应用程序部署到几台目标计算机上

8.1.2 创建部署项目

新建部署项目应遵循如下步骤：

（1）打开现有或新的 WinForm 应用程序。

（2）单击“文件”→“新建”→“项目”命令，打开“新建项目”对话框。

（3）从“项目类型”列表中选择“安装和部署”文件夹，如图 8-1 所示。

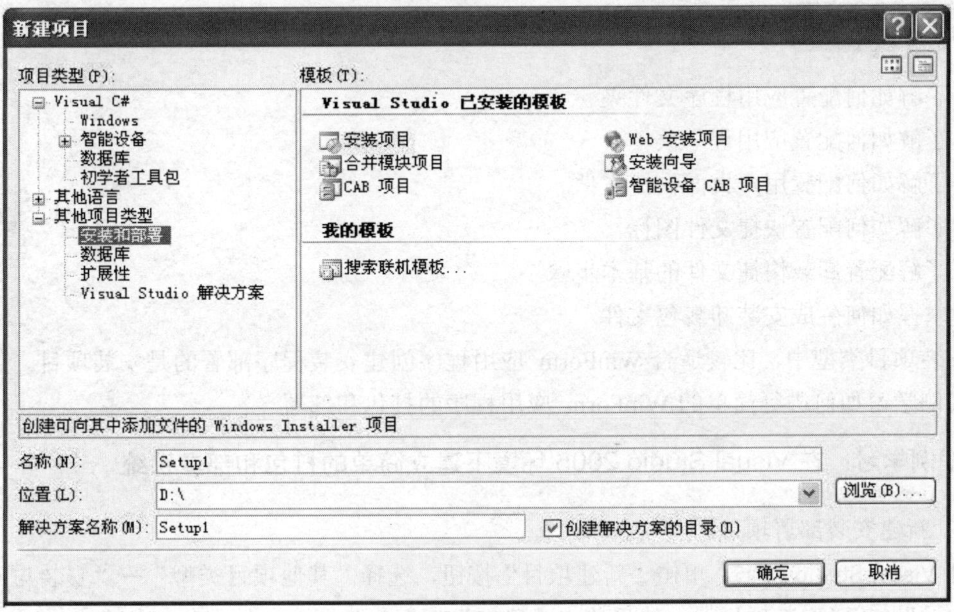

图 8-1 新建项目示例

（4）在对话框右边的“模板”列表中选择所需的部署项目类型，类型包括：

- 安装项目
- Web 安装项目
- 合并模块项目

- 安装向导
- CAB 项目

可用于 WinForm 应用程序的模板的说明如表 8-1 所示。

表 8-1 安装项目类型

项目类型	说明
安装项目	用于为 WinForm 应用程序创建安装程序
Web 安装项目	Visual Studio.NET 还支持在 Web 服务器上部署。使用此方法在 Web 服务器上安装文件，将自动处理与注册和配置相关的问题
合并模块项目	可以由多个应用程序共享的程序包和组件。例如，如果应用程序有五个实用程序文件，则可以将它们打包到一个合并模块项目中，然后合并到任何应用程序中
安装向导	它是一个向导，指导用户快速完成创建安装程序的步骤。可以自定义安装向导，以便在安装期间添加更多文件或练习更多控件
CAB 项目	生成用于下载到 Web 浏览器的 CAB 文件

8.2 简单的打包和部署

学习目标

- 了解如何配置应用程序文件夹
- 了解如何配置应用程序菜单
- 了解如何配置用户桌面快捷文件
- 了解如何配置快捷文件图标
- 了解配置卸载快捷文件的基本步骤
- 掌握如何生成安装卸载包文件

在安装项目类型中，比较适合 WinForm 应用程序创建安装程序部署的是安装项目。下面，我们通过实例学习如何进行简单的 WinForm 应用程序的打包和部署。

案例学习：在 Visual Studio 2005 环境下建立简单的打包和部署系统

（1）新建安装部署项目。

打开 Visual Studio 2005，单击“新建项目”按钮，选择“其他项目类型”→“安装与部署”→“安装向导”（或“安装项目”），然后单击“确定”按钮，如图 8-2 所示。

（2）配置安装系统文件

单击图 8-2 中的“确定”按钮后，将进入安装系统文件的配置界面中，如图 8-3 所示。

1）单击“应用程序文件夹”，在打开的右侧界面中右击，在弹出的快捷菜单中选择“添加”→“文件”命令，如图 8-4 所示。

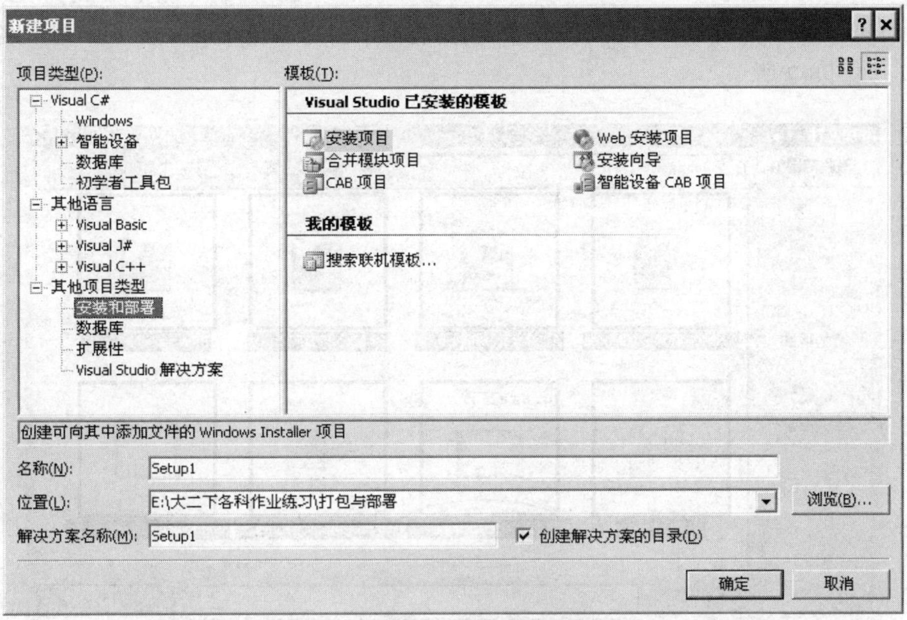

图 8-2 新建安装部署项目

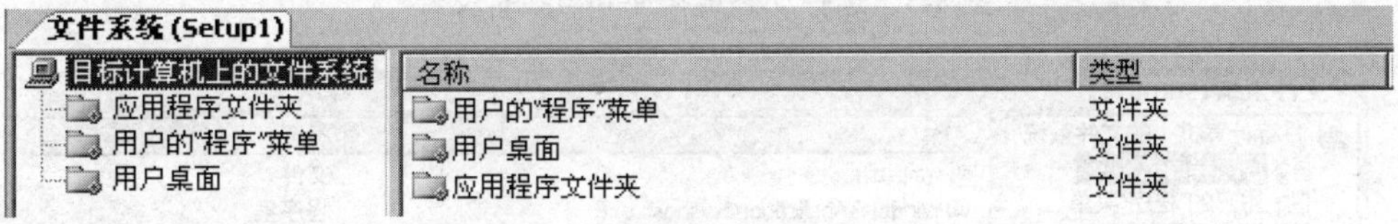

图 8-3 安装系统文件的配置界面

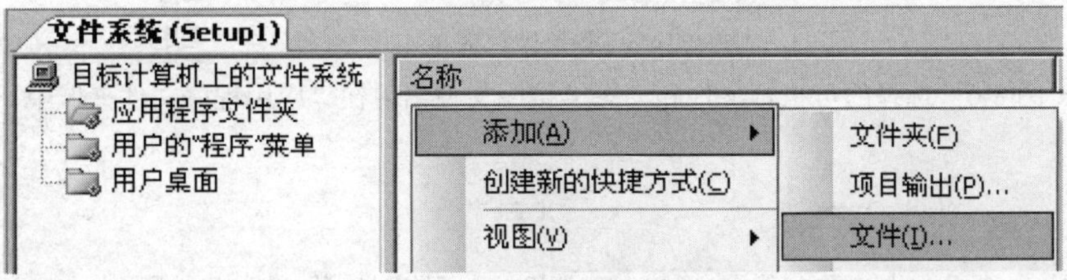

图 8-4 创建可执行文件快捷方式

2）在打开的“添加文件”对话框中，添加某文件夹中具体的文件，这类文件主要包括两种：.Exe 文件或.dll 文件。一般而言，一个 C# WinForm 应用程序在 Visual Studio 2005 平台下开发的时候，会自动将这两种文件生成在 WinForm 应用程序所在目录下的 bin 文件夹的 Debug 子文件夹下，其中.exe 为可执行文件，而.dll 文件的来源多是用户自定义编辑的类库文件，或者是第三方的动态链接库文件。如果你的项目中存在上述两种情况，那么请你务必将这些文件一并作为打包文件放进来。我们以第 2 章中的应用软件为例进行打包，图 8-5 所示为最终找寻的.exe 文件或者是.dll 文件所在之处。其实一个比较简单的办法就是将 WinForm 应用程序所在目录下的 bin 文件的 Debug 子文件夹下面的所有文件全部取来即可。这里有一点要提醒读者的是：如果你的项目中有图片或者其他多媒体文件，也应一并选中放在文件里面。

选择后的文件将出现在“应用程序文件夹”中，如图 8-6 所示。

右击“应用程序文件夹”，选择“属性”，在弹出的“属性”窗口中将 defaultlocation 属性路径中的“[manufacturer]”删除，否则安装程序默认安装目录会是“c:\programm file\用户名\安装解决方案名称”，如图 8-7 所示。

图 8-5 选择动态链接库和可执行文件

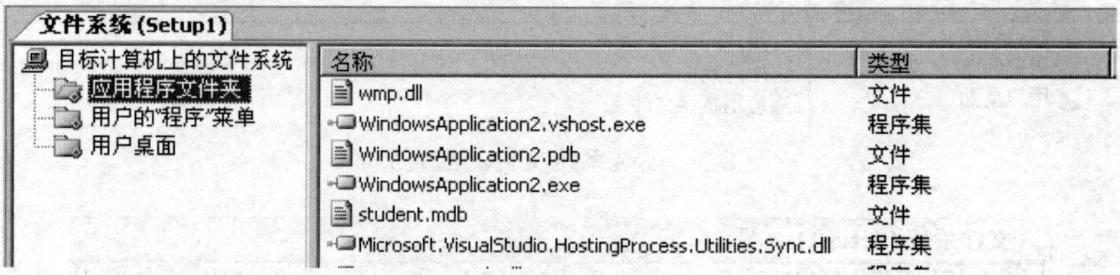

图 8-6 选择的可执行文件和动态链接库文件出现在“应用程序文件夹”中

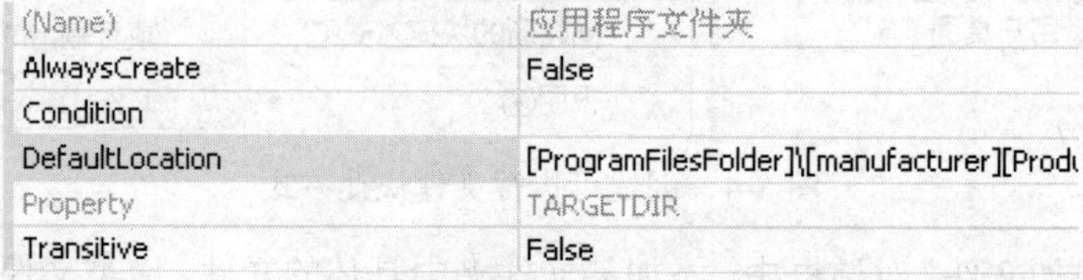

图 8-7 删除属性[manufacturer]

3）在图 8-6 的基础上，右击右侧栏目，选择“添加”→“文件夹”命令，如图 8-8 所示并为该文件夹取名为 img。该 img 文件夹存储系统的所有图片文件，为启动和卸载文件分别增加快捷图标做前期准备，类型必须为.ICO 文件（图标文件）。

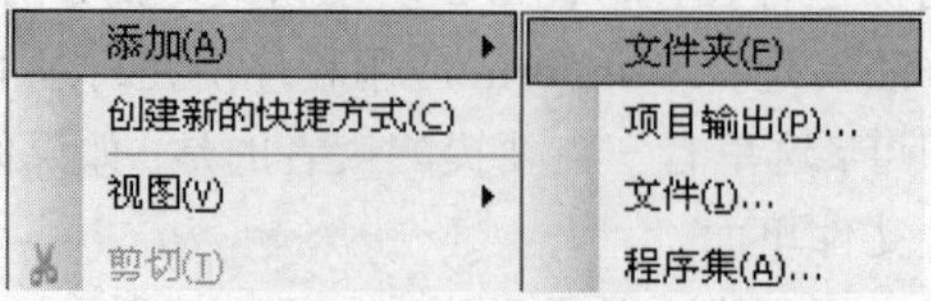

图 8-8 添加图片文件夹

再单击左侧新建的 img 文件夹，右击右侧栏目，选择“添加”→“文件”命令，选择两个.ICO 文件（图标文件）放置其中即可，如图 8-9 所示。

图 8-9　添加 ICO 图片文件夹

4）本步骤对于卸载软件系统至关重要，如果不添加将无法卸载已经安装的文件。再次右击右侧栏目，选择“添加”→“文件”命令，在 C:\windows\system32 文件夹下找寻一个叫 msiexec.exe 的文件，如图 8-10 所示，并将其添加到应用程序文件夹下。该文件将负责卸载安装的软件。

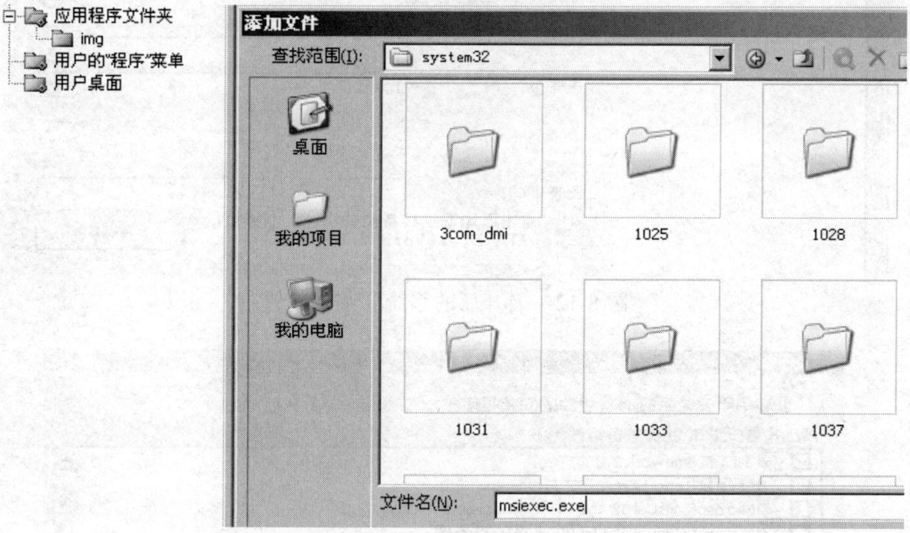

图 8-10　添加卸载可执行文件

5）本步骤将在应用程序文件中增加系统.NET Framework 组件，如果不进行这一步，对于没有安装.NET Framework 组件的操作系统，即便安装了您的应用软件，该系统也无法运行。

打开解决方案资源管理器，右击解决方案名称，选择“属性”命令，在打开的属性页中，单击“系统必备”按钮，如图 8-11 和图 8-12 所示。

在图 8-12 展开的系统必备内容中，将.NET Framework 2.0 组件包和 Windows Installer 2.0 组件包一并选中，如图 8-13 所示。

6）截至步骤 5，我们完成了对应用程序夹中全部文件的添加工作。本步骤将引导读者开始配置左侧导航条中的“用户的‘程序’菜单”。该菜单将出现在操作系统“开始”栏的“程序”文件夹中因此建议以文件夹形式出现，里面包含执行程序和卸载程序两个可执行文件的快捷方式。

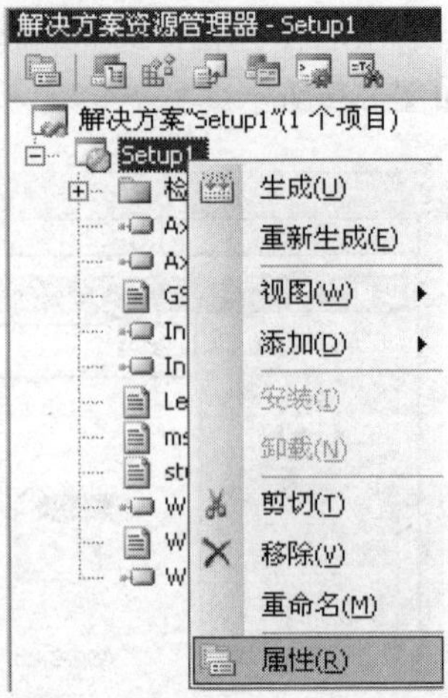

图 8-11 选择安装项目属性

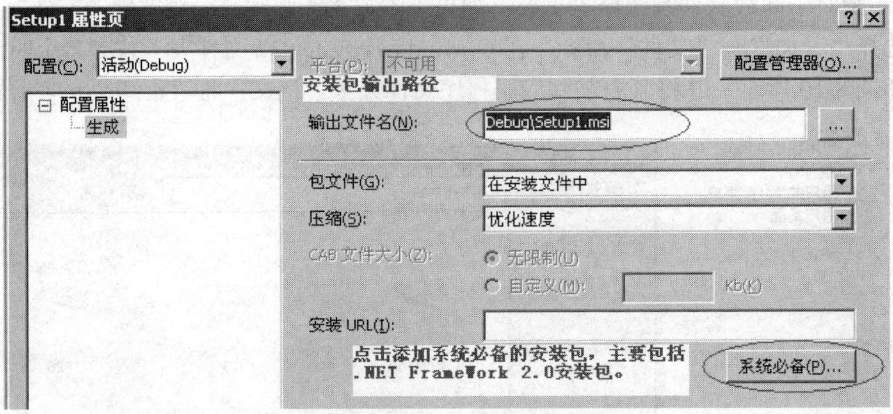

图 8-12 展开后的系统安装包配置

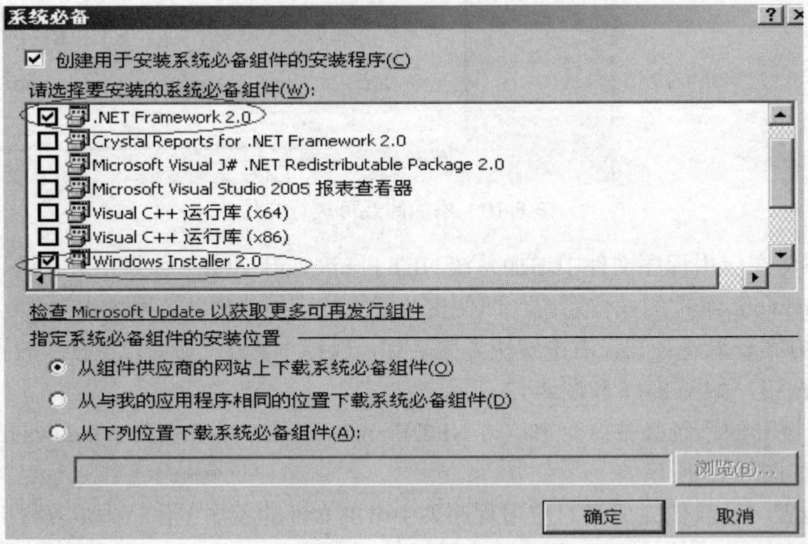

图 8-13 将.NET Framework 2.0 组件包和 Windows Installer 2.0 组件包一并选中

单击“用户的‘程序’菜单”选项，在右侧导航栏目中的空白处右击，选择“添加”→“文件夹”命令，此处将这个文件夹取名“警匪争霸”，如图 8-14 所示。

图 8-14　在“用户的‘程序’菜单”中建立文件夹

在“警匪争霸”文件夹中右击，选择“创建新的快捷方式”命令，如图 8-15 所示。

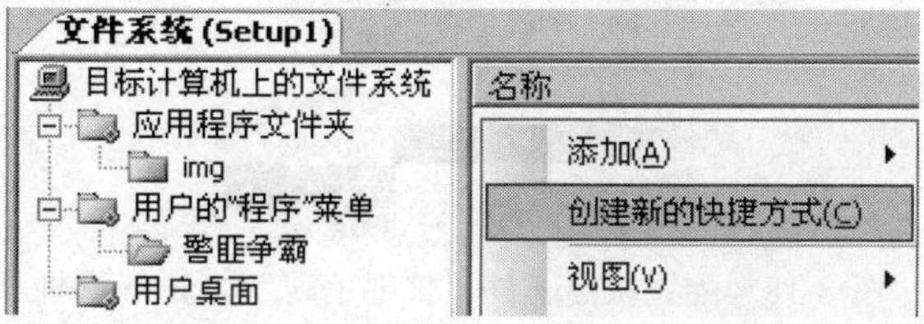

图 8-15　创建新的快捷方式

在打开的“创建新的快捷方式”窗口中，选择“应用程序文件夹”中的可执行文件（.exe 文件）。这两个文件分别是 WindowsApplication2.exe（项目可执行文件）和 msiexec.exe（卸载软件项目可执行文件），如图 8-16 所示。

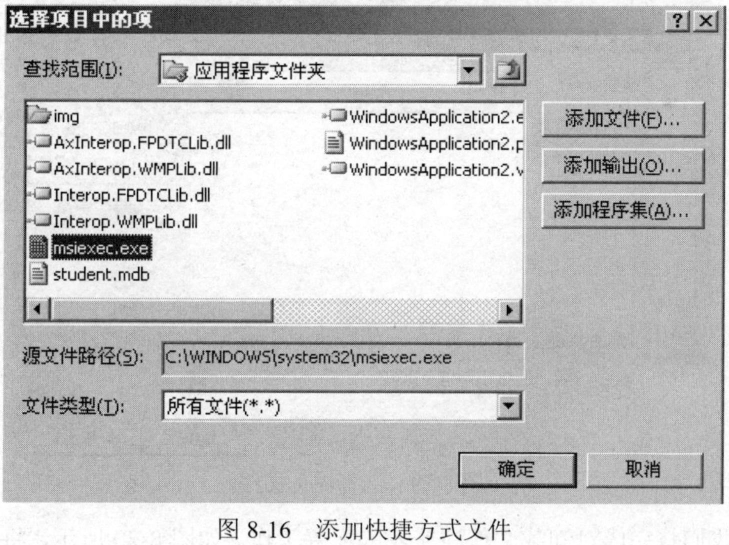

图 8-16　添加快捷方式文件

在“应用程序文件夹”中，名称不太适合安装包的命名。请将这两个快捷方式分别更名为“警匪争霸”和“卸载警匪争霸”，如图 8-17 所示。

7）截至步骤 6，我们完成了在“开始”栏的“程序”文件夹中添加执行文件夹的任务。此次步骤将完成快捷方式文件的图标配置工作。

右击快捷方式文件“警匪争霸”，在弹出的菜单中选择“属性”命令，在“属性”窗口中配置快捷文件“警匪争霸”的 icon 属性，选择“浏览”，如图 8-18 所示。

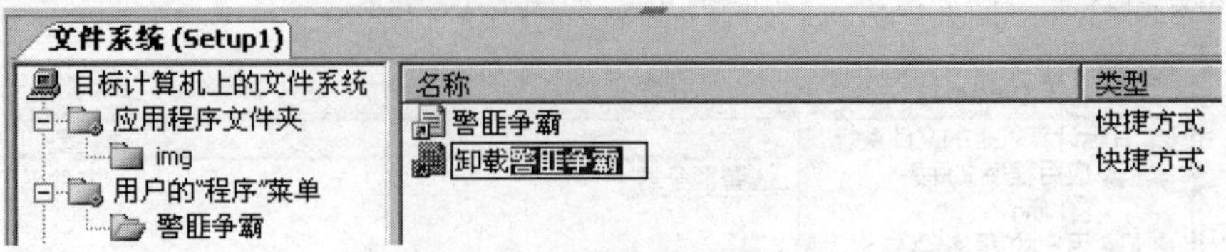

图 8-17　为快捷方式文件重新命名

图 8-18　配置快捷文件“警匪争霸”的 icon 属性

在弹出的“图标”对话框中，单击“浏览”按钮，寻找应用程序文件夹下面的 img 文件夹，选择其中的一个 ico 图标，如图 8-19 所示。“警匪争霸卸载”的快捷方式图标的配置步骤与此相同。

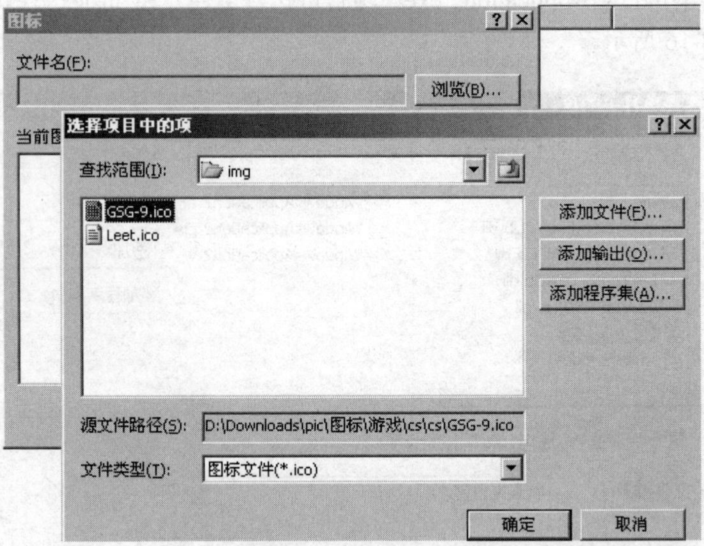

图 8-19　选择图标文件

8）此步骤中我们将完成对卸载文件注册表的配置工作。如图 8-20 所示，将“解决方案资源管理器”和“属性”窗口进行排列，在“解决方案资源管理器”中单击此次项目，会看到在“属性”窗口中出现名为 ProductCode 属性，该属性为项目操作系统注册表文件的注册编号，复制该编号。

右击“卸载警匪争霸”快捷文件，弹出“属性”窗口，将刚才复制的注册编号复制到 Arguments 属性中，并进行如下修改：“/x {ProductCode}”，以本次案例为准就是“/x {DC17056E-F331-449C-8409-4A74CE60F383}”，如图 8-21 所示。

图 8-20　查看此次安装包注册表编号

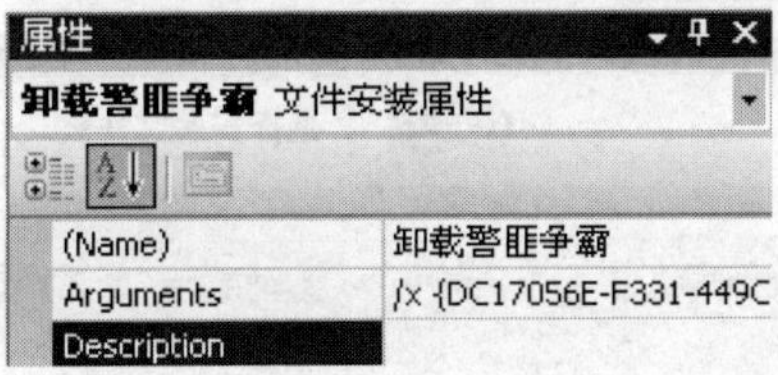

图 8-21　配置卸载快捷方式 Arguments 属性

9）截至步骤 8，我们已经完成了“用户程序菜单”的快捷文件配置工作，本次步骤我们将配置桌面快捷文件。单击“用户桌面”，在右侧栏目中创建快捷方式，添加可执行文件，配置可执行文件快捷方式的图标属性。具体步骤与步骤 8 基本一致，如图 8-22 所示。

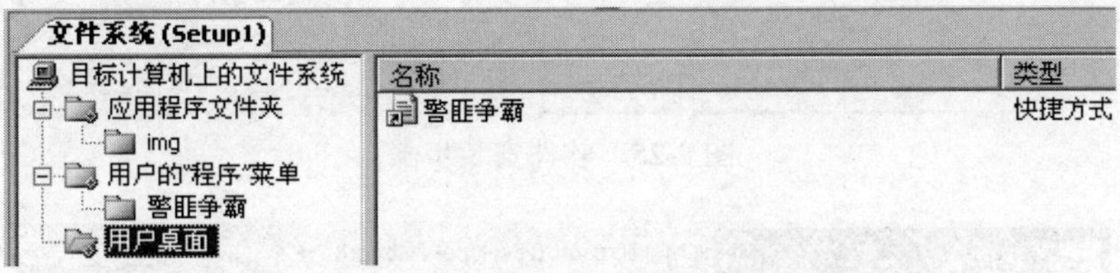

图 8-22　配置桌面快捷方式

10）选择“生成”→“生成解决方案”命令，如图 8-23 所示。

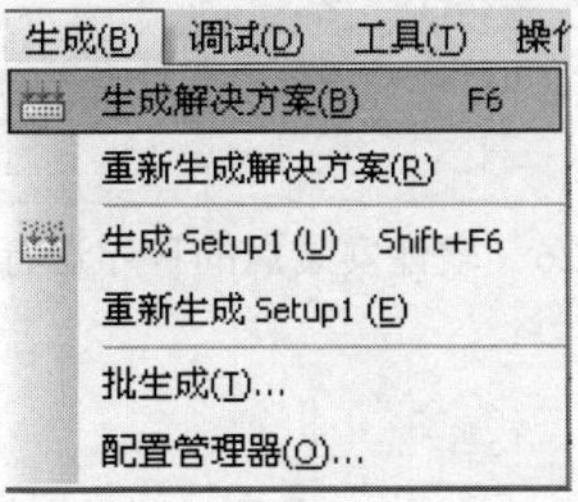

图 8-23　生成解决方案

在目标输出路径下可以看见输出的安装包文件，如图 8-24 所示。

图 8-24 生成安装包文件

运行 setup.exe 文件，即可以安装你的软件到任何的计算机中。当然，执行“卸载警匪争霸”，即可以完成对软件的卸载工作。效果如图 8-25 和图 8-26 所示。

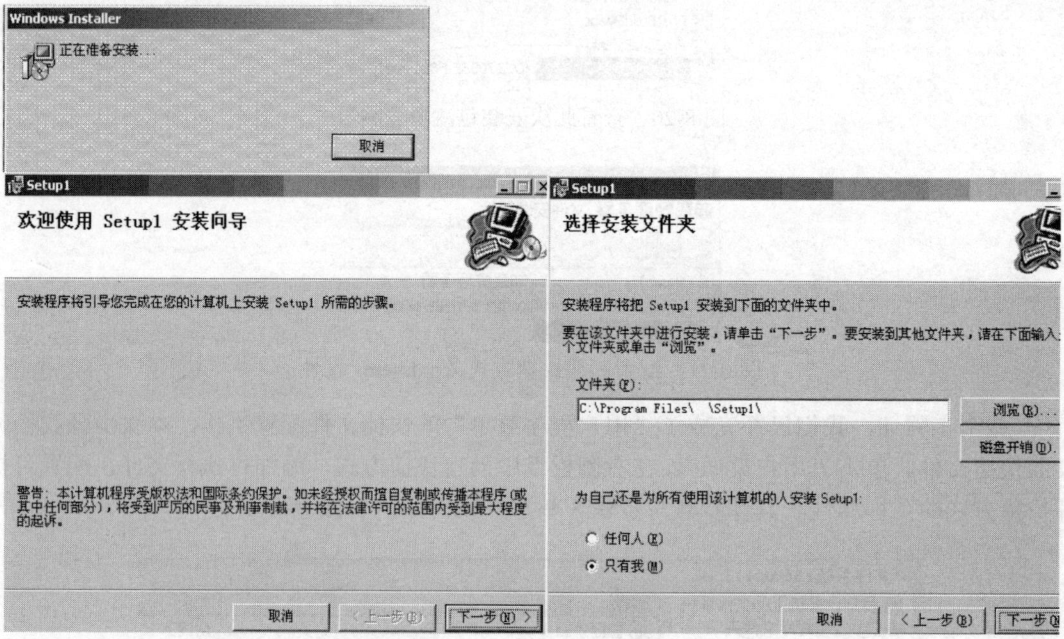

图 8-25 软件安装步骤

图 8-26 软件安装后的程序运行部分

第9章 WinForm 课程实训

本章内容

- 综合项目陈述
- WinForm 项目实训的具体步骤和实现方法

本章重点介绍 WinForm 项目实训的整体流程，将具体技术实现的环节通过电子文档的形式提供给读者，介绍了项目的内容，项目组织的基本流程和指导原则，项目实施过程的基本步骤，提出了项目组成员考核的基本标准和具体测评办法。

9.1 综合项目陈述

QQ 聊天工具是现在人们进行即时聊天的首选工具，由于其便捷性和实时性，吸引着越来越多的人将它当作社交和工作协作的网络沟通工具。本次综合实训的目的，就是以项目小组为单位，开发设计出一款基于 WinForm 的与 QQ 类似的即时聊天工具。

基本功能设定

该即时聊天工具主要功能需要包括以下 6 方面的内容：

（1）用户登录功能，界面如图 9-1 所示。

图 9-1　用户登录界面

（2）用户注册功能，界面如图 9-2 所示。

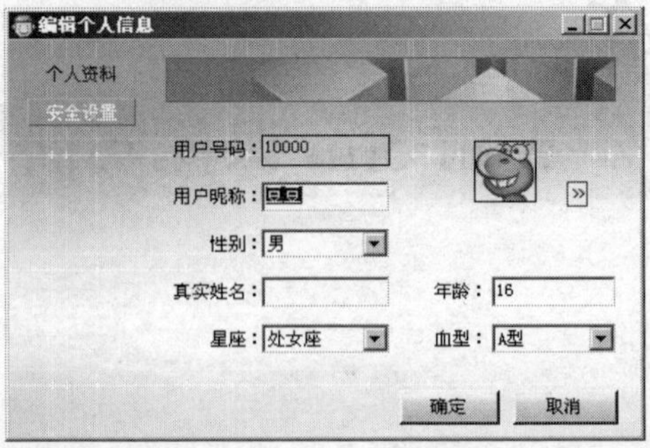

图 9-2　用户注册界面

（3）个人信息编辑功能，其界面如图 9-3 所示。

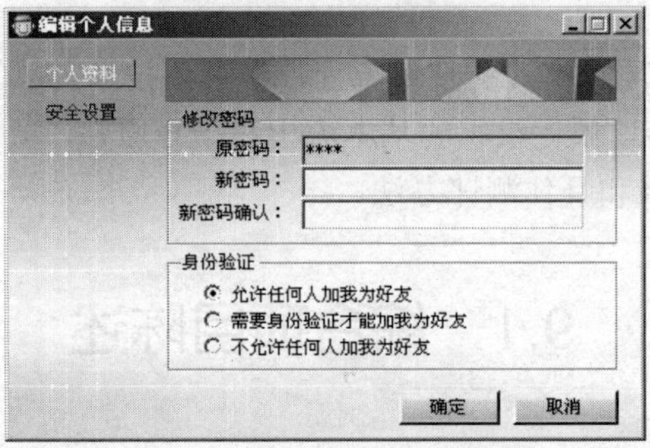

图 9-3　个人信息编辑界面

（4）查找/添加好友功能，其界面如图 9-4 所示。

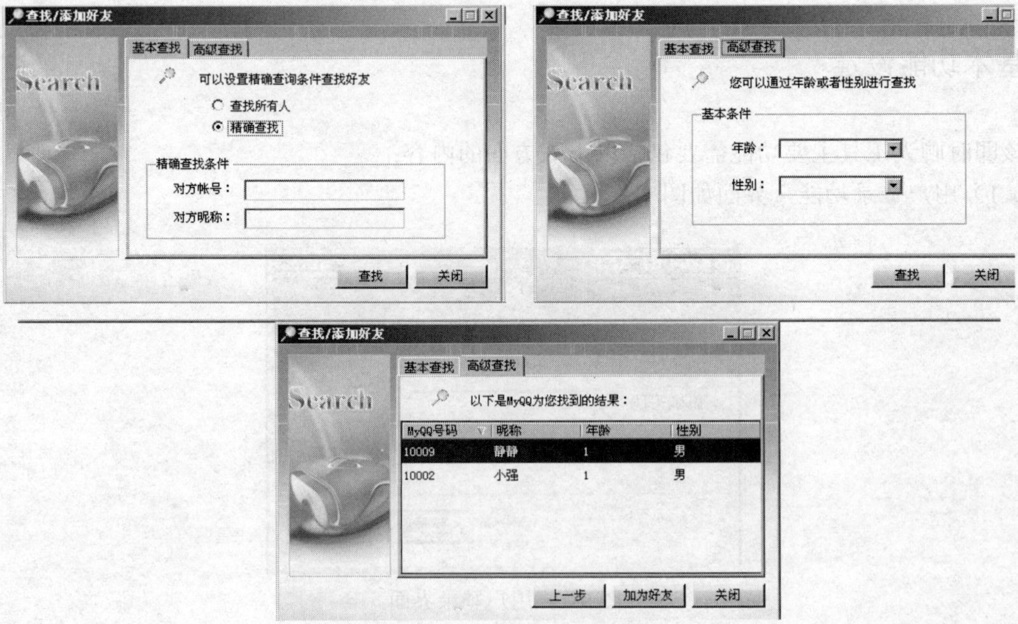

图 9-4　查找添加好友界面

（5）好友列表界面，如图 9-5 所示。

图 9-5　好友列表界面

（6）聊天功能界面，如图 9-6 所示。

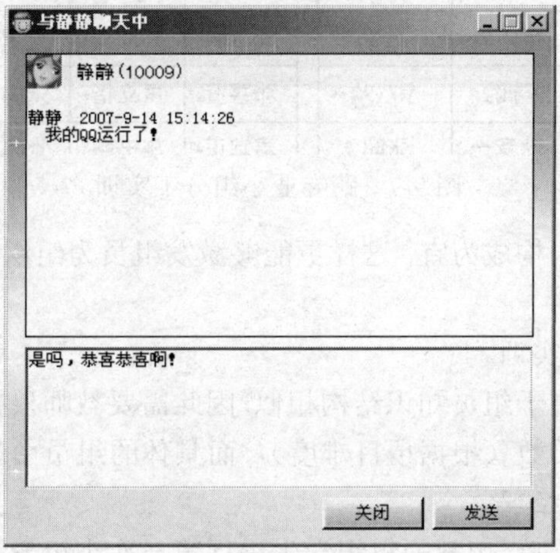

图 9-6　聊天界面

9.2　WinForm 项目实训的具体步骤和实现方法

项目任务布置完成后，必须对学生群体进行项目小组筹建的工作。对于个性鲜明，能力不一，完成任务难度不同，担任团队角色也不同的学生个体而言，使他们每一个人既可以为团队贡献自己的力量，又可以强化彼此的项目合作意识，为今后从事软件开发奠定职业素养，项目小组的筹建是非常重要的一环。

9.2.1 筹建项目小组的基本原则

项目小组的筹建工作本质是根据任务目标搭建组织结构的过程，因此按照组织结构中人员组成的不同可以划分为跨专业项目小组实训和同专业项目小组实训。前者实训组织工作难度较大，需要细致的分工协作，注重日常的沟通协调工作。后者实训组织工作相对较为容易一些。

1. 如何进行项目小组成员分割

（1）跨专业项目小组的实训。

跨专业项目小组的实训一般属于较大规模的综合实训，由于成员来自不同的班级，因此需要根据项目情况实施纵向班级成员、横向项目小组成员的组织办法，如图 9-7 所示。

6.4 分组名单（组内分配不同专业的学生）

编组		姓名											
		05 可视化			05 多媒体	05 数据库			05 软件测试				
一组		林希	俞真真	谢进传	赵亮	艾升洪	李少波	吴祥炜	杨烨	黄永民	许书邻		
二组		吴吉强	张靖	郑国涛	常厚强	陈君	林宝玉	谢雅璇	李贵斌	杨远铃	陈志超		
三组		应岩涛	范丽志	杜伟	杨亮	陈敏	林仁河	许霖	刘祥林	陈湧斌	陈靖香		
四组		杨志聪	刘富坚	陈国伟	张俊飞	陈哲	林锃	叶振扬	陈明仁	吴武锋	王鑫		
五组		郑加波	庄敏	李向薇	温杏	陈志颖	林周翰	余荣树	刘孙明	林书	游林烽		
六组		沈立妙	钟怀庆	陈璐	宗欢欢	邓喜贤	卢立楷	张洪盛	陈雄飞	赵首扉	廖浩骅		
七组		余锦元	邢星	耿意一	张昭	葛堂正	施书画	张志勇	薛小兵	余文哲	刘文锋		

图 9-7 跨专业小组分工实训

专业小组分割原则以随机构成为宜，这样更能够激发组员为组织目标而努力，减少成员能力不同而造成的差异。

（2）同班级项目小组的实训。

同班级项目小组的实训由于组员知识结构相似，因此需要教师根据学生生活的实际情况进行组织。建议教师规定每小组成员数（根据项目难度），而具体的组员由班内成员自由结合。

2. 确定项目小组的项目经理

一般在项目小组成员确立后，由教师组织学生进行第一次小组会议，由学生确定项目组的名称，组织徽标和组织口号等。教师将以上小组信息公示，以建立组织的基本形式，为下一步小组间的竞争奠定基础。

另一个重要的工作是推选小组的项目经理，项目经理的考核分数与小组最后成绩挂钩，由小组成员自我介绍，成员推选的模式产生。在条件允许情况下，最好配发相关的胸牌给每个成员（按照司职不同进行命名），增强成员的集体意识。

9.2.2 项目小组任务分工阶段

在团队开发过程中，需要根据组员的能力和特点分派具体不同的工作，使其协调一致地完成软件项目。约束彼此工作进程和提高工作绩效的方法一般采用文档推动的方式。在项目初期组员彼此之间不是非常了解的情况下，需要项目负责人通过有效的文档快速决定任务的有效分派。这个阶段实训过程中主要的文档建议包括以下 3 种：

（1）《项目工作计划书》及甘特图。

本文档主要解决每个人干什么、干多少、工作计划如何的问题，如图 9-8 所示。甘特图是管理学中控制项目计划的重要手段，可以让学生清晰地了解项目的实施计划是如何构建的。一般通过 Microsoft Office Project 设计的甘特图，如图 9-9 所示。

项目小组任务分工表

（附带任务甘特图）

项目经理姓名：　　　　　　　　　　　　　　专业班级：

参与项目：　　　　　　　　　　　　　　　　组　　别：

项目组成员：

阶　段	任　务	执行人	完成时间	经理签字
项目周报		项目经理		
个人工作日志		项目组员		
需求分析	✓可研报告书编写			
	✓甘特图编写			
	✓编写项目计划书			
功能模块设计	✓功能模块规划说明			
软件流程概要设计汇总	✓编写需求分析报告书			
软件界面设计	✓改版软件美工及 CSS 设计			
数据库设计	✓编写数据库报告书			
层次模型设计	✓制定基本软件架构			
详细设计	✓具体模块算法分析			
代码开发	✓分模块实施开发计划			
软件测试	✓分模块实施测试			
软件安装	✓软件安装部署			
答辩	✓小组答辩			

图 9-8　项目小组任务分工表

（2）《实训人员工作日志》。

该工作日志的具体格式见随书文档。本日志内容主要是规定小组成员每人每天必须填写的心得和体会，由项目经理负责验收，不必交给指导教师。格式如图 9-10 所示。

	任务名称	工期	开始时间	完成时间	前置任
1	教师讲解实训任务及要求	1 工作日	2008年7月23日	2008年7月23日	
2	学生了解需求	2 工作日	2008年7月24日	2008年7月25日	1
3	进行设计	3 工作日	2008年7月26日	2008年7月28日	2
4	编写代码	9 工作日	2008年7月29日	2008年8月6日	3
5	测试、运行软件	3 工作日	2008年8月7日	2008年8月9日	4

图 9-9 通过 Microsoft Office Project 设计的甘特图

项 目 周 工 作 日 志

姓名：李清龙 **细分部门：综合实训成绩管理系统四组**

日期范围： 2008 年 12 月 21 日—2008 年 12 月 27 日

星期	日期	工作内容	【必须如实填写今日工作的收获和经验总结】			经理签字
			技术要点	举例	说明	
周一	12-21	回顾实训课内容	1、窗体的设计	MaximizeBox=False	Label 控件主要用来显示数据信息，它是只读的。我们利用最多的属性就是 Text，将 Text 属性设置一个文本，就会在程序运行时看到文本显示在原	陈佳红

			2、Button 控件的使用	private void button1_Click(object sender,System.EventArgs e)
				{
				this.timer1.Start();
				}
					Button 控件同 Lable 控件和 TextBox 控件一样，是 Windows 窗体程序设计中用到最多的控件。Button 控件的主要用途是获取用户的点击输入。首先，我们要给 Button 控件的 Text 属性赋一个文本，指引用户在程序运行时点击此按钮控件。其次，我们要实现 Button 控件的 Click 事件的处理方法，以完成用户点击此按钮后需要的效果。所有的窗体控件都有一系列事件，其中 Click 事件是 Button 控件最重要的事件，也是我们编写程序时遇到最多的事件，我们将大量的方法调用都写在该事件的处理方法里。	

图 9-10 实训人员工作日志表

（3）《实训周工作日志》。

本工作日志用于检验每周工作完成情况，查漏补缺，不断完善工作方式，改正小组成员错误的工作态度和习惯，具体格式见随书电子文档。本报告主要是由实训小组项目经理每周向指导教师提交一次，由指导教师负责验收，同时有针对性地就实训环节发生的问题予以解决，必要时可以和小组一起讨论解决。格式如图 9-11 所示。

9.2.3 需求分析阶段（软件及数据库建模）

此时仍然没有正式进入软件设计开发阶段。此阶段要求小组在指导教师的指导下编写两份报告，这两份报告将成为整个项目小组今后软件设计的主要指导性报告。

（1）《软件需求分析报告书》。辅助设计软件——Microsoft Office Visio 2003。该报告主要陈述软件的需求规定、数据流图、数据字典、主要功能模块图、软件范围的界定等内容。有关该类报告的格式请参见随书电子文档部分。

（2）《数据库分析报告书》。辅助设计软件——SysBase PowerDesigner 13.0。该报告要求教师引导学生掌握 SysBase PowerDesigner 数据库设计工具的使用，包括概念模型图（CDM）和物理模型图（PDM）的绘制方法、数据转换、导入导出技巧等。同时产生数据库最终的物理表及逻辑关系。本次即时聊天系统的数据库结构图如图 9-12 所示。

项 目 周 报

文档编号：1

本文档每周_____ 18:00 前提交___________________老师。

项目组名称	即时聊天系统	填写人	宗欢欢	填写日期	07-10-25

项目状态说明(必填)

项目名称	即时聊天系统	项目组人数	8
本周项目组成员	宗欢欢，沈立妙，钟怀庆，卢立楷，张洪盛，赵首扉，陈雄飞，廖浩骅		
本周计划内容摘要	1．项目计划 2．读前人材料 3．写需求分析说明书（部分） 4．填写周工作日志		
本周计划工作量(人天)	8人5天	本周实际工作量(人天)	8人5天
本周计划完成的任务数	4	本周实际完成的任务数	4
是否需调整阶段计划以及理由和办法	需要调整阶段计划；无		

[**本周计划(实际)完成的任务数**：指在上周及以前分配的应(实际)在本周结束的任务个数，不包括在本周开始而未结束的任务]

本周任务情况(必填)

任务编号	任务名称	完成否(Y/N)	拖延否(Y/N)	影响进度否(Y/N)	偏差天数
KQ—0613--1	项目计划	Y	N	N	0
KQ—0613--2	读前人材料	Y	N	N	0
KQ—0613--3	填写周工作日志	Y	N	N	0

[表中所列任务为本周计划中的各项任务。其中，

任务编号：项目代码＋‘—’＋日期（yyyymmdd）＋序号，其中日期为任务分配的日期；

拖延否：当任务未按预期时间完成时，即为拖延，请填写 Y，否则填写 N；

影响进度否：对于拖延的任务应在此注明其是否影响项目的阶段整体进度]

本周工作小结(必填)

[请以文字的方式总结本周项目组整体工作的完成情况，完成质量，存在偏差的主要原因及解决办法等。]

本周工作主要是让大家互相熟悉，并且阅读前人文档，做出项目开发计划。都已经按时完成。但是程度不同，不排出会出现文档读的不细致等情况。

问题及解决方法(依实际情况填写)

编号	问题简述	状态	解决方法	计划/实际解决日期	负责人

[说明项目组内部、与外部(与项目其他小组、与用户)存在的管理、协调、沟通等方面的问题，并制定相应的解决计划。如果需要部门协调的，请指出。]

图 9-11　实训人员周报

风险管理(必填)

当前共有 __2__ 个风险，详细内容请见《　　　　　》。

[存在风险时，请将风险管理计划随周报一起提交；如果没有风险，也请填写风险个数为零。]

一．时间较紧；

二．技术基础不够扎实。

下周计划(必填)

任务编号	任务名称	起、止日期	工作量(工时)	责任人	任务完成标准
KQ—0619--1	需求调研报告	10 月 26 日～10 月 28 日	2 天	钟怀庆卢立楷	需求调研报告
KQ—0619--2	需求分析书	10 月 28 日～11 月 1 日	4 天	沈立妙廖浩骅	提交需求分析报告

注：如果分配任务时，需要将阶段任务细分，则任务编号为“阶段任务号-子任务号”。每项任务的工作量应小于 5 人天。责任人指完成当前任务的人员，如果涉及多人，请一起列出，排在首位的是任务的负责人。

上表中的计划可用 MS Project 来填写，但应注意在分配任务时，有明确的任务完成标准。

意见和建议(可选)

图 9-11　实训人员周报（续）

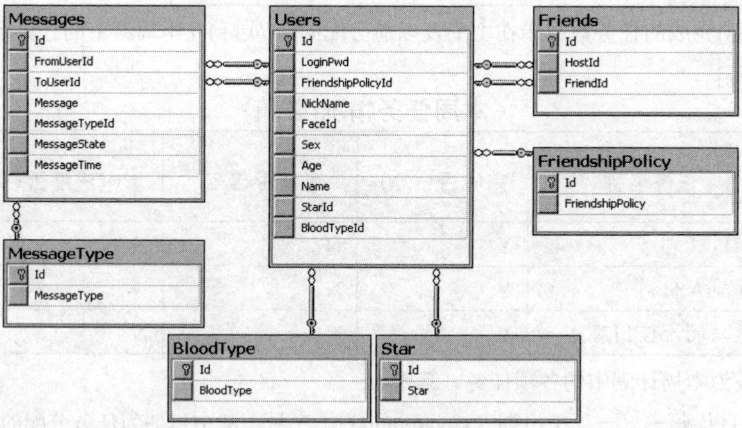

图 9-12　即时聊天系统数据库结构图

9.2.4 软件开发的实施阶段

在软件规划设计整体结束后，软件项目的开发将转移至代码编写开发设计阶段。

1. 代码开发阶段的指导步骤

此阶段需要更多的时间和精力，具体指导步骤是如下：

（1）按照 OOP 设计原则，进行分层设计开发；将集约化的类提炼出来，进行抽象，提前进行封装。作成电子报告书，在小组内部传阅。

（2）每天进行例会，讨论项目进展和成功失败经验，由项目经理控制整体进度。

（3）提炼共有问题，积极解决。注意控制项目周报告制度。

2. 代码开发阶段难点分析

（1）基本的开发设计思路和方向。

第一种设计方向是数据库 ADO.NET 与 WinForm 的联合开发，通过数据库服务器相关表的不断循环遍历，获取聊天信息及进行好友的添加和删除。该种方案代码实施较为简单，难度不大，一般的项目组很容易实施。

第二种方案是采用多线程+ADO.NET+WinForm 的联合开发，通过网络编程技术，将用户聊天记录、用户添加信息等作为线程进行处理和通信，同时该方案是典型的服务器和客户机的联合开发，服务器端随时监听服务器的线程消息，并将线程转发给对应的客户机。对于保留的用户信息及用户关系进行数据库记录，对于客户端聊天信息以文本形式在客户端保存。该种方案设计难度大，效果好，执行效率非常高，对于提升小组开发水平会起到很大的作用。建议对于学有余力的项目组推荐这种开发模式。

（2）添加好友判断逻辑流程分析。

添加好友判断逻辑流程分析图如图 9-13 所示。

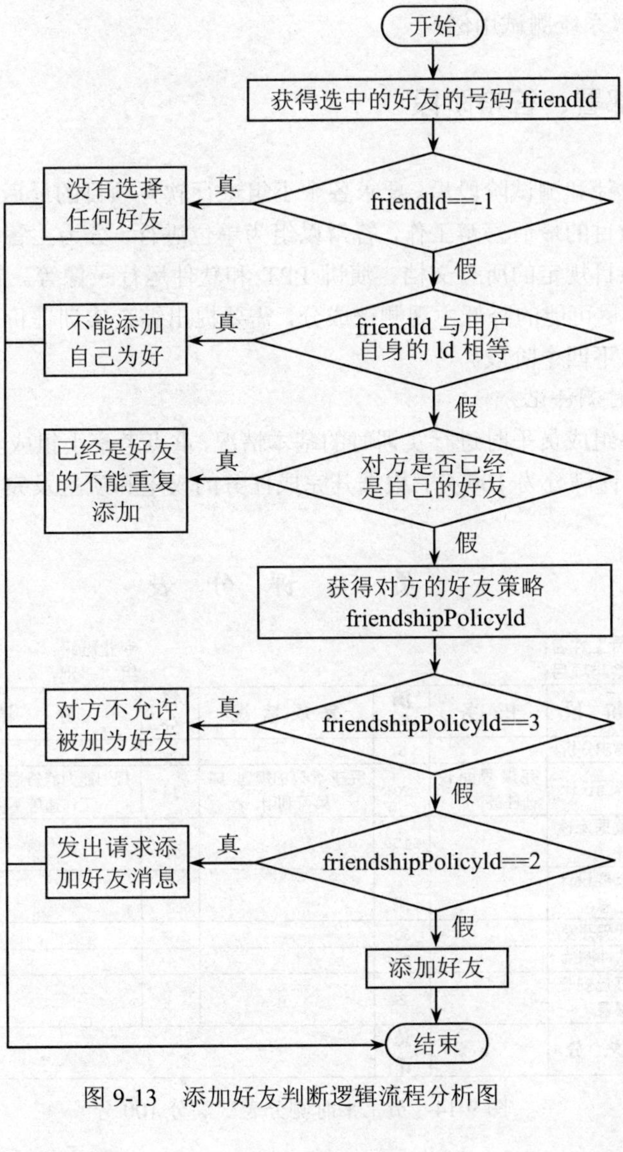

图 9-13　添加好友判断逻辑流程分析图

（3）有新消息时如何实现头像的闪烁。

当用户成功完成登录后将进入聊天主窗体，首先从数据库相关表中扫描是否有发给该用户的未读聊天消息。一旦发现有未读信息，则利用 Timer 控件实现并控制好友头像闪烁，当用户单击该头像消息后，设置未读信息为已读信息，并停止闪烁头像。

9.2.5 软件测试阶段

该阶段将产生两份报告书：《软件测试计划书》和《软件测试报告书》，有关该报告书的格式见随书电子文档部分。一般而言，软件测试是最后提交客户前进行的测试过程，该测试过程可以包括以下的几方面的测试流程：

- 集成测试：《集成测试测试用例设计规格》、《集成测试测试用例》
- 数据库测试：《数据库测试测试用例设计规格》、《数据库测试测试用例》、《数据库测试计划》
- 系统测试：《系统测试用例》

9.2.6 安装部署、答辩阶段

软件经过开发设计和测试阶段后，要求各个小组进行软件项目的最后打包和安装。项目小组一般由项目经理负责项目的最后答辩工作，答辩以组为单位进行，分为主答和辅答人员，答辩时需要准备的资料包括：项目规定的所有文档、演讲 PPT 和软件运行录像等。答辩时教师的主观因素占很重要的成分，为了尽可能的降低主观测评成分，需要提出综合实训评价体系。笔者认为综合实训评价体系可以分为以下四个阶段。

1. 小组成员平时测评记分

本阶段记录在小组成员平时进行实训时的基本情况，重点考察小组成员是否按照规定完成软件项目的具体工作，测评满分为 100 分，根据其完成任务的权重和质量及完成度给予一定的分数，如图 9-14 所示。

员 工 评 分 表

员工姓名： 专业班级：

参与项目： 组 别：

阶 段	任 务	满分	完成情况	得分	评 语
需求分析		5			
界面设计	完成界面设计任务	20	完成 70%的规划，成果可利用。	14	规划能力能够适应岗位，工作速度不快。
数据库设计		15			
概要设计汇总		8			
代码开发		30			
软件测试		20			
打包安装部署		2			
总 分		总评			

图 9-14 员工平时侧分表（满分 100 分）

2. 小组答辩记分

本阶段记录项目小组进行答辩时给予的测评成绩，根据答辩者组织责任和完成任务程度及质量给予具体判分，满分 100 分，如图 9-15 所示。

软 件 评 分

项 目：					
项目组	软件		表达		总分
	功能完整，技术含量高（35）	界面友好（25）	讲述水平（20）	答辩水平（20）	
1 组					
2 组					
3 组					
				评委签名：	

1、**功能完整**指能满足用户使用需求；**技术含量**指开发人员应用新算法、新方法、新组件的能力。
2、**界面友好**指软件界面安排合理、漂亮，易学、易用，跳转方便，信息反馈清楚。
3、**讲述水平**指讲述者表达是否清楚、流利。
4、**答辩水平**指学生回答问题是否准确，知识是否丰富。

图 9-15 小组答辩评分表（满分 100 分）

3. 小组成员非技术因素记分

本阶段为某小组成员平时表现测评表，包含小组成员在进行项目活动时的非技术因素表现，满分为 100 分，如图 9-16 所示。

员 工 附 加 分 表

员工姓名： 专业班级：
参与项目： 组 别：

附加考核项	满分	扣分	完成情况	得分	评 语
考勤	30				
团队合作	10				
领导岗	10				
项目演示	20				
成果的数量和质量	80				
总 分	200		最终得分		总评语

图 9-16 员工附加分数表（满分 100 分）

辅助测评量化系数如下：

（1）考勤：全勤系数为 1，旷工 1 次，扣除 0.1 系数。

（2）团队合作：分为优、中、差三级，系数为 1、0.8、0.6，由组内成员评定。

（3）领导岗：项目经理和技术经理的系数为 1，其他成员系数为 0.8。

（4）项目评审会：项目演示成绩分为优、中、次差三等系数为 1、0.8、0.6，由考核领导小组评审。

（5）成果的数量和质量：产品中的软件、代码、文档等要求的成果，数量满系数为 1，少一个扣除 0.1 系数。质量也分为优，中，次。系数为 1，0.8，0.6，由考核领导小组评审。

4. 员工最终成绩评定

以上 3 个阶段的测评可以基本反映学生的实训基本成绩信息，图 9-17 给出了 4 个档次的学生综合分数评定标准，利用该表可以客观公正地给出每一位实训参与者的实训成绩。

员 工 实 训 最 终 成 绩 表

员工姓名： 专业班级：

参与项目： 组 别：

<table>
<tr><th>评分项目</th><th>满分</th><th>实际得分</th><th colspan="4">评 语</th></tr>
<tr><td>员工评分表得分</td><td>100</td><td></td><td colspan="4" rowspan="3"></td></tr>
<tr><td>员工附加得分表得分</td><td>200</td><td></td></tr>
<tr><td rowspan="3">总 分</td><td rowspan="3">300</td><td rowspan="3"></td></tr>
<tr><td>优秀
（300-255）</td><td>良好
（256-210）</td><td>及格
（209-180）</td><td>不及格
（179-0）</td></tr>
<tr><td></td><td></td><td></td><td></td></tr>
</table>

图 9-17 员工最终实训成绩表（满分 300 分）

参考文献

[1]　（美）Chris H.Pappas，Wiuiarn H.Murray．C#精髓．周良忠译．北京：人民邮电出版社，2002．

[2]　程杰．大话设计模式．北京：清华大学出版社，2008．

[3]　郑阿奇．梁敬东，钱晓军，朱毅华．C#使用程序设计．北京：电子工业出版社，1995．

[4]　王石．Visual C# 2005 语言基础——数据库系统开发．北京：人民邮电出版社，1997．

[5]　张立．C# 2.0 宝典．北京：电子工业出版社，2007．